칠정산외편의
일식과 월식 계산방법 고찰

칠정산외편의
일식과 월식 계산방법 고찰

안 영 숙 著

한국학술정보㈜

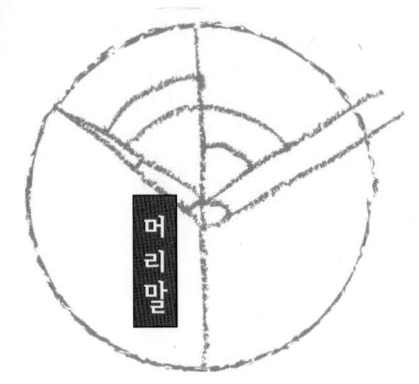

　우리나라의 역서(曆書)를 편찬하기 시작한지 15년이 지났다. 그 일을 수행하면서 우리나라 선현들은 어떤 방법으로 이 역서, 즉 달력을 만들었을까 하면서 궁금증을 갖게 되었고, 그 호기심을 풀고자 우리나라의 전통 역법에 대해 관심을 갖게 되었다. 그러나 의외로 이 분야를 연구하는 사람들이 거의 없어 한번 문제에 부딪히면 해결하기가 쉽지 않았다. 그래서 몇 번씩 그만두고도 싶었으나, 현대의 달력을 만들고 있는 내 입장에서 사명감으로라도 이 연구를 마무리해야한다는 강박감으로 연구를 진행해 나갔다. 이 과정에서 끝까지 제게 용기를 불어넣어주고 격려해주시던 이용삼 교수님을 비롯한 이용복 교수님, 이은희 박사님 등 주위의 여러 분들의 격려가 큰 힘이 되었다.

　우리나라의 역법을 조사하면서 놀란 것은 조선시대에는 역법이 상당히 발전하여 비교적 높은 정확도를 가진다는 것과, 또한 그 계산 방법을 후대의 학자들은 거의 연구하지 않았다는 것이다. 특히 조선 세종때에 만들어진 칠정산내편과 칠정산외편은 우리나라의 대표적인 역법책임에도 불구하고 자세한 연구가 이루어지지 않았다. 조선 초기에 대표적 역법이었던 이 두 책중 칠정산내편은 이은희 박사가 몇 년 전에 학위논문을 쓰면서 연구를 하였으나 회회력을 바탕으로 편찬된 칠정산외편에 대해서는 연구가 거의 이루어지지 않았다. 이에 나는 이 책도 후세에 알려야겠다는 생각으로 도전해 보기로 했다. 다행히 고문헌인 이 도서들을 유경로 선생님이 현대어로 번역해 놓으신 번역본 책이 있어서 연구를 진행해 나가는 데에 많은 도움이 되었다.

　그리고 때맞추어 칠정산외편의 기초 자료가 되는 알마게스트(Almagest)가 현대 영어로 번역되어 또한 많은 도움이 되었다.

이 책은 우리나라 역법들중 조선시대에 사용하였던 한 종류의 역법만을 다루었고, 특히 일식과 월식 계산부분만을 다루었지만 이를 통해서도 그 계산추리방법과 정확도를 보면서 당시의 우리나라 천문학자들의 뛰어난 학문적 업적을 느낄 수 있었다. 이 책이 완전하지는 않더라도 앞으로 이 길을 공부하는 후학들에게 한걸음을 내디딜 수 있는 디딤돌의 역할을 해주었으면 하는 작은 바람이 있다.

 마지막으로 내가 고천문 분야를 공부할 수 있도록 격려해주신 한국천문연구원의 여러분들과 이 책이 나오도록 도와주신 한국학술정보(주)의 권현옥 선생님과 여러분들에게 감사드립니다.

2007년 5월

안 영 숙

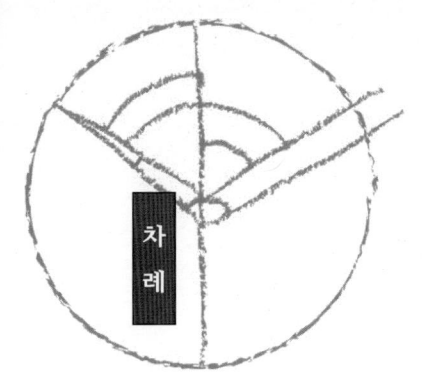

그림
차
례

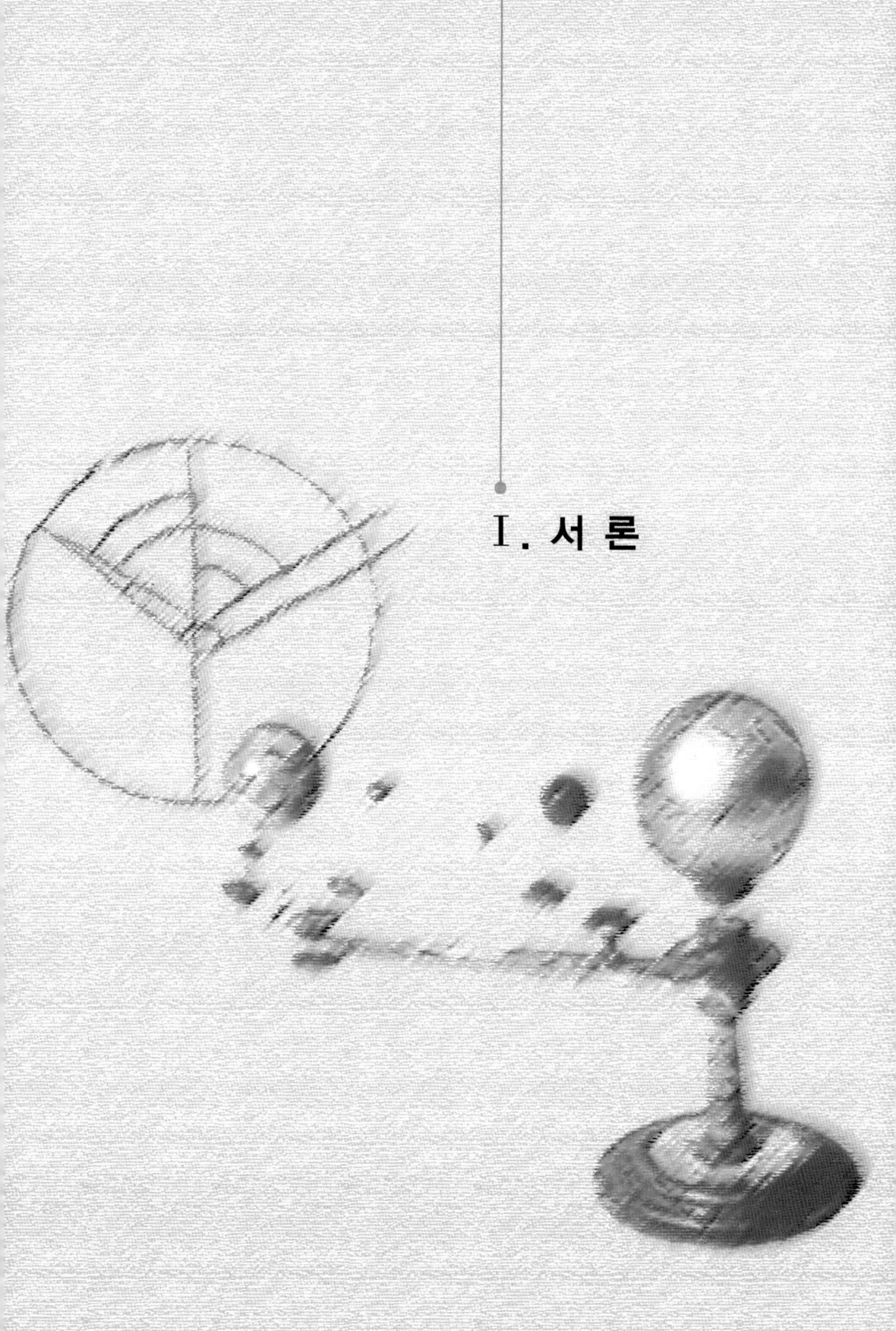

I. 서 론

✦✦✦

　우리나라 역법(曆法)은 중국에 의존하여 발달하였다. 삼국시대 중 백제(百濟, B.C. 18~A.D. 660)는 송(宋)의 원가력(元嘉曆)을 사용하였고,[1] 고구려(高句麗, B.C. 37~A.D. 668)는 당(唐)의 무인력(戊寅曆)을 사용하였다.[2] 한편 신라(新羅, B.C. 57~A.D. 935)는 그 존속기간이 길었던 만큼 하나의 역법이 아니라 몇 종류의 역법을 시대에 따라 다르게 사용하였다. 신라 초기와 중기에는 당에서 발달한 인덕력(麟德曆)과 대연력(大衍曆)을 사용하였고, 신라 후기에는 선명력(宣明曆)을 사용하였다.[3] 이 선명력은 후에 고려에 그대로 이어 사용되어졌다. 삼국시대에 쓰인 역법들은 역법을 사용하였다는 기록 외에는 더 이상의 자료가 없어 언제 어떻게, 누구에 의해 전파되어 쓰여졌는지, 사용기간이 언제인지에 대한 확실한 자료는 알 수 없다.

　고려사(高麗史) 역지(曆志)[4]에 따르면, 고려(高麗) 초기에는 선명력이 사용되었고, 뒤이어 수시력(授時曆)과 대통력(大統曆)이 사용되었다. 수시력은 중국의 곽수경(郭守敬)에 의해 연구되어진 역법으로, 고려에는 1291년 원(元)나라의 사신으로 왔던 왕통(王統)에 의해 소개되었다. 그러나 바로 이것이 고려의 역법으로 사용되지는 않았다. 충선왕이 세자시절 중국에 갔을 때 수행하였던 최성지(崔誠之)가 중국에서 수시력법을 배우고 고려에 돌아왔을 때인 1309년부터 사용되기 시작했다.[5] 그러나 이때 고려에 소개되어 사용되기 시작한 수시력은 완전한 것이 아니어서 식(食)현상의 계산법과 오행성(五行星) 운동의 계산법은 전래되지 않았다. 그래서 이 현상들은 선명력의 방법을 그대로 사용하였다.[6] 수시력은 1281년에 원나라의 곽수경과 허형

---

1) 이은성, 1985, 「역법의 원리분석」 (정음사: 서울), pp.321-322; 「隋書」列傳東夷條; 「周書」권 49, 列傳異域條.
2) 이은성, 1985, 앞의 책, pp.324-325; 김부식, 「삼국사기」권 20, 영류왕 7년.
3) 이은성, 1985, 앞의 책, p.327; 「증보문헌비고」 상위고 권 1, 역상연혁.
4) 「고려사」권 50, 曆 1.
5) 「세종실록」권 156.(七政算內篇 서문)

(許衡), 그리고 왕순(王恂)에 의해 새로 고안된 천체관측기구를 이용해 정밀하게 측정한 값들을 토대로 만들어졌으며 가장 오랜 기간 사용되어진 역법이다.[7] 대통력은 1368년 원나라 이후 명(明)나라가 들어서면서 새로운 역법을 사용한다는 취지로 개력된 것으로, 수시력과 매우 유사하다. 이 역법은 후에 1384년 원통(元統)에 의해 다시 한번 개선되었다. 대통력이 고려에서 받아들여진 것은 1370년경이고,[8] 조선(朝鮮)이 개국된 이후에도 계속 사용되어졌다.

조선 초기에는 대통력을 사용함에도 불구하고 식현상과 오성 운동의 계산은 계속 선명력의 방법을 따랐다. 그러나 선명력은 822년에 만들어진 역법으로 계산에 필요한 상수들이 수백 년이 지난 조선시대에는 잘 맞지 않았다. 그래서 고려사나 증보문헌비고, 조선왕조실록 등에 보면 일식 계산이 맞지 않았다는 기록이 종종 나온다. 또한 대통력의 일출·몰 시각은 명나라의 수도인 북경(北京)을 기준으로 계산하도록 한 것으로 당시의 한양 위치에서는 잘 맞지가 않았다. 이에 세종은 한반도에 알맞은 새로운 역법의 필요성을 절감하고 정인지 등의 학자들에게 새로운 역법을 만들 것을 명하였다.[9] 세종시대에는 우리나라 과학의 전성기라 할 만큼 많은 과학적 업적들이 이루어졌다. 세종은 왕궁 학자들에게 천체를 관측할 수 있는 기기인 간의(簡儀)와 시간을 측정할 수 있는 해시계, 물시계 등을 만들도록 하였다. 그리고 이순지(李純之)와 김담(金淡) 등의 학자들에게 중국에서 가져온 역법서(曆法書)들인 선명력, 수시력, 대통력, 회회력(回回曆) 등의 여러 많은 역법 관련 서적들을 연구하고 그 방법을 익히도록 하여, 그 연구의 결과로 여러 역법서의 개정판들을 편찬하도록 하였다. 그 개정판들은 태양통궤(太陽通軌), 태음통궤(太陰通軌), 교식통궤(交食通軌), 대통력일통궤(大統曆日通軌), 대통력통궤(大統曆通軌), 오성통궤(五星通軌), 사여전도통궤(四餘纏度通軌), 경오원력(庚午元曆), 중수대명력(重修大明曆) 등등이다.[10] 이 역법서들과 제작된 천체관

---

6) 「고려사」 권 50, 曆 1; 「증보문헌비고」 상위고 권 1; 서수호, 「국조역상고」 서문.
7) 이은성, 1985, 앞의 책, p.327.
8) 「고려사」 권 42, 공민왕 19년.
9) 「세종실록」 권 156, (七政算內篇 서문); 「서운관지」 권 2.

측 기기들을 바탕으로 세종은 학자들과 함께 한양의 위치에 맞는 역법서를 만들었는데, 수시력과 대통력에 기초를 둔 칠정산내편(七政算內篇)과 회회력(回回曆)에 의하여 만들어진 칠정산외편(七政算外篇)이다. 하나는 전통적인 중국의 계산법이고, 또 다른 하나는 그리스의 영향을 받은 이슬람권의 계산법이라는 점 이외에도 그 역원(曆元, epoch), 상수들, 계산 방법 등에서 서로 다르다.

조선 중기에는 세종 때부터 사용하던 칠정산내·외편 방법에 따른 계산 결과의 오차가 커지면서 중국으로부터 새로운 역법인 시헌력(時憲曆)을 도입하게 되었다. 시헌력은 17세기 후반에 청나라에서 사용하던 역법으로 조선에는 1653년부터 사용되기 시작하였다. 이 역법은 서양에서 들어온 선교사들의 영향을 받아 만들어진 것으로 기존 역법들에 비해 가장 현대 역법에 가깝다. 다음 표 1에는 현재 사용하고 있는 상수들과 함께 우리나라에서 삼국시대부터 조선시대까지 사용하였던 역법의 종류와 역법의 기본 상수인 1 태양년 길이와 1달 길이(태음력), 24절기 계산법 등을 비교하여 제시하였다. 이 표의 두 번째 항목에 표시된 사용기간은 칠정산내·외편과 시헌력을 제외하고는 중국에서 사용한 기간을 표기하였다.[11] 5번째 항목인 비고 항목에서는 합삭일을 정하는 방법과 24기를 정하는 방법을 수록하였다. 음력 1일을 결정하는 합삭일의 계산 방법은 정삭법(定朔法)과 평삭법(平朔法), 진삭법(進朔法)의 3 종류로 구분하는데, 정삭법은 태양과 달이 정확히 합삭을 이루는 때를 계산해서 결정하는 것이고, 평삭법은 1년을 12달, 또는 13달로 나누어 1달의 길이를 결정하는 것이다. 진삭법은 인덕력, 대연력, 선명력에서 사용하던 방법으로 합삭시간이 오후 6시를 지나면, 음력 1일을 그 다음날로 정하는 방법이다.[12] 24기를 결정하는 방법은 평기법(平氣法)과 정기법(定氣法)이 있는데, 평기법은 1년의 길이를 24로 균등하게 나누어 절

10) 이은희, 1996, 「칠정산내편의 연구」(연세대 박사학위논문: 서울): 「사여전도통궤」跋文.
11) 안영숙, 이은희, 2002, "성덕대왕신종의 주조시기에 대하여", 국립경주박물관 연보, pp.118-129.
12) 이은성, 1985, 「역법의 원리분석」(정음사: 서울), pp.325-326.

기를 정하는 방법이고, 정기법은 계산을 해서 정확한 24절 기일을 계산하는 것으로 시헌력 때부터 사용되었다.

표 1. 우리나라에서 사용하였던 역법의 종류

사용 시대	역법 이름 (사용기간: 중국)	1년 길이 (단위: 일)	1월 길이 (단위: 일)	비 고
백제	원가력 (445-509)	365.24671	29.530585	평삭법, 평기법
고구려	무인력 (619-664)	365.24460	29.53060	정삭법, 평기법
신라	인덕력 (665-728)	365.24477	29.530597	진삭법, 평기법
신라	대연력 (729-761)	365.2441	29.530592	진삭법, 평기법
신라, 고려	선명력 (822-892)	365.24464	29.530593	진삭법, 평기법
고려	수시력 (1281-1367)	365.24250	29.530593	정삭법, 평기법
고려, 조선	대통력 (1368-1644)	365.24250	29.530593	정삭법, 평기법
조선	칠정산내편 (조선: 1444-1652)	365.24250	29.530593	정삭법, 평기법
조선	칠정산외편 (조선: 1444-1652)	365.242188	29.530556	정삭법
조선	시헌력 (조선: 1653-1910)	365.2422	29.53059	정삭법, 정기법
현대		365.24219	29.530589	정삭법, 정기법

역법의 중요한 목적은 날짜와 절기를 알려주고, 일식·월식과 같은 천문현상을 예측하며, 태양과 달, 오행성의 위치를 정확히 예측하여 하늘에 나타나는 여러 천문 현상들을 이해하려고 하는 데에 있다. 역사서에는 여러 천문현상들에 관한 기록이 많이 나타난다. 이것은 고대부터 사람들이 자연재해 못지않게 천문현상을 중요시한 것으로 해석할 수 있다. 천문현상은 하늘에서 일어나므로, 당시의 사람들은 이것을 국가적인 차원에서 이해하고 해석하려 하였다. 특히 천문 현상 중 일식과 월식에 대한 기록이 많이 나타나는데, 그것은 왕권은 하늘의 뜻에 의해 결정되어진다는 중국의 사마천(司馬遷)의 사기(史記)나 동중서(董仲舒)의 천인감응(天人感應)의 전통적인 사상에 영향을 받은 것으로

생각되어진다. 일식 현상은 국가의 재난이나 왕의 통치와 밀접한 관련을 가지고 있다고 생각하였으므로, 역대의 제왕들은 이 현상에 대해 늘 비상한 관심을 가지게 되었다. 달은 신하들을 상징하는 것으로 받아들여 월식이 일어나면 신하들이 국가에 대해 좋지 않은 마음을 품은 것으로 해석하곤 하였다. 따라서 일식이나 월식이 일어나면 국가나 왕실에 변고가 생길 재이(災異)의 한 현상으로 받아들였다.13) 그에 따라 왕궁에 천문 관측 시설과 천문에 관한 직제를 설치하여 열심히 하늘을 관찰하면서 특히 일식이나 월식과 같은 현상을 주의 깊게 관측을 하여 기록으로 남겼고, 이러한 식현상을 정확히 예보하려고 노력했다. 일식 또는 월식이 일어나면 임금을 비롯한 많은 신하들이 궁전 뜰에 모여 이 식현상이 무사히 지나가기를 비는 구식례(求食禮)를 지냈다는 기록이 조선시대 사서(史書) 여러 곳에 수록되어있다. 조선왕조실록에는 태양은 임금을 상징하고 달은 신하를 상징한다고 하는 당시의 사상을 기록한 곳이 여러 곳에 나타나는데, 예를 들면 다음과 같다.14)

<중종 34년, 기해년, 1539년 9월 1일(음력)>
관상감(觀象監)이 아뢰기를.
　"오늘 일식(日食)의 변이 있을 듯한데 이른 아침에는 구름에 가려서 볼 수가 없었습니다. ……." 하니, 전교하기를.
　"해는 임금의 상징인데 이제 이지러졌으니 이는 비상한 변고이다. 이제 관상감이 아뢰었기에 우러러 보았더니, 구름이 가려서 볼 수 없었으나 …… 그 모양을 그림으로 그려서 아뢰게 하라." 하고, 정원에 전교하였다.

<선조 32년, 기해년, 1599년 6월 16일(음력)>
　2경(更)에 개기 월식이 있었다. 사신은 말한다. 옛날에 월식이 있어야 될 때 하지 않은 때가 있었는데, 지금 개기 월식이 있은 것은 큰 변고이다. 어찌 권신(權臣)이 국권을 도적질하여 총명을 가리고 용사(用事)한 것에 대한 반응이 아니겠는가!

---

13) 『조선왕조실록』, 1968-1992, (세종대왕기념사업회: 서울).
14) 『중종실록』, 1980, (민족문화추진위원회: 서울), 18집, 331면; 『증보판 국역 조선왕조실록 CD』(서울시스템: 서울).

우리나라의 일식 기록은 오래전부터 있어왔다. 고조선시대의 기록은 단기고사(檀紀古史), 한단고기(桓檀古記) 등에 남아있긴 하나 대부분 날짜가 부정확하다. 삼국시대 이후의 기록은 비교적 정확한데, 삼국사기에는 B.C. 54년의 기록을 시작으로 모두 67회의 일식 현상이 기록되어있다.15) 이 시기에 일어날 수 있는 가능한 일식현상을 계산해보면 더 많은 일식이 있었는데, 현존하는 사서(史書)가 삼국사기와 삼국유사뿐이어서 더 이상의 관측 자료를 찾아볼 수 없었다. 고려시대에는 삼국시대보다 짧은 기간임에도 불구하고 고려사에 137회라는 많은 일식 기록이 남아있다. 물론 이 일식이 모두 고려에서 관측이 가능한 것은 아니었고 17회의 일식은 지역적으로 고려에서 관측이 불가능한 것이다. 실제로 고려에서 관측이 가능했던 일식은 모두 197회이나 120회만 기록 되어있다.16) 조선시대에는 더 많은 일식 기록이 남아있는데, 조선왕조실록이나 증보문헌비고 등의 문헌에 나타난 일식의 횟수는 총 261회이다. 조선이 518년간 지속하였으므로 거의 2년에 한번 정도로 일식이 일어난 셈이다. 조선왕조실록에는 일식이 일어났다는 단순한 서술 외에도 일식에 관련된 기록들이 많이 있다. 그중 가장 많이 나타나는 내용은 중국 고전에 나타난 사례를 인용하면서 일식 현상은 임금의 올바르지 못한 정사(政事) 때문에 나타나는 것이므로, 임금에게 바른 정치를 해야 한다는 경고성 기록들이다. 그 다음으로 일식을 재변(災變)으로 생각해 행동을 조심하고 향연이나 의식(儀式), 형벌의 집행 등을 정지하며, 왕실의 사람들은 물론 모든 사람들이 조심하고 근신해야 한다는 기록과 그에 따른 사회적 인식 등을 언급한 기록이 많다. 이에 따라 일식의 정확한 계산과 예보는 조선시대에서도 아주 중요한 국가기관의 임무였음을 알 수 있다. 일식 예보는 한 종류의 역법(曆法)으로만 계산한 것이 아니고 당시의 여러 역법으로 계산해서 비교해 보고, 실제 관측을 해서 검증해보기도 했다.

이 연구의 제 1장은 지금까지 살펴본 서론으로 우리나라 역법의 변천사

---

15) 김종권 譯, 김부식 著, 1978, 「삼국사기」 (대양서적: 서울).
16) 안영숙, 이용복, 김동빈, 심경진, 이우백, 1999, 「고려시대 일식도」 (한국천문연구원: 대전).

와 일식과 월식의 중요성에 대해 서술하였고, 제 2장은 칠정산외편의 편찬 경위와 유래, 그리스의 천체역학 책인 알마게스트와의 관계를 살펴보았다. 제 3장은 일식과 월식계산에 주로 사용하였던 칠정산외편의 내용을 설명하였는데, 영인본17)과 아울러 세종대왕기념사업회가 발간한 칠정산외편의 한글 번역본을 참고하였다.18) 칠정산외편의 내용으로는 태양과 달에 관한 항목, 일식과 월식을 계산할 수 있는 교식(交食) 항목, 그리고 오행성의 운동을 다룬 오성(五星)부분과 달에 의해 오행성이 가려지는 달의 오행성엄폐 항목이 있다.

제 4장은 칠정산외편에 수록되어있는 20여종의 표들 중 태양과 달의 위치와 일월식을 계산하기 위해 필요한 표들에 대해 설명하였고, 관련 표들은 부록에 제시하였다.

제 5장은 조선 초기와 중기에 많이 쓰여진 칠정산외편에 의한 일·월식 예보값을 살펴보고, 그 값들을 당시에 사용한 다른 역법과 본 연구에서 제시한 현대적인 계산법에 의한 결과들과 비교해 보면서 그 예보된 값들을 검증하고 논의하였다.

마지막으로 제 6장은 결론과 논의 부분으로 칠정산외편의 의의와 역원의 검증을 논의했고, 이 방법에 의한 계산 결과와 현대적인 계산 방법을 이용한 결과를 비교하였고, 그 결과에 대해 논의하였다.

---

17) 「세종장헌대왕실록 제28권 칠정산내외편」, 1990, (세종대왕기념사업회: 서울).
18) 유경로, 이은성, 현정준, 1990, 「세종장헌대왕실록 제27권 칠정산외편」 (세종대왕기념사업회: 서울).

Ⅱ. 칠정산외편의
   소개

✦✦✦

1. 칠정산외편의 전래

 "칠정(七政)"은 태양과 달, 그리고 오행성을 가리키는 것이다. 칠정산내편
과 칠정산외편은 천체들의 위치와 운동을 계산해서 역을 추보(推步)할 수
있도록 한 것으로 세종 24년(1442)에 편찬되었다. 칠정산내편은 수시력과
대통력에 기반을 두어 만들었으므로 계산의 기준이 되는 계산기점, 역법,
상수, 수학적 계산 방법 등이 수시력과 거의 같으며, 역원도 수시력에 따라
지원 18년(1281년)으로 하였다. 그러나 일출·몰시각 계산에 있어 수시력은
중국 북경의 위치를 기준으로 계산하도록 하였고, 칠정산내편은 조선의 한
양 위치를 기준으로 계산할 수 있게 편찬하였다.19)

 칠정산외편은 명(明)나라로부터 도입한 회회력을 참고하여 만든 역법이
다. 원나라 때에는 아라비아 지역에서 학자들을 초빙해 회회사천감(回回司
天監)에서 근무하도록 하였고, 회회력법에 따라 천문현상을 추산(推算)토록
하였다. 명나라에서도 홍무 원년(1368)에 회회사천감이 설치되었고, 홍무 3
년(1370)에는 이 기관이 흠천감(천문대)의 한 부서로서 활동을 하였다.20)
명사(明史) 역지(曆紙)의 회회력법 서문에21) 책을 번역하게 된 동기와 그
법의 특징을 간단하게 설명하여 놓았다.

 回回曆法西域黙狄納國王馬哈麻所作　　其地北極高二十四度半徑度偏西一百○七度
約在雲南之西八千餘里 其曆元用隋開皇己未卽其建國之年也洪武初得其書於元都 十

19) 이은성, 1985, 「역법의 원리분석」 (정음사: 서울), p.332; 이은희, 1996, 「칠정산
　　내편의 연구」 (연세대 박사학위논문: 서울), p.8.
20) 蘇內淸 著, 유경로 譯編, 1985, 「중국의 천문학」 (전파과학사: 서울), pp.
　　154-156, 170.
21) 「명사」 권 37, 역 7 회회력법 1, 仁專本 二十六史 (成文出版社有限公司印行: 中國).

五年秋太祖謂西域推測天象最精其五星緯度　又中國所無命翰林李翀吳伯宗同回回大師馬沙亦黑等譯

　회회력법은 서역(西域)의 무치나(默狄納, Modina)의 국왕 마하마(馬哈麻, Mahomed)가 만든 것이다. 그곳의 북극고(위도)는 24.5도이며, 경도는 서쪽으로 107도에 있으며, 운남으로부터 약 8천여 리에 있다. 그 역원으로는 수(隋)의 개황(開皇) 기미(19년)를 쓰는데, 그 나라가 건국한 해이다. 홍무(洪武)[22] 초에 그 책을 원나라 수도에서 얻었다. 홍무 15년 가을에 태조가 서역이 천문현상을 관측하여 오성위도를 정확하게 구하는데, 이것은 중국에 없으니 한림 이충(李翀), 오백종(吳伯宗)에게 명하여 회회대사 마사역흑(馬沙亦黑, Mashayihei) 등과 같이 그 책을 번역하게 하였다.[23]

이 기록에 대해 진준규(陳遵嬀)는 명사 역지의 잘못된 부분을 다음과 같이 지적하였다.

　서역의 무치나국은 사우디아라비아의 메디나를 나타내며, 마하마는 모하메드를 말한다. 회회력의 기원을 조사해보면 서기 622년 7월 16일에 해당하며, 회족(回族)의 건국을 개황 기미년으로 전하는 명사(明史)의 기록은 실제와 다르다. 모하메드가 622년에 메카에서 메디나로 천도하였고, 그곳의 위도는 북위 24.5도, 동경은 약 40도이다. 따라서 북경에서 약 80도 서쪽인데, 명사 역지에는 107도로 잘못 기록하였다. 거리도 운남에서 서쪽으로 약 1만 5천리에 위치하나 명사 역지는 8천여리라고 잘못 기록되어있다.[24]

최근에 Chen Jiujin[25]은 마사역흑이 회회력을 편찬할 때, 그의 아버지와 함께 편찬하였으며, 서역 주야시가감표와 경위가감의 표를 분석해 보건대 남경의 위도와 같은 지역에서 계산된 값이므로, 이 표들은 마사역흑이 남경에서 직접 관측하여 만들었을 것이라고 하였다. 그때 사용된 위도는 32

---

22) 명나라 초기의 연호로 1368년부터 사용하기 시작한 연호이다.
23) 이은희, 1996, 「칠정산내편의 연구」 (연세대 박사학위논문: 서울), pp 28-30; 「한국천문학사 연구」, 1999, 한국천문학사편찬위원회 (녹두출판사: 서울), pp. 117-118.
24) 이은희, 1996, 「칠정산내편의 연구」 (연세대 박사학위논문: 서울), p.29; 陳遵嬀, 1988, 「중국천문학사」 5책, (明文書局: 臺北), pp.194-195.

도~32도 4분이고, 이것은 그 후 북경이나 한양에서 모두 수정하지 않고 사용하였다고 하였다. 이로 미루어 보건대 회회력은 홍무 17년(1384)에 서역 사람인 마사역흑이 번역을 하여 편찬한 것임을 알 수 있다.[25]

명사에는 위 기록에 이어, 이 회회력법은 이때 처음 번역된 것은 아니고 원나라 때에도 번역이 시도되긴 했으나 흠천감 소속으로 서역(西域)인을 등용함에 따라 그들이 번역서가 아닌 원서로 역법을 추보하였으므로 번역이 잘 안되었다고 기록되어있다. 이 역의 기본상수들에 대해서도 명사 역지에 다음과 같이 설명되어있다.

其書其法不用閏月 以三百六十五日爲一歲 歲十二宮 宮有閏日凡百二十八年而宮閏三十一日以 三百五十四日爲一周 周十二月 月有閏日凡三十年月閏十一日 歷千九百四十一年宮月日辰再會

그 책과 그 법에는 윤월을 사용하지 않는다. 365일을 1세로 하고, 1세에는 12궁이 있다. 그리고 궁에 윤일이 있어 128년 동안에 윤일을 31일을 둔다. 회회력 1년은 삭망월을 12개월 더한 것이므로 354일로서 1주를 삼고, 월에 윤일을 두어 30년에 11일의 윤일을 두게 되어있다. 그리고 1941년이 지나면 궁, 월, 일진(宮月日辰)이 다시 같은 자리에 오게 된다. 즉 1941년을 주기로 반복되게 되어있다.

명사에 따르면 회회력은 태양력의 회귀년 개념과 태음력인 삭망월을 사용하나, 종래의 중국력처럼 윤월이 따로 있는 것은 아니다. 칠정산외편은 세종의 명에 의해 이순지(李純之), 김담(金淡) 등이 수년간 회회력을 연구하여 틀린 곳은 수정하고, 계산에 사용하는 표들은 일부 정비하여 편찬을 새로 한 것으로, 세종 24년(1442년)에 5권으로 편찬되었다. 따라서 이 책에

---

25) Chen Jujin, 1997, eds. Nha I-S. and R. F. Stephenson, "Comparative Research between the Hui Hui Calendar, Chiljongsan Oepion and Qizheng Tuibu", International Conference on Oriental Astronomy from Guo Shoujing to King Sejong(Yonsei Univ.: Seoul), pp.105-111.

26) 「명사」권 37, 역 7 회회력법 1, 仁專本 二十六史 (成文出版社有限公司印行: 中國): 「한국천문학사 연구」, 1999, 한국천문학사편찬위원회 (녹두출판사: 서울), pp.117-118.

는 회회력에 없는 "태양최고행도와 일중행도표", "태음중심행도와 가배상리도, 본륜행도의 표", "나계 중심행도표", "오성 최고행도 및 자행도표", "태음황도남북각상내외성경위도표" 등이 있다. 이들 중 "나계 중심행도표"와 "태음황도남북각상내외성경위도표"를 제외한 다른 표들은 회회력에 그 표를 만드는 법만 기록되어있다. 이 역법은 그 후 새로운 역법인 시헌력이 완전히 정착되는 때인 18세기 초까지 일식과 월식을 계산할 때 유용하게 사용되었다. 칠정산외편 정묘년교식가령(七政算外篇丁卯年交食假令)27)은 이 방법에 의한 계산 예를 수록한 것으로, 1447년 음력 8월의 일식과 월식을 예보하기 위한 계산 과정을 각 단계별로 제시해 놓았다.

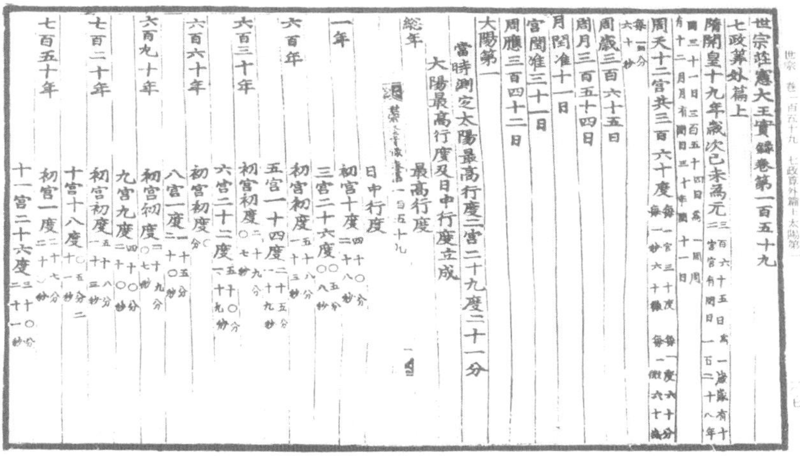

그림 1. 칠정산외편의 첫 페이지

칠정산외편의 편찬 과정에 대한 관련 자료들을 살펴보면, 1442년에 편찬된 칠정산내편 서문28)에는 회회력을 얻어 이순지와 김담에게 명하여 교정을 시켰는데, 중국의 역관(譯官)이 번역한 것에 오류가 있음을 알고 다시

---

27) 이순지, 김담, 「일월식가령」, 규장각본.
28) 유경로, 이은성, 현정준, 1990, 「세종장헌대왕실록 제26권 칠정산내편」 (세종대왕기념사업회: 서울), p.13.

교정을 하여 외편을 만들었다는 기록이 있다. 사여전도통궤의 발문(跋文)에는 회회력경과 통경(通經), 가령(假令)의 책을 가져다가 그 방법을 연구하여 수정을 하고, 그 빠진 것을 보충해 책을 만들고 그것을 칠정산외편이라고 명명하였다는 기록이 있다.29) 국조역상고에는 회회력법을 얻어 이순지와 김담이 교정해 편찬하였다는 기록과 칠정산외편의 1년과 윤일에 대한 설명이 간략하게 서술되어있다.30) 증보문헌비고 상위고의 역상연혁에도 역시 칠정산외편의 역일과 윤일에 대한 간단한 설명이 수록되어있다.

중국이 회회력을 도입하여 사용하게 된 동기는 일식과 월식의 추산 때문으로 생각된다. 일식과 월식을 나라의 재난과 결부시켜 생각하는 당시 문화에서 이런 식현상의 추보(推步)는 상당히 중요하나 기존에 사용하던 대통력으로는 잘 맞지 않으므로 중국이나 조선에서는 또 다른 역법의 필요성이 대두되었을 것이고 이 해결책으로 회회력이 도입되고 그것이 조선까지 전래된 것으로 보인다.

2. 칠정산외편의 역원

칠정산외편의 역원(曆元)에 대해서 A.D. 599년과 A.D. 622년으로 보는 두 가지 설이 있다. 먼저 A.D. 599년을 기원으로 보는 관점을 살펴보면 다음과 같은 기록에 의해서이다. 칠정산외편31) 서두에 다음과 같은 글이 있다.

---

29) 「사여전도통궤」 跋文: 「한국천문학사 연구」, 1999, 한국천문학사편찬위원회, (녹두출판사: 서울). pp.172-173.
30) 「한국천문학사 연구」, 1999, 한국천문학사편찬위원회, (녹두출판사: 서울). pp. 172-173.
31) 「세종장헌대왕실록 제28권, 칠정산내외편」, 1990, (세종대왕기념사업회: 서울). 권 161.

隨開皇十九年歲次己未爲元

수(隋)의 개황(開皇) 19년, 세차(歲次) 기미(己未)를 역원(曆元)으로 한다.

이것을 문장 그대로 해석하면 수나라의 연호 개황 19년인 서기 599년이 역원인 것이다. 또한 명사 역지[32]의 앞부분의 적년(積年)부분에는 다음과 같은 글이 있다.

起西域阿喇必年(隋開皇己未) 下至洪武甲子 七百八十六年

서역 아라비아의 년으로 보면 (수의 개황기미년) 홍무갑자년(1384년)은 786년 이다.

이 글에서 아라비는 아랍 또는 아라비아를 뜻하며, "洪武甲子"에서 홍무는 명나라 연호로 명의 태조 17년인 때이고, 그때의 세차(歲次)가 갑자이다. 따라서 1384년과 786년의 차이로서 아라비아력의 원년을 알 수 있다. 이렇게 해석을 하면 괄호안의 글자 "隋開皇己未"(명사; 본문에는 작은 글자로 기록되어 있다)는 아라비아의 원년으로, 회회력의 원년을 나타낸 것으로 볼 수 있다. 이시기가 회회력의 원년임을 주장하는 또 하나의 타당한 근거로써 칠정산외편의 주응(周應)을 들 수 있다. 칠정산외편에는 주응이 342일로 나와 있다. 주응은 역원인 해의 춘분과 그 이전의 회회력 연시(年始)와의 간격일이다. A.D. 599년의 춘분일을 3월 19일로 보면[33] JD 1939919이다. 따라서 342일 이전은 JD 1939919-342일 = JD 1939577이 되고 이때는 태양력인 율리우스력으로 A.D. 598년 4월 11일이 된다. 이 날짜는 헤지라 원년인 622년 7월 16일부터[34] 역으로 계산해 보아도 다음과 같은 계산에 의해 회회력 연시 근처임이 맞다. 회회력 1년은 354.36667일을 적용시켜 계산하였다.

---

32) 「명사」 권 37, 역 7 회회력법 1, 仁專本 二十六史 (成文出版社有限公司印行: 中國).
33) 張培瑜, 1990, 「三千五百年曆日」 (大象出版社: 중국), p.928.
34) Doggett,L.E., 1992, ed. by Sidelmann, P. K., 「Explanatory Supplement to Astronomical Almanac」 (University Science Books: California), p.589.

A.D. 622년 7월 16일 = JD 1948439

A.D. 598년 4월 11일 = JD 1939577

A.D. 598년 4월 13일 = JD 1939579

(JD 1948439 − JD 1939577) ÷ 354.36667일 = 25.008 ≒ 25년 2일

(JD 1948439 − JD 1939579) ÷ 354.36667일 = 25.002 ≒ 25년

위 계산에 따르면 A.D. 598년의 연시는 4월 13일이 되고, 헤지라 원년부터 25년 전의 회회력 연시가 된다. 그러나 앞의 주응을 적용시켜 계산한 날짜는 4월 11일이 된다. 이 2일의 차이는 A.D. 599년의 춘분을 현재의 날짜인 21일로 했다면 잘 맞을 것이다. 춘분일을 언제로 잡는가에 따라 2일 정도의 오차가 발생한다.

한편 회회력은 아라비아에서 넘어온 역법으로, 현재도 아랍력은 모하메드가 성천(聖遷)한 622년을 역원으로 하고 있다. 아랍력의 역원은 622년 7월 16일경이다. 따라서 회회력의 기원을 622년으로 보는 관점도 있다. 칠정산외편 번역본35)에 따르면 청(淸)의 완원(阮元)은 회회력의 역원은 개황 19년(599년)이 아니고 당(唐)의 무덕(武德) 5년(622년)이라고 하였고, 일본의 구와하라(桑原隲藏)도 회회력의 역원으로 622년을 주장하였다. 이들은 명사에 나타난 786년을 태음년으로 생각했고, 따라서 이것을 태양년으로 바꾸면 다음과 같은 계산에 의해 622년의 타당성을 맞출 수 있었을 것이다.

786년 × 354.36667일 ÷ 365.2422일 = 762.59 (태양년)

1384년 − 762.59년 = 621.4년 + 1년 ≒ 622년

A.D. 622년을 역원으로 하는 경우는 다음과 같이 생각해볼 수 있다. 아랍력의 헤지라 기원인 해의 춘분은 622년 3월 18일로36) 이 날로부터 주응

---

35) 유경로, 이은성, 현정준, 1990, 「세종장헌대왕실록 제27권 칠정산외편」 (세종대왕기념사업회: 서울), pp.11-12.

342일을 빼주면 621년 4월 10일이 된다. 이 해의 연시일은 7월 26일이므로 연시일과 주웅의 계산에 의한 날짜와는 107일의 차이가 생긴다. 따라서 이것은 연시일과 춘분점과의 날짜차이라는 주웅의 정의에도 어긋나게 된다. 그러므로 622년을 역원으로 하기에는 무리가 따른다.

A.D. 622년 3월 18일 = JD 1948319
A.D. 621년 7월 26일 = JD 1948084

JD 1948319 - 342일 = JD 1947977 = 621년 4월 10일
(JD 1948439 - JD 1948084) ÷ 354.36667일 ≒ 1년

따라서 이 연구에서는 칠정산외편과 명사 역지에 기록된 글과 주웅 계산으로 미루어 볼 때, 수(隋)의 개황 기미(開皇 己未)년인 599년이 칠정산외편의 역원으로 더 타당하다는 결론을 내렸다. 또한 당시에 사용하던 1태음년의 길이를 비교해 봄으로서도 타당성을 알아볼 수 있는데, 중국력의 1태음년의 길이는 354.3671일이고, 회회력은 354.36667일로서 비슷하고, 이 값은 현대의 1 삭망월인 354.36707일과도 큰 차이가 없다. 따라서 명사 역지에 기록된 1384년에서 786년을 빼고, 그 해부터 계산하므로 1년을 더해주면 599년을 역원으로 구할 수 있다.

3. 칠정산외편과 알마게스트(Almagest)

회회력은 중국 원(元)나라 때 서역으로부터 전해진 아라비아의 역법이다. 이 아라비아의 역법은 톨레미37)의 알마게스트로부터 이어진 것이다. 칠정산

---

36) 張培瑜, 1990, 「三千五百年曆日」(大象出版社: 중국), p.928.
37) 톨레미(Ptolemy)는 2세기경 알렉산드리아에서 활동하던 그리스의 학자이다. 「알마게스트」라는 유명한 책을 저술했다. 톨레미는 영어식 발음이고, 그리스 이름으

외편은 회회력을 기본으로 해서 편찬된 역법이므로 이것을 바로 이해하려면 회회력의 근원인 알마게스트에 대해서도 알아보아야 한다. 다음의 알마게스트의 유래는 Toomer가 영문으로 번역한 알마게스트38)에서 발췌하였다.

알마게스트는 그리스 천문학의 원전(元典)으로 로마황제 안토니구스 (Antoninus, A.D. 138-161) 시대의 책으로 알려져 있다. 이 책의 저자는 알렉산드리아에서 활동했던 프톨레마이오스(그리스 명, Klaudios Ptolemaios)로 영어 이름은 톨레미(Ptolemy)이다. 톨레미는 과거의 여러 학자들이 관측하여 축적하였던 많은 자료들을 조사하여 이 책을 썼다고 하는데, 특히 히파르코스(Hipparcos)의 관측 자료와 학설이 많은 도움을 주었다고 한다. 이 책의 원래 이름은 "Mathematical Systematic Treatise"으로서 그 후 1000여 년 동안 천문학의 기본 도서로써 사용되었다. 그러나 중세 이전까지는 유럽에서는 거의 연구되지 않았고, 8세기 말에서 9세기 초에 그리스 천문학에 관심을 갖고 있던 이슬람 세계에서 이 책이 처음엔 Syriac으로 그리고 아라비아어로 여러 번 번역이 되어 널리 연구되어졌다. 초기의 유럽에서는 이 책의 연구가 활발하지 않았다가 중세에 이르러 라틴어로 번역되면서 활발히 연구되면서 천동설적 우주론의 근거가 되었다. 그 후 이 책의 이름은 이슬람 세계에서 위대한 책(Greatest treatise)의 의미를 가진 알마게스트(Almagest)로 바뀌었다.

회회력은 이슬람 세계에서 알마게스트의 기본 원리를 받아들이되 책 안의 여러 종류의 표들 중 일부는 당시의 여건에 맞게 일부 수정하여 만든 것으로 추론된다. 그 한 예가 태양과 달의 평균운동을 나타내는 표의 총년 (總年)부분이 서로 다르고, 회회력의 성좌표는 관측당시 값을 13세기의 측정된 값을 이용해 만들었을 것이라는 연구도 있기 때문이다.39)

톨레미는 많은 관측 자료를 이용해 독자적으로 천동설에 의거한 수학적

로는 프톨레마이오스(Ptolemaeous)이다.

38) Toomer, G. J. 1998, 「Ptolemy's Almagest」 (Princeton Univ. press: New jersey).

39) Fomenko, A. T. Kalashnikov, V. V. and Nosovsky, G. V. 1992, " The Dating of Ptolemy's Almagest based on the Coverings of the Stars and on Lunar Eclipse", Acta Applicandae Mathematicae 29, pp.281-298.

방법을 고안하였다. 지구를 도는 천체들은 주전원(周轉圓, epicycle)의 형태
로 운동을 하고 있다고 주장하였고, 삼각법 계산표를 작성하였으며, 사분의
(四分儀)를 비롯한 관측기계를 고안하였다. 그는 천체가 기하학적 모델에
따라 움직인다고 생각하여 태양과 달, 행성의 위치를 계산할 때 사용할 수
있는 여러 종류의 수표(數表)를 만들었고, 이 표들을 이용해 일식과 월식,
행성, 항성 현상을 예측하여 계산할 수 있는 방법을 설명하였다. 모두 13권
으로 되어있는 알마게스트의 편집 순서는 표 2-1과 같다.

4. 칠정산외편과 회회력 및 알마게스트의 비교

앞에서 살펴본 바와 같이 칠정산외편의 근거는 알마게스트라 할 수 있다.
따라서 칠정산외편의 표들과 알마게스트의 표들은 일부 같은 것도 있고, 일
부는 회회력에서 약간 수정이 되어 도입되었으므로 값이 약간씩 다른 것도
있다. 칠정산외편과 알마게스트의 여러 종류의 표들을[40] 비교해 나타낸 것이
표 2-2이고, 칠정산외편과 명사(明史)의 회회력의 각 항목을 편집된 순서대
로 비교한 것이 표 2-3이다. 표 2-2를 살펴보면 칠정산외편에는 20개의 표
가 있고 그에 대응하는 알마게스트의 표는 12개이다. 이들 중 Tables of
mean motions of the moon과 Table of planetary stations, Planetary
equation tables: Table for anomaly of 5 planets는 항목별로 한 표내에
칠정산외편의 두 항목의 표에 해당하는 내용이 수록되어있다. 칠정산외편에
는 있으나 알마게스트에 없는 것은 8개로, "나계중심행도표", "주야가감차의
표", "경위시가감차표", "태양태음영경분과 비부분표", "주야시궁도분표",
"오성복견표", "태음출입신혼가감도표", "태음황도남북각상내외성경위도표"
가 있다. 이 표들은 알마게스트에 없으나 표 2-3의 회회력에는 이 중 7개의
표가 있다.[41] 따라서 회회력이 알마게스트의 기본개념들과 표들을 이용하긴

---

40) Toomer, G. J. 1998, 「Ptolemy's Almagest」 (Princeton Univ. press: New jersey).

했지만 일부는 수정해서 사용했다는 것을 알 수 있다. "나계중심행도표"는
회회력에서도 발견하지 못했다. 또한 "주야시궁도분표"는 회회력에는 "서역
주야시표"로 되어있는데, 이것은 남경의 위도 32도 정도를 기준으로 하여 만
든 표로 밝혀졌다.42) 칠정산외편에도 이 값들이 그대로 수록되어져 있는데,
그 당시의 역관들이 이 부분을 좀 더 살펴보고 수정을 했더라면 하는 아쉬움
이 있다. 표 2-4는 칠정산외편의 순서를 기준으로 하여 명사의 각 항목들을
대응되게 재배치한 것이다. 이 표를 통해서 칠정산외편은 회회력을 그대로
따라서 편찬되었음을 알 수 있다.

---

41) 「명사」 권 39, 역 9 회회력법 1, 仁壽本 二十六史 (成文出版社有限公司印行: 中國).

42) Chen Jujin, 1999, eds. Nha I-S. and R. F. Stephenson, "Comparative Research
between the Hui Hui Calendar, Chiljongsan Oepion and Qizheng Tuibu",
International Conference on Oriental Astronomy from Guo Shoujing to King
Sejong (Yonsei Univ.: Seoul), pp.105-111.

표 2-1. 알마게스트(Almagest)의 내용 요약

권	내용 요약 (Toomer, 1998)	내용 요약 (한글)
1	Brief treatment of the nature of the Universe, Trigonometrical theory	전반적인 우주의 특성, 삼각측량법
2	Those aspects of spherical astronomy which are related to the observer's position on earth	지구의 관측자 위치에서 본 구면 천문학
3	Theory of the sun	태양의 운동과 위치 계산방법 등
4	The treatment of the moon Eccentric and epicyclic hypotheses	달의 운동, 이심원과 주전원 가설
5	Advanced lunar theory Lunar and solar parallax	달운동의 불균일한 중심차(中心差)와 출차(出差)의 설명
6	Eclipse	태양과 달의 운동, 시차에 기인한 식 현상들
7	Fixed stars. The constellation in the northern hemisphere	항성, 북반구의 성좌들
8	Fixed stars. The constellation in the southern hemisphere	항성, 남반구의 성좌들, 항성의 출몰 등
9	Theory of longitudinal motion of Mercury	수성의 경도 운동 연구
10	Theory of longitudinal motion of Venus and Mars	금성과 화성의 경도 연구
11	Theory of longitudinal motion of Jupiter and Saturn	목성과 토성의 경도 운동 연구
12	Retrogradations and greatest elongations of planets	오행성의 역행(逆行)과 최대 이각
13	Planetary latitude and phenomena	행성의 위도와 현상

표 2-2. 칠정산외편과 알마게스트의 표의 비교

칠정산외편의 표	Almagest (Toomre, 1998)의 표
태양최고행도와 일중행도 표	Table of the mean motion of the sun
태양가감차의 표	Table of the sun's anomaly
태음중심행도와 가배상리·본륜 행도의 표	Tables of mean motions of the moon
태음 제1가감차분과 비부분의 표	Table of the complete lunar anonmaly
태음 제2가감차분과 원근도의 표	Table of the first, simple anomaly of the moon
나계중심행도 표	
태음황도남북위도와 가감분표	Tables of mean motions of the moon
주야가감차의 표	
경위시가감차 표	
태양태음영경분과 비부분표	
주야시궁도분표	
오성 최고행도 및 자행도표	Table of the mean motions in longitude and anomaly of the five planets
오성 제1가감차분과 비부분표	Planetary equation tables: Table for
오성 제2가감차분과 원근도표	anomaly of 5 planets(2)
오성 복견표	
오성 순류표	Table of planetary stations
오성 퇴류표	Table of planetary stations
오성 황도남북위도표	Layout of the tables for the computations on latitude
태음출입신혼가감도표	
태음황도남북각상내외성경위도표	

표 2-3. 칠정산외편과 명사 회회력의 항목과 표의 비교

칠정산외편	回回曆 (明史)
권 1	회회력법1
	전래과정
역원, 주천(周天) 자료 등	曆元, 周天 자료 등
제1장 태양	太陽行度
태양최고행도와 일중행도 표	
태양가감차의 표	太陰行度
제2장 태음	
경도	太陰緯度
태음중심행도와 가배상리, 본륜행도의표	
태음 제1가감차분과 비부분의 표	五星經度
태음 제2가감차분과 원근도의 표	五星緯度
위도	
나계중심행도 표	日食 計算法
태음황도남북위도와 가감분표 표	月食 計算法
	太陰五星凌犯
권 2	회회력법 2
제3장 교식	日五星中心行度表 만드는 법
일식	五星自行度表 만드는 법
주야가감차의 표	日五星最高行度表 만드는 법
경위시가감차 표	太陰經度表 만드는 법
태양태음영경분과 비부분표	總零年宮月日七曜表 만드는 법
주야시궁도분표	太陽加減差 表
월식	太陰經度 第1加減比數表
	太陰 第2加減遠近度表
	土星의 第1加減比數表
	土星의 第2加減遠近表
	木星－水星까지 表 있음
권 3	회회력법 3
제4장 오성	土星黃道南北緯度表
경도	木星, 火星, 金星, 水星의 緯度表
오성 최고행도 및 자행도표	太陰黃道南北緯度表
오성 제1가감차분과 비부분표	太陰出入晨昏加減表
오성 제2가감차분과 원근도표	五星伏見表
오성 복견표	五星順留表
오성 순류표	五星退留表
오성 퇴류표	西域晝夜時表
위도	晝夜加減差表
오성 황도남북위도표	太陽太陰晝夜時行影徑分表
제5장 태음오성능범	經緯加減差表
태음출입신혼가감도표	時差加減表
태음황도남북각상내외성경위도표	太陰凌犯時差表

5. 칠정산외편과 칠정산내편의 비교

조선 초기의 역법을 대표하는 칠정산내편과 칠정산외편은 중국의 전통적 역법 계산방법과 그리스의 영향을 받은 이슬람 역법이라는 큰 차이가 있다. 이 두 역법을 수록한 책의 집필 순서를 비교하여 표 2-5로 정리하였다. 칠정산내편은 첫 절에 천문상수에 대한 설명이 나오고 이어, 태양, 달, 중성(中星), 오성, 식현상, 사여성(四餘星)에 대한 설명이 나온다. 당시의 천문 상수는 지금의 현대적인 천문 상수와는 약간 다르다. 사여성(四餘星)은 궤도상에서 규칙적인 주기 변화를 보이는 특별한 위치를, 별이 운행하는 것으로 본 가상적 천체의 이름으로, 태양의 궤도와 달의 궤도가 만나는 두 점인 승교점과 강교점을 의미하는 나후(羅喉)와 계도(計都), 그리고 달의 원지점을 나타낸다고 생각되는 월패(月孛)와 아직까지도 그 의미가 확실하지 않은 자기(紫氣)라는 항목이다. 칠정산외편에는 천문 상수에 대한 간단한 설명을 앞부분에 수록하였고, 이어 바로 태양에 대한 설명이 있고, 달, 식현상, 오성, 그리고 달이 오성을 가리는 달의 엄폐에 대한 설명이 뒤를 따른다.

계산 방법과 상수에서도 두 방법은 서로 다르다. 첫째로 칠정산내편에서는 천체운행궤도를 원으로 가정하였고, 칠정산외편에서는 칠정의 궤도는 원이되, 지구는 이심(離心)에 있다고 생각하였고, 달이나 행성들이 이 원주(圓柱)를 도는 작은 소원인 주전원(epicycle)상을 돌고 있다고 가정하였다. 두 번째로 두 방법의 역원과 계산기점이 다르다. 칠정산내편의 역원은 A.D. 1281년을 사용하고, 식현상을 계산할 때에는 A.D. 1444년을 사용한다. 반면 칠정산외편에서는 A.D. 599년을 역원으로 사용하는데, 칠정산외편의 각 표들의 원점은 회회력의 역원인 A.D. 622년이다. 따라서 이 두 년도 간의 차이를 계산 과정에서 보정해주도록 되어있다. 그리고 칠정산내편의 모든 계산은 동지점을 먼저 계산하고 그 점으로부터 다른 계산을 시작하는데 비해 칠정산외편의 계산은 춘분점을 먼저 계산하고, 그 점을 기준으로 하여 다른 점들이나 천체의 이동 등을 계산한다. 네 번째로 칠정산내편에서는 적도(equator) 근처의 28수(宿)를 기준으로 천체의 위치를 표시하고, 칠정산외편은 황도(ecliptic) 근처를 지나는 12궁(宮)을 기준으로 위치를 표시한다. 다섯 번째로 두 방법 간의 주응(周應)이 다르다. 주응은 계산 기점이 되는 지점의 보정치로 칠정산내편에서는 역원이 되는 해의 동지점, 즉 원동지(原冬至)의 적경을 말하는 것으로, 적도 경도(=적경)의 기점으로부터 원동지까지의 적도 경도차이다. 적도 경도는 기원전 약 2000년의 동지점 위치로 허수(虛宿) 6도일 때로 정하였고, 칠정산내편의 역원은 A.D. 1281년 동지점인 기수(箕宿) 10도이므로, 이 두 지점의 적도 경도차은 50도 15분이다. 주응은 주천도(周天度) 365도 25분 75초에서 위의 두 지점의 경도차를 뺀 315도 10분 75초가 된다. 주응의 단위는 이 값을 도(°)의 표기대신 만의 표기로 바꾼 것이다. 한편 칠정산외편에서는 주응이 회회력의 첫날(年始)로부터 그 다음해의 춘분일까지의 날수로 342일이다. 여섯 번째로 두 방법에서 정의되는 분, 초의 진법이 다르다. 칠정산내편에서는 100진법이 사용된다. 즉 1일은 10000분이고, 1도는 100분, 1분은 100초이다. 칠정산외편에서는 60진법이 사용되는데, 1도가 60분, 1분이 60초이다. 여섯 번째로 칠정산내편에서는 원을 365.2425도로 정의하고 외편에서는 360도로 정의한다. 이러한 여러 차이점을 비교하여 표 2-6으로 정리하였다.

표 2-4. 칠정산외편의 편찬순서에 따른 명사 회회력의 항목과 표의 비교

칠정산외편	회회력 (명사)
권 1	
	전래과정
역원, 주천(周天) 자료 등	曆元, 周天 자료 등
제1장 태양	太陽行度
태양최고행도와 일중행도 표	總零年宮月日七曜表 만드는 법
태양가감차의 표	太陽加減差表
제2장 태음	太陰行度
경도	太陰經度表 만드는 법
태음중심행도와 가배상리, 본륜행도의표	
태음 제1가감차분과 비부분의 표	太陰經度 第1加減比敷表
태음 제2가감차분과 원근도의 표	太陰 第2加減遠近度表
위도	
나계중심행도 표	太陰緯度
태음황도남북위도와 가감분표 표	
	太陰黃道南北緯度表
권 2	
제3장 교식	
일식	日食 計算法
주야가감차의 표	晝夜加減差表
경위시가감차 표	經緯加減差表, 時差加減表
태양태음영경분과 비부분표	太陽太陰晝夜時行影徑分表
주야시궁도분표	西域晝夜時表
월식	月食 計算法
권 3	
제4장 오성	
경도	
오성최고행도 및 자행도표	日五星中心行度表 만드는 법
	五星自行度表 만드는 법
	日五星最高行度表 만드는 법
오성 제1가감차분과 비부분표	土星의 第1 加減比敷表
오성 제2가감차분과 원근도표	土星의 第2 加減遠近表
	木星 - 水星까지 표 있음
오성복견표	五星伏見表
오성순류표	五星順留表
오성퇴류표	五星退留表
위도	
오성황도남북위도표	土星黃道南北緯度表
	木星, 火星, 金星, 水星의 緯度 表
제5장 태음오성능범	太陰五星凌犯
태음출입신혼가감도표	太陰出入晨昏加減表
태음황도남북각상내외성경위도표	太陰凌犯時差表

표 2-5. 칠정산내편과 칠정산외편의 순서 비교

칠정산내편			칠정산외편		
권 1		천행제율	권 1		역원, 기본 상수
		일행제율		제1장	태양
		월행제율		제2장	태음
		일월식			경도
	제1장	역일			위도
권 2	제2장	태양	권 2	제3장	교식
	제3장	태음			일식
	제4장	중성			월식
권 3	제5장	교식	권 3	제4장	오성
		일식			경도
		월식			위도
	제6장	오성		제5장 태음오성능범	
	제7장	사여성			
	한양의 일출몰시각 및 밤낮의 길이				

표 2-6. 칠정산내편과 칠정산외편의 기본 자료의 비교

항목	칠정산내편	칠정산외편
역원	A.D. 1281년 동지 교식계산시: A.D. 1444년	A.D. 599년 춘분 수록된 표의 기점: 622년 7월 16일
위치표시방법	28수	12궁
주응	315만 1075분 역원의 동지점의 적경 값	342일 회회력의 첫날로부터 다음해의 춘분일 까지의 차이
진법	100 진법 1일 = 10000분 1도 = 100분 1분 = 100초 1도(Chinese degree) = 0.985606도(SI unit)	60진법 1일 = 86400초 1도 = 60분 1분 = 60초 1도(Greek degree) = 1도(SI unit)
원의 각도	365.2425도	360도
1년의 길이	1 태양년 = 365.2425일 1 태음년 = 354.36712일 1 항성년 = 365.2564일	1 태양년 = 365.242188일 1 태음년 = 354.36667일

Ⅲ. 칠정산외편의
내용 고찰

1. 기본 상수

(1) 기본 상수의 설명

칠정산외편 서두에는 이 역법에 사용되는 기본 상수들이 기록되어있다. 그 상수들을 설명하면 다음과 같다.

가) 역원(曆元)

역원은 중국 수(隋)나라 때로 개황 19년인 599년이며 세차는 기미(己未)년이다. 역법을 계산하는 기준이 되는 시기이다.

나) 주세(周歲)

주세는 1회귀년인 365.2422일의 정수(整數)의 일(日)수인 365일이다. 1세(一歲)와 같은 뜻이다. 1세에는 12궁이 있다.

다) 주월(周月)

회회력으로 1태음년이 354.36667일인데, 주월은 이 값 중 정수 부분인 354일이다. 1주(一周)도 같은 값이며 354일이다. 1주는 12삭망월이다.

라) 월윤준(月閏准)

월윤준은 11일이다. 이 뜻은 30태음년에 11일의 윤일을 둔다는 것이다. 칠정산외편에서 홀수 달은 30일이고 짝수 달은 29일이므로 1태음월은 평균 29.5일이 된다. 그런데 실제 1태음월의 길이는 29.53059일이 되므로, 이 두 값의 차이가 30년이 쌓이면 11일의 차이가 생긴다. 따라서 칠정산외편의 30태음년에 11일을 더해야 실제의 30태음년과 같아진다. 이것을 수식으로 표현하면 다음 과 같다.

(29.53059일 − 29.5일) × 12월 × 30년 = 11.0124일

칠정산외편에서의 1태음년 평균 길이와 1태음월 평균길이를 현대 값과 비교해 보았다. 칠정산외편의 1태음년 평균 길이는 다음과 같으며.

354일 + (11 / 30)일 = 354.366667일

현대 값은 354.367068일이므로 34초의 차이가 있다. 또한 칠정산외편의 1태음월 평균길이는 다음과 같이 29.530555일이고, 현대 값은 29.53059일로 29일 12시 44분 00초이므로 약 3초의 차이가 있다.

354.366667일 / 12월 = 29.530555일

따라서 월윤준 11일은 다음 계산으로도 구할 수 있다.

(354.366667일 − 354일) × 30년 = 11.0001일

실제 오늘날의 이슬람력에서는 태음력을 사용하며, 윤일을 두는 해가 고정되어 있다. 이슬람력 역시 회회력의 원전인 아라비아력의 많은 부분을 그대로 따랐으므로, 홀수 달은 30일, 짝수 달은 29일이고, 1년 중 남은 날은 윤년(leap years)의 마지막 달인 12월에 더해준다. 그리고 30년을 주기로 하므로 30년 안에 11번의 윤일을 두는데, 년도를 30으로 나누었을 때 나머지가 2, 5, 7, 10, 13, 16, 18, 21, 24, 26, 29인 때의 12월에 윤일을 둔다. 평년인 경우는 354일이고, 윤일이 들어간 때는 355일이다. 그러므로 30년간의 총 일수는 10631일이 된다. 이 역법의 1년은 354.36667일이다.

354일 × 30년 + 11일 = 10631일

마) 궁윤준(宮閏准)

궁윤준은 31일이다. 이 의미는 128태양년 동안에 31일의 윤일을 두어 태양년과 맞추어 주는 것이다. 현대의 1태양년의 길이는 365.24219일이고, 칠정산외편에서의 1세는 365일이므로 128년마다 31일의 윤일을 두면 태양년과 맞출 수가 있다.

(365.24219일 - 365일) × 128년 = 31.00032일

따라서 칠정산외편의 1태양년은 다음과 같이 계산할 수 있으며 현대 값과 잘 맞는다.

$$(365일 × 128년 + 31일(궁윤준)) ÷ 128 = 365.2421875일$$
$$= 365일 5시 48분 45초$$

현대 값은 365일 5시 48분 45.2초이다. 현재 우리나라가 사용하는 태양태음력의 19년 7윤법에서는 128년에 약 47일의 윤일이 들어간다.

바) 주응(周應)

주응은 역원인 해의 춘분과 그 전해의 회회력 연시(年始) 사이의 날수로 342일이다. 역원인 599년 춘분일이 3월 19일(= JD 1939919)이므로[43] 역으로 계산해 342일을 거슬러 가면 그 전해인 598년 4월 11일(= JD 1939577)이 된다.[44] 이 날이 칠정산외편의 기산점이 된다.

---

43) 張培瑜, 1990, 「三千五百年曆日」, (大象出版社: 중국), p.928.

44) 「세종장헌대왕실록 제27권 칠정산외편」에서는 이 날짜를 598년 4월 13일로 잡았다. 이것은 599년의 춘분일을 3월 21일로 사용하였기 때문이다.

사) 주천(周天)은 360도이다.

아) 12궁(宮)은 360도이다.

궁은 황도를 12등분한 별자리를 나타낸다. 일반적으로 황도 1궁(一宮)은 황도를 12로 나눈 값으로 30도씩이다. 그러나 실제 태양의 궤도운동속도가 일정치 않으므로 태양이 각 궁을 지나는 시간은 조금씩 다르다. 다음 표 3-1 은 12궁의 이름과 위치,[45] 그리고 각 궁을 지나는 일수를 보여준다.

자) 단위체계는 다음과 같이 60진법을 사용하였다.

$1^\triangle(궁) = 30°$　　　$1° = 60'(분, 分)$　　　$1' = 60''(초, 秒)$

$1'' = 60'''(미, 微)$　　$1''' = 60''''(섬, 纖)$

표 3-1. 12궁의 이름과 위치

고대 별자리 이름	현대 별자리이름	학명	각 궁의 통과기간	황경	적경	적위
백양술궁(白羊戌宮)	양	Aries	31일	0도	3h	20도
금우유궁(金牛酉宮)	황소	Taurus	31일	30도	4h	15도
음양신궁(陰陽申宮)	쌍둥이	Gemini	31일	60도	7h	20도
거해미궁(巨蟹未宮)	게	Cancer	32일	90도	9h	20도
사자오궁(獅子午宮)	사자	Leo	31일	120도	11h	15도
쌍녀사궁(雙女巳宮)	처녀	Virgo	31일	150도	13h	0도
천칭진궁(天秤辰宮)	천칭	Libra	30일	180도	15h	-15도
천갈묘궁(天蝎卯宮)	전갈	Scorpius	30일	210도	17h	-40도
인마인궁(人馬寅宮)	궁수	Sagittarius	29일	240도	19h	-25도
마갈축궁(磨羯丑宮)	염소	Capricornus	29일	270도	21h	-20도
보병자궁(寶瓶子宮)	물병	Aquarius	30일	300도	23h	-15도
쌍어해궁(雙魚亥宮)	물고기	Pisces	30일	330도	1h	15도

45) 「역서 2004」, 2003, 한국천문연구원 편찬 (남산당: 서울), pp.145-146.

(2) 역원의 차이에 따른 보정값

칠정산외편의 모든 표는 아라비아력을 따랐으므로 헤지라 기원으로 만들어졌다. 그리고 그것이 중국으로 넘어가 회회력으로 편찬되면서 표의 값들은 별로 바뀌지 않은 채 역원이 599년으로 바뀌고, 그에 따라 계산 기점이 598년 4월 11일로 바뀌게 되었다. 두 역원간의 차이는 태음력으로 25년의 간격이 있다. 따라서 표를 그대로 이용해 태양이나 달 등의 천체의 위치를 계산하기 위해서는 그 간격 차이에 대한 일정한 값을 더해주는 보정을 해주어야 한다. 다음 표 3-2에 각 천체의 항목에 따른 보정값과 1일 변화량을 제시하였다. 태양의 최고행도는 1태음년의 변화량인 58″14‴가 많이 사용되나, 이 표에서는 1일 동안의 변화량으로 바꾸어 나타내었다.

표 3-2. 헤지라 기원과 칠정산외편의 역원 차이에 따른 보정값과 1일 변화량

천체 이름	항목		보정값	1일 변화량
달	중심행도		243° 44′	13° 10′ 35″
	가배상리도		315° 09′	24° 22′ 53″.4
	본륜행도		151° 00′	13° 03′ 54″
	계도중심행도		250° 45′	0° 03′ 11″
태양	최고행도**		89° 21′	09‴.86
	일중행도		266° 09′ 39″	59′ 08″
오성	최고행도**	토성	254° 48′	
		목성	180° 08′	
		화성	135° 04′	
		금성	77° 06′	
		수성	216° 17′	
오성	자행도	토성	203° 01′	0° 57′ 07″ 43‴ 41⁗
		목성	282° 46′	0° 54′ 09″ 02‴ 46⁗
		화성	229° 58′	0° 27′ 41″ 40‴ 19⁗
		금성	296° 58′	0° 36′ 59″ 25‴ 53⁗
		수성	191° 10′	3° 06′ 24″ 06‴ 59⁗

**: 태양의 최고행도와 오성의 최고행도의 보정값은 역원의 차이에 따른 값이 아니라 당시 (1238년으로 추정)에 측정된 값이다.

2. 태 양

태양의 위치는 달의 위치와 함께 역법 계산의 기본 자료이다. 태양의 위치를 구하는 방법은 칠정산내편과 외편이 각각 다르다. 이 연구에서는 칠정산외편으로 태양의 위치를 구하는 방법에 대해 각 항목별로 서술하고, 정묘년(1447년) 교식가령[46]을 참고하여 실제로 계산해보면서 그 구체적인 방법을 제시하였다. 그리고 칠정산내편으로 태양의 위치 구하는 방법을 계산의 흐름도로 간단하게 나타내었다.

(1) 용어 설명

가) 최고행도(最高行度)

최고행도는 춘분점으로부터 황도에 따라 잰 원지점의 황경으로, 태양의 최고행도표(부록 Ⅰ의 표 A-1)에서는 측정기준 시기를 1238년의 회회력 연초인 8월 11일경으로 잡았다.[47] 이 기준시기에서의 태양의 최고행도 값은 $2^{\triangle}29°21'$로, $1^{\triangle}(1궁)$이 30°이므로 89°21′이다.

나) 일중행도(日中行道)

일중행도는 황도를 균일한 평균 속도로 운행하는 평균 태양이 정오에 있을 때의 황경이다. 이것은 중심행도라고 하기도 한다. 총년의 일중행도는 30년 주기로 회회력 첫날인 연시일의 태양 황경이고, 영년의 일중행도는 1년간의 태양황경의 위치변화량이다. 칠정산외편에서 일중행도(표 A-1)의 1년인 때의 초기값은 $3^{\triangle}26°05'08''$로 116°05′08″이고, 이 값을 헤지라 원년

---

46) 「칠정산외편 정묘년교식가령」, 한국과학기술사자료대계 천문학편 (여강출판사: 서울), pp.367-375.

47) 유경로, 이은성, 현정준, 1990, 「세종장헌대왕실록 제27권 칠정산외편」 (세종대왕기념사업회: 서울), p.17. 태양의 최고행도표의 측정시기를 1238년 9월 17일로 잡았다.

1월 1일, 율리우스력으로 622년 7월 16일인 때의 태양 황경으로 본다.

다) 총년(總年)

총년은 년도의 간격이 큰 단위로, 칠정산외편에서는 30태음년의 배수로
되어 있다. 태양의 최고행도표를 제외한 다른 표들의 총년 1년은 회회력의
원년으로, 회회력 1월 1일 정오를 말하며, 계산의 기점이 되는 시각이다.

라) 영년(零年)

영년은 총년 단위인 30년이 안되는 년도들로 1태음년 간격의 표이다.

마) 월분(月分)

월분은 월단위의 간격으로 된 표이다.

바) 일분(日分)

일분은 일단위의 간격으로 된 표이다.

사) 궁분(宮分)

궁분은 태양이 1궁을 지나는 데 걸리는 일수의 간격으로 된 표로서 전체
궁을 한바퀴 도는 것이 1년으로 365일이다.

아) 궁윤일(宮閏日)

궁윤일은 역원인 개황 19년(A.D. 599년) 춘분으로부터 어떤 해의 춘분까
지 사이에 들어가는 윤일수이다.

(2) 태양의 경도 계산

태양의 위치는 태양최고행도와 일중행도의 표, 태양가감차의 표 등 두 종
류의 표를 이용해 구할 수 있다.

1) 궁윤일 계산 (求宮閏日)

칠정산외편의 표를 이용하기 위해 총년, 영년, 일을 구해야하고, 총년을 구할 때 이 궁윤일이 필요하다. 궁윤일은 지금의 윤월과 비슷한 개념이나 실제 값은 다르다. 현대의 윤월 개념과 같이 칠정산외편의 역원으로부터 임의의 년도까지의 궁윤일을 구하고, 원래의 날짜에 그 궁윤일을 더해주면 계절과 일치하게 된다. 칠정산외편에서는 월의 기준으로 태음월을 사용하나, 궁(宮)의 개념이 들어갈 때에는 태양년을 사용한다. 따라서 궁윤일을 고려해서 1년의 길이를 계산하면 현대의 값과 잘 맞는다. 궁윤일을 구하는 방법은 다음과 같다. 아래 식에서 적년(積年)은 계산년도에서 역원인 599년까지의 년도이고, +1을 한 이유는 적년 계산 시 계산 기점의 년도값을 넣기 위해서였다. 궁윤일은 128년에 31일이 들어있으므로, 먼저 31을 곱한 후, 128년으로 나누어 주었다.

$$궁윤일 = ((적년 + 1) \times 궁윤준(31일)) \div 128 = (적년 + 1) \times 0.24219일$$

$$(3\text{-}2\text{-}1)$$

현대적인 방법으로 계산해보면, 궁분이 365일이므로 현재의 실제 1태양년 길이에서 이 값을 뺀 값에 적년을 곱해주어 궁윤일을 구할 수 있다.

$$(365.24219 - 365)일 \times 적년 = 궁윤일 \qquad (3\text{-}2\text{-}2)$$

예 3-2-1) 1447년(정묘년)까지의 궁윤일 계산

  (1447년 − 599년 + 1) × 31일 ÷ 128일 = 849 × 0.24219일 = 205.6193일

개황 19년(A.D. 599)부터 정통 12년(1447)사이에 윤일 205일을 두면 계절과 일치한다. 현대적인 방법으로 식(3-2-2)을 이용해도 205일의 궁윤일을 구할 수 있다.

  (365.24219 − 365)일 × 849년 = 205.6193일 ≒ 205일.

2) 춘분일 결정(求總年零年及白羊戌宮月日)

가) 총년 구하기

총년 계산은 표 A-1를 이용하기위해 계산 기점이 되는 해인 598년(개황 18년)의 회회력 연시부터 계산을 하려는 해의 춘분까지의 총 일수를 구해서 년단위로 값을 구하는 것이다. 여기서 계산 기점은 역원(曆元)인 해의 춘분에서 주응인 342일만큼 앞선 날짜이다. 표 A-1에서 총년은 30 태음년을 단위로 값이 기록되어있는데, 1 태음년의 길이가 354.36667일이므로, 30년간의 총 일수는 다음 식에서 구한 바와 같이 10631일이다.

$$354.36667일 \times 30년 = 10631일 \qquad (3-2-3)$$

총년은 계산 기점부터 계산하려는 해까지의 전체 총 일수를 30년의 일수로 나누어 30년의 몇 배가 되는가를 계산하고, 그 값의 정수 부분의 값에 다시 30을 곱해준 값이다.

$$[(적년 \times 주세 + 주응 + 궁윤일) \div 10631일] = A$$
$$A의 정수 부분값 \times 30 = 총년 \qquad (3-2-4)$$

적년은 계산을 하려는 해와 역원인 해와의 간격이고, 주세는 1회귀년에서 정수부분만 택한 365일이다. 그리고 계산한 전체 값을 10631일로 나눈 것은, 표 A-1의 총년 부분의 자료를 이용하기위해 30태음년의 몇 배인가를 알아보기 위한 것이다. 구해진 계산값의 몫인 정수부분을 30배하는 것은 표 A-1의 총년 부분의 자료가 30년의 배수로 나와 있으므로, 표를 이용하기위해 전체의 총년수를 알기 위함이다.

나) 영년 구하기

표 A-1에서 영년은 총년 단위인 30년이 안되는 년도로 총년 계산에서 나온 30년 미만의 날수인 나머지 값에 대해 년도를 결정하는 것이다. 앞에서 구한 A값의 소수부분에 10631일을 곱해 날(日) 수를 구하고, 이 값을 1 태음년 길이의 정수 부분 값인 주월(周月) 354일로 나누어 준다. 이때 나누어서 구해진 몫이 영년이 된다.

A의 소수 부분의 값 × 10631일 = B
(B ÷ 주월) = C
C의 정수 부분값 = 영년　　　　　　　　　　　　　　　　(3-2-5)

다) 춘분일 구하기(=월분과 일분 구하기)

월분은 계산하려는 시기가 1년 중 어느 달인가를 구하는 것이다. 위 식의 C의 소수 부분의 값에 주월을 곱해주어 날 수를 구한다(D). 그리고 표 A-1 의 영년 표에서 각 영년에 해당하는 윤일 수를 구한다. 만약 그 해 아래의 윤 일 수가 없으면 그 바로 전에 적혀있는 윤일 수를 택한다. 이것은 영년을 계 산할 때 정확한 1태음년보다 작은 주월 354일을 썼기 때문에, 영년 계산 때 영년을 제외한 나머지 날 수가 실제보다 커진 것을 보정해 주기 위한 것이다. 위에서 구한 D에서 영년 표에서 구한 윤일 수를 빼준다. 그리고 다시 그 값 에서 각 월의 일수를 차례로 빼주면, 그 해의 춘분, 즉 백양술궁의 시작점인 춘분점에 태양이 드는 때의 월, 일을 회회력으로 알 수 있다. 이때 날짜 계산 은 역원인 해의 춘분점으로부터 시작해서 계산을 하려는 해의 춘분점까지 구 한 값이므로, 여기서 구한 값은 춘분일이 된다.

다음 식 (3-2-6)의 계산에서 구해진 D의 값은 354일보다 작은 날수이므 로, 이 값에서 각 월의 날 수를 차례로 빼가면 칠정산외편에서의 월, 일을 알 수 있는데 이때가 춘분일로서 백양술궁의 시작점이다.

C의 소수 부분값 × 354일 = D
D − 그 해 아래의 윤일수(표 A-1의 윤일수) − Σ 각월 일수
　　= 춘분일(백양술궁월일)　　　　　　　　　　　　(3-2-6)

예 3-2-2) 춘분일 계산

식 (3-2-4)을 이용해 총년을 구한다.

예 3-2-1)에서 구한 궁윤일: 205일

(848 × 365 + 342 + 205) ÷ 10631 = 29.16631일 = A

총년 = 29 × 30 = 870년

식 (3-2-5)를 이용해 영년을 구한다.

C의 정수 부분값 = 영년

(0.16631 × 10631) ÷ 354 = 4.99447 = C

영년 = 4년

식 (3-2-6)를 이용해 월분과 일분을 구한다.

0.99447 × 354 = 352.04일 = =>352일

표 A-1의 영년표에서의 윤일: 1일

352 − 1 = 351일

1년의 월의 순서대로 차례로 빼준다. 먼저 10개 월 치의 날짜를 30, 29, 30, 29 등등으로 빼주고, 다시 11월의 날짜수를 빼준다.

351일 − (29 × 5 + 30 × 5) − 30일 = 26일--->즉 12월 26일이 된다.

월분 = 12월(11개월을 뺀 뒤의 남은 일수가 있기 때문이다)

일분 = 26일

정묘년인 1447년의 춘분일은 회회력에서는 874년 12월 26일이다.

라) 정묘년 교식가령의 날짜 계산

중국의 음력에서는 춘분이 2월에 들어있으므로, 이 해의 회회력의 12월 은 중국력의 2월과 같은 것이다. 현대 계산법으로 추적해보면 1447년의 춘 분은 태양력으로 3월 12일로[48] 중국력인 음력으로는 2월 26일이다.[49] 따

---

48) 張培瑜, 1990, 「三千五百年曆日」 (大象出版社: 중국), p.945.

49) 董作賓(編), 1974, 「中國年曆簡譜」 (藝文印書館印行, 中國), p.279.

라서 중국력의 춘분일 2월 26일은 회회력의 춘분일 12월 26일과 같다.

1447년의 일식과 월식은 중국력으로 8월에 일어났고, 그 해에는 윤 4월이 들어있다. 따라서 8월은 춘분에서 7개월이 지난 때이다. 이것을 회회력으로 바꾸면 12월에 7월을 더해주면 된다.

중국력에서 1447년의 춘분일이 들은 달과 8월과의 간격:
$$8 - 2 + 1(윤월) = 7$$
회회력에 이 값을 더해줌: 12 + 7 = 19 ==>다음해 7월.

일식과 월식은 각각 1일과 15일에 일어나므로, 이 해의 일식일은 중국력으로 1447년 8월 1일이고, 회회력으로는 875년 7월 1일이 되며, 월식일은 중국력으로 8월 15일, 회회력으로 7월 15일이 된다.

3) 백양술궁 최고총도 (白羊戌宮最高總度)

최고총도는 헤지라 기원 이후 원지점이 이동한 각도이다. 표 A-1의 관측 당시인 총년 660년 (A.D. 1238년 8월 11일[50])인 때부터 계산하려는 해의 그날까지의 원지점 황경의 총 변화량을 말하는 것으로, 표 A-1에서 660년의 값이 0도이므로, 계산을 하려는 년·월·일의 원지점 황경이 된다. 계산 방법은 표 A-1에서 각 항목의 값을 더해서 구한다.

최고총도 = 총년의 최고행도 + 영년의 최고행도 + 월분의 최고행도
+ 일분 최고행도   (3-2-7)

예 3-2-3) 백양술궁 최고총도 계산
  방법 1) 1년간의 평균 운동량으로 계산.
      영년 변화량이 30년에 29분 07초 움직이므로

---

50) 본 연구 Ⅳ장, 1 참조. p.137.

1년 변화량 = 29 ′ 07 ″ ÷ 30 = 0.97055 = 58 ″.23

(875년 - 660년) × 58.23 = 12520. ″ 16667 = 3°28 ′ 40 ″.17

회회력 875년 7월 15일의 최고총도값도 위와 같은 방법으로 구할 수 있다. 그러나 이 방법은 간편한 대신 표를 이용한 값과는 약간의 오차가 있다. 표 A-1의 일분표에서 14일간의 변화량은 02 ″ 18 ‴ 이다. 따라서 다음 식으로 구하면 0$^\triangle$03°29 ′ 09 ″ 23 ‴ 로 계산된다.

3°28 ′ 40 ″.17 + 02 ″ 18 ‴ = 3°28 ′ 42 ″ 28 ‴

방법 2) 표 A-1을 이용한 계산.

　　--회회력 875년 7월 1일

총년 870년의 최고행도:	0궁 03도 23분 47초
영년 5년의 최고행도:	0도 04분 51초
월분 6월의 최고행도:	0분 29초 05미
일분 0일의 최고행도:	00미

합　　계	0궁 03도 29분 07초 05미

　　--회회력 875년 7월 15일

총년 870년의 최고행도:	0궁 03도 23분 47초
영년 5년의 최고행도:	0도 04분 51초
월분 6월의 최고행도:	0분 29초 05미
일분 14일의 최고행도:	02초 18미

합　　계	0궁 03도 29분 09초 23미

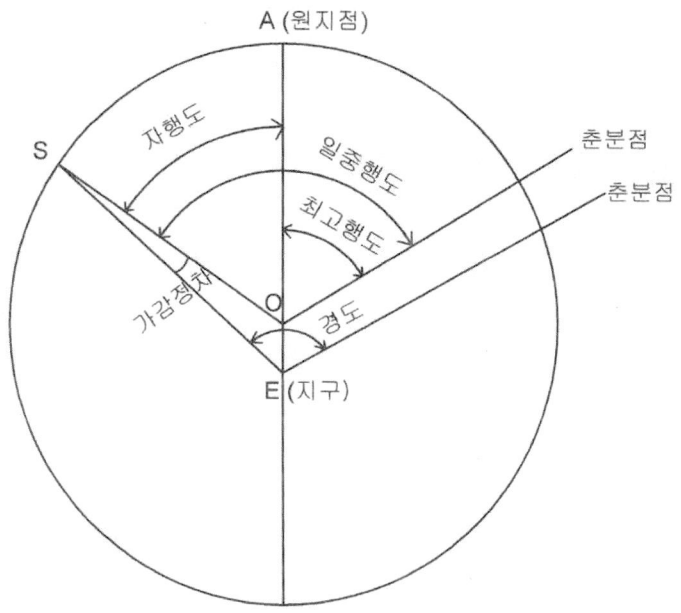

그림 3-1. 태양 운동의 각 용어설명

4) 백양술궁 최고행도 (白羊戌宮最高行度)

최고행도는 그 해의 원지점의 황경을 말한다(그림 3-1 참조). 백양술궁 최고행도는 백양술궁 최고총도에 측정태양최고행도를 더해주어 구한다. 측정태양최고행도는 표 A-1에서 값이 0으로 표시된 660년인 때의 측정된 최고행도로 1238년의 회회력 연시인 8월 11일의 태양 황경으로 보며, 보정값은 89도 21분이다.

$$\text{최고행도 = 최고총도 + 측정태양최고행도} \tag{3-2-8}$$

예 3-2-4) 백양술궁 최고행도(=원지점의 황경) 계산.
 ⅰ) 1447년 8월 1일
   $0^{\triangle}03°29'07''05''' + 2^{\triangle}29°21' = 3^{\triangle}02°50'07''$

ii) 1447년 8월 15일

$0^{\triangle}03°29'09''23''' + 2^{\triangle}29°21' = 3^{\triangle}02°50'09''$

5) 백양술궁 중심행도(白羊戌宮中心行度)

중심행도는 황도를 균일한 평균 속도로 운행하는 평균 태양의 황경인 일중행도와 같은 뜻으로 보통 그날 정오(正午)의 평균 태양 황경을 말한다. 백양술궁은 춘분점이 들어있는 궁이다. 구하는 방법은 앞의 최고충도를 구하는 것과 같이 표 A-1에서 총년, 영년, 월, 일에 대한 일중행도를 모두 합하고, 여기에 보정값인 $8^{\triangle}26°09'39''(=266°09'39'')$를 더하면 된다. 그리고 매일의 중심행도도 다음 식에 의해 구할 수 있다.

백양술궁 중심행도

= 표 A-1의 Σ 총년, 영년, 월일 아래의 일중행도 + 266°09'39"

$$(3-2-9)$$

매일의 중심행도 = 백양술궁 중심행도 + 59'08" × 날짜 수 (3-2-10)

보정치인 상수값 $8^{\triangle}26°09'39''(=266°09'39'')$는 표 A-1의 일중행도값이 회회력 기원인 헤지라 기원(622년 7월 16일)을 기준으로 했으므로, 이것과 칠정산외편의 계산 기준시기인 598년 4월 11일의 값과의 황경의 차이를 보정해 주는 값이다.[51] 이 보정값은 표 A-1에서 1일의 일중행도 변화량이 59'08"로 0°.9856이고, 두 해의 날짜 차이인 4월 11일과 7월 16일의 차이는 95일이므로 다음과 같이 계산했을 것이라고 추론할 수 있으며 실제 보정값과는 약 2'.7의 차이가 난다.

$0°.9856 × 95$일 $= 93°.632$ (3-2-11)

---

51) 유경로, 이은성, 현정준, 1990, 「세종장헌대왕실록 제27권 칠정산외편」 (세종대왕기념사업회: 서울) p.44.: 기산점을 598년 4월 13일로 계산했다.

$$360° - 93°.632 = 266°.368도 = 266°12' 20'' \qquad (3\text{-}2\text{-}12)$$

예 3-2-5) 백양술궁 중심행도 계산

ⅰ) 1447년 8월 1일의 중심행도

　- 표 A-1을 이용해 구하는 값

　　- 회회력 875년 7월 1일의 값

　총년 870년의 일중행도: 5궁 00도 10분 23초
　영년 5년의 일중행도:　10궁 06도 34분 01초
　월분 6월의 일중행도:　 5궁 24도 27분 34초

　합　　　계　　　　21궁 01도 11분 58초

　-21궁 01분 11분 58초 + 8궁 26분 09분 39초(보정치) = 17궁 27도 21분 37초
　-1447년 8월 1일(=회회력 875년 7월 1일)의 중심행도

　17궁 27도 21분 37초 - 12궁 = 5궁 27도 21분 37초 = 177도 21분 37초

ⅱ) 1447년 8월 2일의 중심행도

　중심행도의 1일 변화량은 59분 08초이다.

　177도 21분 37초 + 59분 08초 = 178도 20분 45초

ⅲ) 1447년 8월 15일의 중심행도

　8월 1일 값에 날짜 수에 해당하는 일분의 변화량을 더해주고 12궁(=360)을
　넘으면 12궁을 빼준다.

　-21궁 01분 11분 58초 + 0궁 13도 47분 57초 = 21궁 14도 59분 55초 =
　=>9궁 14도 59분 55초

　-보정치를 더해준다

　9궁 14분 59분 55초 + 8궁 26분 09분 39초 = 18궁 11도 09분 34초 =
　=>6궁 11도 09분 34초 = 191도 09분 34초

ⅳ) 1447년 8월 16일 중심행도

　191도 09분 34초 + 59분 08초 = 192도 08분 42초

6) 자행도(自行度)

자행도는 임의의 날의 원지점으로부터 태양까지의 각거리로 평균 태양의 원지점이각(遠地點離角)이다. 따라서 이 값은 임의의 날(A일)의 중심행도에서 최고행도를 빼줌으로써 구할 수 있다(그림 3-1 참조).

A일의 자행도 = A일의 중심행도 - A일의 최고 행도 　　　(3-2-13)

예 3-2-6) 자행도 계산
　ⅰ) 1447년 8월 1일
　　　177도 21분 37초 - 92도 50분 07초 = 84도 31분 30초
　ⅱ) 1447년 8월 2일
　　　178도 20분 45초 - 92도 50분 07초 = 85도 30분 38초
　ⅲ) 1447년 8월 15일
　　　191도 09분 34초 - 92도 50분 07초 = 98도 19분 25초
　ⅳ) 1447년 8월 16일
　　　192도 08분 42초 - 92도 50분 07초 = 99도 18분 33초

7) 태양의 경도 (=태양의 황경, 經度)

가) 가감정차 (加減定差)

태양의 경도인 황경은 임의의 한 날의 중심행도를 구하고, 가감정차를 보정해주어 구한다. 가감정차는 태양의 궤도를 원 궤도로 보고 지구를 중심에 두었을 때 구한 평균 중심행도와 지구를 중심에서 e만큼 떨어진 곳인 이심(離心)으로 옮겼을 때의 중심행도의 차이 값이다. 실제적으로 중심이 이심에 있을 때의 중심행도 값인 진(眞)경도는 바로 구할 수 없으므로, 앞에서 구한 평균 중심행도에 자행도를 인수로 한 표 A-2를 이용해 각 자행도에 해당하는 값을 구해 보정해주도록 하였다. 이것이 가감정차 보정이다. 다시 말하면 중심행도는 평균태양에 의한 것이고, 경도는 진태양(眞太陽)에 의한 값이다. 이때 e의 값은 원궤도에 대한 이심률이므로 e_c로 나타내었으며, 원

의 반경을 1로 두었을 때, 알마게스트는 0.0417, 회회력은 0.0351,[52] 현대
의 계산된 값은 0.0335이다.

예 3-2-7) 가감정차
 ⅰ) 1447/8/1의 가감정차
　　1447/8/1의 자행도: 84도 31분 30초 = 2궁 24도 31분 30초
　　2궁 24도의 가감차 = 1도 59분 37초
　　　25도의 가감차 = 1도 59분 54초

　　도 이하 부분: 31분 30초에 대한 보간.
　　　2궁 24도의 가감분 = 0분 17초
　　　(31.5 / 60) × 17 ≒ 9(초)
　　　1도 59분 37초 + 9초 = 1도 59분 46초

 ⅱ) 1447/8/2의 가감정차: 위와 같은 방법으로
　　1도 59분 54초 + 7초 = 2도 00분 01초

 ⅲ) 1447/8/15의 가감정차: 위와 같은 방법으로
　　2도 00분 08초 - 5초 = 2도 00분 03초

 ⅳ) 1447/8/16의 가감정차: 위와 같은 방법으로
　　1도 59분 53초 - 5초 = 1도 59분 48초

 나) 태양의 진경도
 여기서 구하는 진경도는 그날 정오의 진태양의 황경으로 중심행도에 가
감정차를 더해서 구한다.

　　태양의 진경도 = 태양의 황경 = 중심행도 + 가감정차　　(3-2-14)

---

52) 유경로, 이은성, 현정준, 1990, 「세종장헌대왕실록 제27권 칠정산외편」 (세종대
　　왕기념사업회: 서울) p.61.

예 3-2-8) 태양의 진경도 계산

  ⅰ) 1447/8/1: 자행도가 5궁 이하이므로 모두 감차, 또는 감정차이다.

    5궁 27도 21분 37초 - 1도 59분 46초 = 5궁 25도 21분 51초

  ⅱ) 1447/8/2: 5궁 28도 20분 45초 - 2도 00분 01초 = 5궁 26도 20분 44초

  ⅲ) 1447/8/15: 6궁 11도 09분 34초 - 2도 00분 03초 = 6궁 09도 09분 31초

  ⅳ) 1447/8/16: 6궁 12도 08분 42초 - 1도 59분 48초 = 6궁 10도 08분 54초

칠정산외편에 의해 계산된 경도값과 현대적인 계산법[53]으로 구한 결과를 비교해 표 3-3으로 정리하였다. 이때 계산 시각은 교식가령[54]에 맞추어 한양의 정오(12시)로 하였다. 칠정산외편과 현대 계산법에 의한 두 값의 차이는 8월 1일과 8월 15일에 대해 각각 약 1분 32초와 1분 41초 정도의 근소한 차이이다. 따라서 당시의 태양 경도계산은 비교적 정확했음을 알 수 있다.

(3) 칠정산내편에 의한 태양 경도 계산

칠정산내편에서는 태양의 진경도가 아닌 평균 경도를 구한다. 칠정산내편을 이용해 태양의 경도 구하는 방법을[55] 간략하게 표 3-4로 정리하였다.

---

53) Meeus, J., 1991, 『Astronomical Algorithms』 (Willmann-Bell, Inc.: Virginia), pp.151-158.

54) 『칠정산외편 정묘년교식가령』, 한국과학기술사자료대계 천문학편 (여강출판사: 서울), pp.367-375. 435-442.

55) 유경로, 이은성, 현정준, 1990, 「세종장헌대왕실록 제26권 칠정산내편」 (세종대왕기념사업회: 서울), pp.92-136.

표 3-3. 칠정산외편과 현대 계산 방법에 의한 태양 황경 비교

날짜(음력)	칠정산외편	현대적인 계산법	두 값의 차이
1447년 8월 1일	175도 21분 51초	175도 23분 22.96초	1분 31.96초
1447년 8월 2일	176도 20분 44초	176도 22분 18.62초	1분 34.62초
1447년 8월 15일	189도 09분 31초	189도 11분 11.45초	1분 40.45초
1447년 8월 16일	190도 08분 54초	190도 10분 33.27초	1분 39.27초

표 3-4. 칠정산내편에 의한 태양 경도 계산 방법

항　목	실제 적용(음력 1447년 8월 1일)
1. 갑자년(1444) 천정동지의 적 　경＝기 7도 55분 50초	통적＝중적＋주응 [통적 - n × 주천] / 10000 = R (365만 2425분 × 163 + 315만 1075분) 　÷ 365만 2575분 = 163‖312만 6625분(갑자주응) 각 적도수도(적경)를 빼주면 기수 7도 55분 50초가 됨. 거산 163: 1444년 - 1281년(신사년, 지원18)
2. 계산하려는 해의 동지의 적 　경계산(赤道日度)	(365만 2425분 × 3 + 7만 5550) ÷ 365만 2575분 　= 3‖75100: 기수 7도 51분00초
3. 동지, 춘분, 하지 추분의 적경 　계산(四正赤道日度)	동지적도일도 + Σ세상한 - Σ적도수차 기수 7도 51분00초+91도 31분 06초 　= 98도 82분 06초(춘분) -> 벽수 3도31분 31초 하지, 동지도 비슷한 방법으로 계산. 춘분: 7도 51분 00초 + 91도 31분 06초 　= 기 98도 82분 06초: 벽 3도 21분 31 하지: 7도 51분 00초 + 91도 31분 06초 × 2 　= 188도 13분 12초: 삼 11도 07분 추분: 7도 51분 00초 + 91도 31분 06초 × 3 　= 281도 44분 18초: 익 10도 13분 다음 동지: 7도 51분 00초 + 365도 24분 25초 　= 기 372도 75분 25초(기 7도 49분 50초)
4. 적경을 황경으로 변환 　(加時黃道日度)	황적도율 표이용 사정정상도: 91도31분 09초 (7도 51분00초 - 6도 51분37초(표)) × 1.0 　÷ 1.0833(표) = 0도 91분 96초 89 　0도 91분 96초 89 + 6도 = 6도 91분 96초 89 춘분: 기 98도 23분 06초 　기 6도 91분 97초 + 91도31분 09초 하지: 기 189도 54분 15초 추분: 기 280도 85분 24초 다음해 동지: 기 372도 16분 33초

항 목	실제 적용(음력 1447년 8월 1일)
5. 사정의 황도 일도 계산	
6. 사정의 월일 계산 (四正定氣)	동지일 + 영초축말한 하지일 + 축초영말한
7. 사정간의 간격일 계산(四正相 距日)	동지~춘분: 89일 하지~춘분: 93일 추분~하지: 94일
8. 사정일의 자정(0시)의 황경(黃道 積度):(四正晨前夜半黃道日度) -동지일 전분: 25일 3150분 -춘분일 전분; 54일 2242분 -하지일전분: 27일 9362분 -추분정기일전분; 1일 6483분 표에서 동지 때 1일 태양행도: 105분 1085	동지일의 일하분(3150분) 3150 × 105분 1085 ÷ 10000분 = 33분 108 6도 91분 96초 89 - 33분 10초 8 = 기 6도 58분 86초 춘분: 벽 4도 12분 - 22분 42초 = 벽 3도 89분 58초 (기 98도 00분 58초) 하지: 정1도15분-89초08초 = 정 25분 92초 = 정 26분 (기 188도 65분 07초) 추분: 진 0도47분 17초 (기 280도20분 41초)
9. 사정의 자정사이의 떨어진 시 간 간격 (四正相距度)	동지~춘분: 91도 41분 78초 하지~춘분: 90도 64분 43초 추분~하지: 91도 55분 34초
10. 태양행도의 상거일수에 걸친 누계 (累計度)	표이용: 동지~춘분: 88도 + 2도40분09초4 = 90도 40분 09초 하지~춘분: 93도 + 2만 40105 = 95도 40분 10초 5
11. 일차 (日差)	(상거도 - 누계도) / 상거일 동지 경우: (91도 41분 78초 - 90도 40분 09초) / 89 = 1분 14초
12. 사정을 지난후의 매일매일의 자정의 태양황경 계산 행정도: 일차를 매일의 태양행 도에 더한 것(每日晨前夜半黃 道日度)	표(태양 (동지, 하지) 전후 2상행도) 이용. 동지일 1일 행도 + 일차 = 동지일의 행정도 1도 05분 06초 + 1분 14초 = 1도 06분 20초 동지 다음날 자정의 태양황경 기 6도 58분 86초 + 1도06분25초 = 기 7도 65분 11초
13. 매일정오의 황경변화량(每日 午中黃道日度)	자정의 황도일도 + (1/2) 행정도
14. 매일정오의 황경(每日午中黃 道積度)	동지일 정오의 황경 기 6도 58분 86초 + 53분 13초 = 기 7도 11분 99초 동지후 황도적도 및 분초 기 7도 11분 99초 - 기 6도 91분 97초 = 0도 20분 02초
15. 매일 정오의 적경 계산(每日 午中赤道日度)황도적도-->적 도적도로 변환	(오중황도적도분초 - Σ주천상한-황도적도) × 적도율/황도율+적도의 적도 + Σ 주천상한

(4) 칠정산외편과 칠정산내편에 의한 계산 흐름도

태양의 경도 구하는 방법을 칠정산외편과 칠정산내편으로 구분해 계산 순서의 흐름을 나타낸 것이 다음 그림 3-2와 그림 3-3이다.

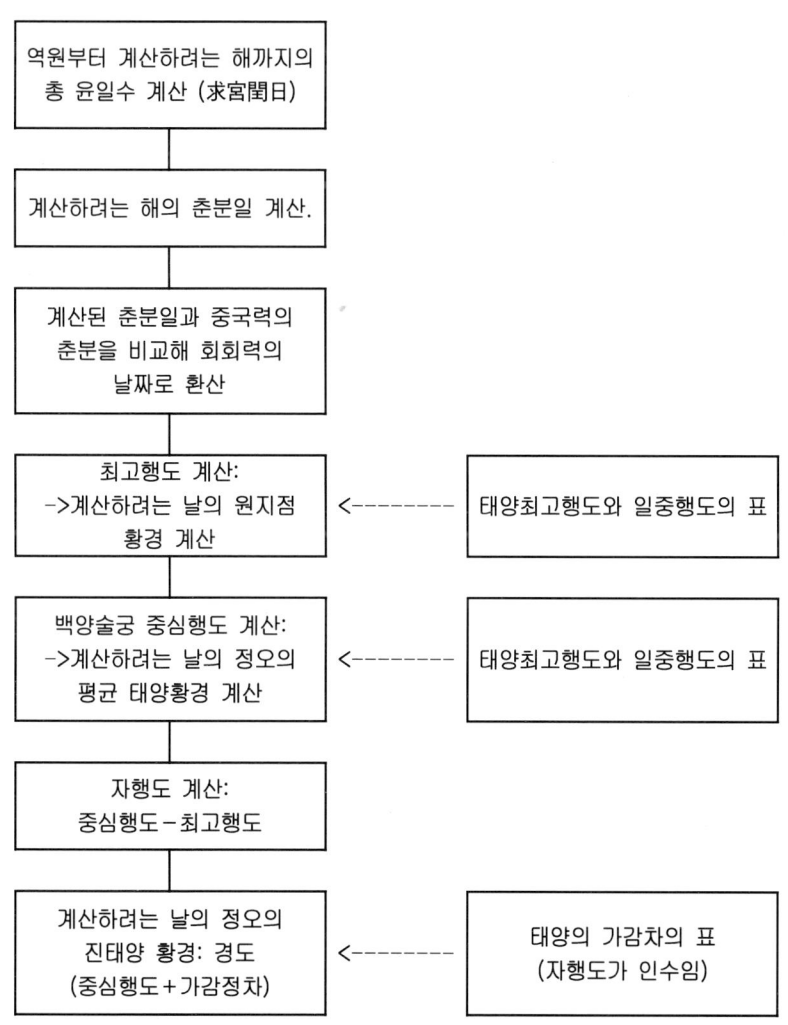

그림 3-2. 칠정산외편에 의한 태양 경도 계산 순서 흐름도

64

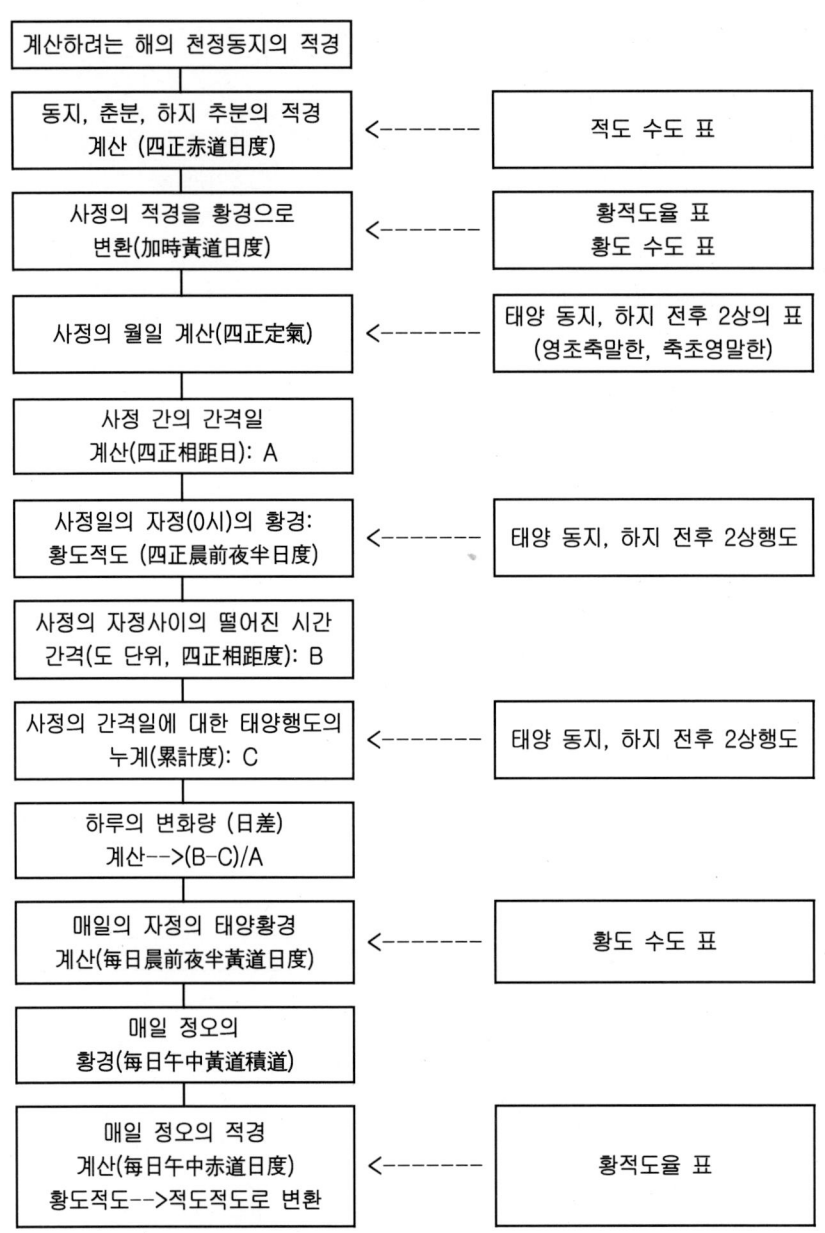

그림 3-3. 칠정산내편에 의한 태양 경도 계산 순서 흐름도

3. 달(太陰)

달의 위치를 구하는 방법도 칠정산내편과 칠정산외편이 각각 다르다. 이 연구에서는 칠정산외편으로 달의 위치를 구하는 방법에 대해 항목별로 서술하여놓았고, 정묘년 교식가령을 참고하여 계산하는 구체적인 예를 수록하였다. 그리고 칠정산외편에 의해 달의 위치 구하는 방법을 간단하게 계산의 흐름도로 나타내었다.

(1) 용어 설명

가) 중심행도(中心行度)

중심행도는 현대적인 천문용어로는 달의 황경이다. 황도상에서 달의 평균운동에 의한 춘분점으로부터 임의의 위치까지의 각도이다. 이 값의 1일 운동량인 평균일행도은 부록 Ⅰ의 표 A-3을 분석해보면 13°10′35″이 되는데, 이것은 360도를 항성월 27.321661일로 나눈 값이다.

나) 가배상리도(加倍相離度)

가배상리도는 주전원의 중심이 원지점과 이루는 각도로, 1일에 24°22′54″로 증가한다. 알마게스트에서는 달과 태양의 일행도가 n과 n′의 값을 가질 때, 가배상리도는 24°22′54″/일로 증가하고, 두 값의 관계는 다음 식 (3-3-1)과 같다.

$$n = 달의 \ 평균 \ 일행도 = 13°10′35″ \ / \ 일$$
$$n′ = 태양의 \ 평균 \ 일행도 = 59′08″ \ / \ 일$$
$$2(n - n') = 2 × 12°11′27″ \ / \ 일 = 24°22′54″ \ / \ 일 \qquad (3-3-1)$$

따라서 이 값을 가지고 지구 주위를 한바퀴 도는 데는 (1/2)삭망월이 걸린다.

66

360 / 24°22′54″ = 14.7654일 = 1 / 2 × 29.5307일(삭망월)   (3-3-2)

다) 본륜행도(本輪行度)와 본륜행정도(本輪行定度)

달이 주전원상 M에 있을 때, 그 위치를 한 기준선으로부터의 각도로 표시한 것이다. 이 기준선은 그림 3-4에서 보는 바와 같이 지구의 중심 O에서 이심(離心) E까지의 거리 OE를 2배로 연장한 점 N을 잡는다. 이 N에서 달의 궤도인 본륜의 중심 B까지 그은 직선이 B을 지나 본륜의 원주와 만나는 점을 X로 한다. 이때 NX의 선이 본륜행도를 재는 기준선이다. 본륜행도는 근점월의 주기로 변화한다. 본륜행도는 식 (3-3-3)과 같이 변화하므로 근점월을 주기로 원래의 위치로 돌아온다. 본륜행정도는 지구 중심 O에서 본륜 중심 B를 연결한 선분 EZ를 기준선으로 하여 본륜 중심에서 본륜 위의 달까지의 각도를 말한다.

(360도 / 근점월) × 시간 = (360도 / 27.55455일) × t
= (13°03′54″ / d) × t ≒ nt   (3-3-3)

라) 비부분 (比敷分)

본륜상에 있는 달 M과 본륜 중심 B의 이각이 본륜 중심과 지구를 연결하는 거리 BE에 따라 달라지는 것을 나타내는 비율이다. 그림 3-4에서 본륜 중심이 원지점에 있을 때 지구에서 바라보는 본륜 중심선과 본륜상의 달 M_A가 만드는 각을 θ_A, 본륜 중심이 근지점에 있을 때 지구에서 바라보는 본륜 중심선과 본륜상의 달 M_P가 만드는 각을 θ_P라고 하자. 그리고 본륜 중심이 원지점과 근지점이 아닌 곳에 임의의 가배상리도 n을 가지고 이심원 궤도위에 있다고 할 때, 지구에서 바라보는 본륜 중심선과 달이 만드는 각도를 θ 라고 하자. 이때 각 점에서 본륜행정도는 다 같다고 가정하였다. 이 경우, 비부분 BI를 나타내는 수식은 본륜 중심 B가 원지점에 있을 때를 0, 근지점에 있을 때를 60으로 하여 다음과 같이 나타낸다.

$$BI = \frac{\theta - \theta_A}{\theta_p - \theta_A} \times 60 \qquad\qquad (3\text{-}3\text{-}4)$$

마) 원근도(遠近度)

본륜의 중심이 근지점 P에 있을 때 달 M_P와 P의 이각(離角)인 θ_P에서 본륜의 중심이 원지점 A에 있을 때 달 M_A와 A의 이각(離角)인 θ_A를 뺀 값이다. 그림 3-4에서 ∠PEM$_P$ - ∠AEM$_A$이다.

(2) 달의 경도 계산

1) 칠정산외편의 표의 보정값

칠정산외편에서 사용하는 여러 표의 계산 기점은 아라비아력의 자료를 그대로 따온 것으로 헤지라 원년 (A.D. 622년 7월 16일)이고, 칠정산외편의 계산 기점은 598년 4월 11일이다. 따라서 표를 제대로 이용하기 위해서는 이 두 시점간의 차이를 보정해주어야 한다. 달의 황경을 구하기 위해 필요한 항목인 중심행도, 가배상리도, 본륜행도를 구하려면, 칠정산외편의 표인 "태음중심행도와 가배상리도, 본륜행도의 표"(부록 Ⅰ의 표 A-3)를 이용하여야 한다. 이 표로부터 계산을 하려는 날의 총년과 영년, 월분과 일분의 값을 구하는 것이다. 그리고 계산 시점이 다름에 따른 차이를 총년 값에서 보정해야 하는데 각 항목별 총년 1년의 값과 보정값은 다음 표 3-5와 같다. 헤지라 기원과 칠정산외편의 계산 시점과는 다음과 같이 약 25태음년의 간격이 있다.

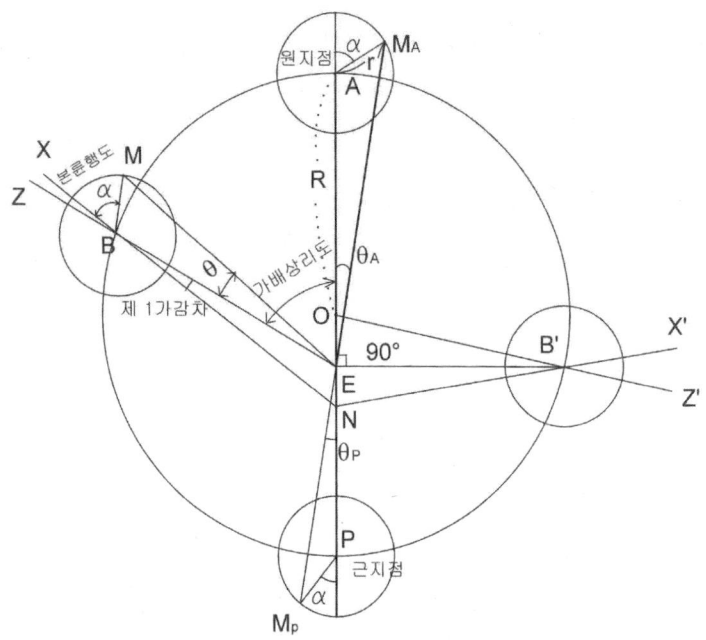

그림 3-4. 달 운동의 용어설명

JD 1948439일(622/7/16) − JD 1939577일(598/4/11) = 8862일

(3-3-5)

8862 ÷ 354.36667 = 25.00799 태음년 ≒ 25태음년 + 2.8일 (3-3-6)

표 A-3의 영년과 일분의 값을 이용해 (25태음년 + 2일)의 값의 황경의
변화량을 다음과 같이 구했다.

표 3-5. 칠정산외편의 달의 경도 관련 보정값

항 목	중심행도	가배상리도	본륜행도
총년 1년의 값	4△28°49′ = 148°49′	1△25°28′ = 55°28′	4△12′11′ = 132°11′
보정값	8△03°44′ = 243°44′	10△15°09′ = 315°09′	5△01°00′ = 151°00′

중심행도   3△26°02′ = 116°02′
가배상리도 1△14°26′ = 44°26′
본륜행도   6△28°46′= 208°46′

따라서 이 변화량을 헤지라 기원인 622년 7월 16일의 값에서 빼주면 칠
정산외편의 계산 기점인 598년 4월 11일의 값이 나와야 한다. 위의 변화값
은 기준 값에서 빼주는 것이므로 다음과 같이 표현할 수 있다.

중심행도   360 - 116°02′ = 243°58′
가배상리도 360 - 44°26′ = 315°34′
본륜행도   360 - 208°46′ = 151°14′

이 값들은 표 3-5의 보정값과 가까운 값이다. 따라서 이것은 칠정산외편
의 계산 기점이 A.D. 598년 4월 11일임이 정확하다는 증거의 하나가 될
수 있다.

2) 백양술궁 중심행도 (= 달의 평균 황경, 白羊戌宮中心行度)

달의 평균 황경인 중심행도는 표 A-3의 중심행도 난에서 계산을 하려는
날의 총년과 영년, 월분과 일분의 값을 구한 후, 표 3-5의 중심행도의 보
정값인 8△03°44′=243°44′를 더해 주어 구한다. 또 다른 방법으로는 달의
1일간의 평균 중심행도 증가분은 13°10′35″이므로, 어떤 한 날의 중심행도
를 알면(B), 그날부터 n일 이후의 달의 중심행도는 1일 중심행도 증가분에
n일을 곱해서 B에 더해주어 구한다.

A = 백양술궁 중심행도 = Σ 총년, 영년, 월일의 중심행도 + 243°44′

$$(3-3-7)$$

n일 후의 중심행도 = B + 13°10′35″ × n   (3-3-8)

예 3-3-1) 달의 백양술궁중심행도 계산: 표 A-3을 이용함.
  헤지라 기원과 칠정산외편의 계산 시점과의 보정값: 8궁 03도 44분
  달의 중심행도(평균황경)의 1일 증가량: 13도 10분 35초

  i) 1447년 8월 1일-->회회력: 875년 7월 1일의 중심행도

      총년   870년의 중심행도: 5궁 22도 58분
      영년   5년의 중심행도: 10궁 08도 34분
      월분   6월의 중심행도: 5궁 22도 13분
      보정값: 8궁 03도 44분
      _____

          총   계   29궁 27도 29분

  이 값은 360도(12궁)를 넘으므로 그 값을 빼준다.
   29궁 27도 29분-12궁-12궁=5궁 27도 29분

  ii) 1447년 8월 2일의 중심행도:
   5궁 27도 29분+13도 10분 35초=6궁 10도 40분

  iii) 1447년 8월 15일의 달의 중심행도

      총년   870년의 중심행도: 5궁 22도 58분
      영년   5년의 중심행도: 10궁 08도 34분
      월분   6월의 중심행도: 5궁 22도 13분
      일분   14일의 중심행도: 6궁 04도 28분
      보정값: 8궁 03도 44분
      _____

          총   계   36궁 01도 57분

  이 값은 360도의 3배를(12궁) 넘으므로 그 값을 빼준다.
   36궁 01도 57분 - 36궁 = 0궁 01도 57분

  iv) 1447년 8월 16일의 달의 중심행도
   0궁 01도 57분 + 13도 10분 35초 = 0궁 15도 08분

3) 백양술궁 가배상리도 (白羊戌宮加倍相離度)

달은 지구를 중심으로 하는 원의 둘레(圓周)의 중심을 둔 작은 원(小輪) 위를 회전한다.(그림 3-4 참조). 이 소륜을 본륜(本輪), 현대적 용어로는 주전원(epicycle)이라고 부른다. 가배상리도는 이심(離心)의 중심과 주전원의 중심을 연결한 선분이 원지점과 이루는 각도이다. 이 가배상리도의 1일 이동량은 태양과 달의 중심행도의 1일 운동량에 의해 결정되어지는데, 앞의 달의 용어 설명 부분에서 구한 것처럼 24도 22분 53초 22미이다. 이 값은 실제 식 (3-3-11)을 이용해 계산으로 구한 값과 근소한 차이가 있다. 이 두 값 사이의 차이는 그 당시에 소숫점 이하의 숫자처리에서 발생하는 오차로 보인다. 백양술궁의 가배상리도는 표 A-3의 총년, 영년, 월일에 대한 각 가배상리도를 구해서 더하고, 그 값에 칠정산외편의 계산 기점과 헤지라 기원 사이의 보정치인 $10^{\triangle}15°09'(=315°09')$을 더해서 구한다. n일 후의 가배상리도는 1일의 운동량을 n배만큼 더해주어 구할 수 있다. 이 과정을 수식으로 표현하면 다음과 같다.

> 백양술궁 가배상리도 B
> $= \Sigma$ 총년, 영년, 월분, 일분의 가배상리도 $+ 10^{\triangle}15°09'$
> $= \Sigma$ 총년, 영년, 월분, 일분의 가배상리도 $+ 315°09'$　　　(3-3-9)
> n 일 후의 본륜행도 $= B + 24°22'53''22''' \times n$　　　　　　　(3-3-10)

태양과 달에 대한 1일 평균 일행도를 각각 $0°.9856$, $13°.1764$ 라고 하면, 가배상리도의 1일 변화량은 태양과 달의 평균 일행도의 차이를 2배한 것과 같다. 즉 달이 1일간 움직인 이동량에서 태양의 1일 이동량의 차이의 2배이다.

$$(13°.1764 - 0°.9856) \times 2 = 24°22'53''45'''.6 \qquad (3-3-11)$$

예 3-3-2) 달의 가배상리도 계산: 표 A-3 이용.

  헤지라 기원과 칠정산외편의 계산 시점과의 보정값: 10궁 15도 09분

  달의 가배상리도의 1일 증가량: 24도 22분 53초 22미

  i) 1447년 8월 1일(회회력 875년 7월 1일)의 가배상리도

총년	870년의 가배상리도:	1궁 15도 36분
영년	5년의 가배상리도:	0궁 04도 01분
월분	6월의 가배상리도:	11궁 25도 31분
보정값:		10궁 15도 09분

        총   계   24궁 00도 17분

이 값은 12궁의 2배를 넘으므로 24궁을 빼준다.

  13궁 15도 08분 - 24궁 = 0궁 00도 17분

  ii) 1447년 8월 2일의 가배상리도

   0궁 00도 17분 + 24도 22분 53초 22미 = 0궁 24도 39분 53초 22미

  ≒0궁 24도 40분

  iii) 1447년 8월 15일의 달의 가배상리도

총년	870년의 가배상리도:	1궁 15도 36분
영년	5년의 가배상리도:	0궁 04도 01분
월분	6월의 가배상리도:	11궁 25도 31분
일분	14일의 가배상리도:	11궁 11도 20분
보정값:		10궁 15도 09분

        총   계   35궁 11도 37분

이 값은 360도의 2배 (24궁)를 넘으므로 그것을 보정해준다.

  35궁 11도 37분 - 24궁 = 11궁 11도 37분

  iv) 1447년 8월 16일의 가배상리도

   11궁 11도 37분 + 24도 22분 53초 22미 = 12궁 05도 59분 53초 22미

                        ≒ 0궁 06도 00분

4) 백양술궁 본륜행도(白羊戌宮本輪行度)

앞의 가배상리도에서 구했던 것과 마찬가지로 표 A-3에서 총년, 영년, 월일에 해당하는 각 본륜행도를 구해서 합하고, 여기에 두 계산 기점 사이의 보정값인 $5^\triangle 01°00'(=151°00')$을 더해주어 본륜행도를 계산한다. 본륜행도의 1일 변화량인 $13°03'54''$를 날짜에 따라 더해주면 임의의 날짜 n일에 대해 본륜행도를 얻는다.

백양술궁 1일의 본륜행도 C = Σ 총년,
영년, 월분, 일분의 가배상리도 + $5^\triangle 01°00'(=151°00')$ (3-3-12)
n일 후의 본륜행도 = C + $13°03'54'' \times$ n   (3-3-13)

예 3-3-3) 달의 백양술궁 본륜행도 계산: 표 A-3 이용
헤지라 기원과 칠정산외편 계산 시점과의 보정값: 5궁 01도 00분
달의 본륜행도의 1일 증가량: 13도 03분 54초

ⅰ) 1447년 8월 1일(875년 7월 1일)의 본륜 행도

총년	870년의 본륜행도:	0궁 12도 09분
영년	5년의 본륜행도:	3궁 21도 08분
월분	6월의 본륜행도:	5궁 02도 30분
보정값:		5궁 01도 00분

총　　계　　　　14궁 06도 47분

계산 값이 360도(12궁)를 넘으므로, 그 값을 빼준다.
14궁 06도 47분 − 12궁 = 2궁 06도 47분

ⅱ) 1447년 8월 2일의 본륜행도
2궁 06도 47분 + 13도 03분 54초 = 2궁 19도 50분 54초 ≒ 2궁 19도 51분

iii) 1447년 8월 15일의 달의 본륜행도

총년	870년의 본륜행도:	0궁 12도 09분
영년	5년의 본륜행도:	3궁 21도 08분
월분	6월의 본륜행도:	5궁 02도 30분
일분	14일의 본륜행도:	6궁 02도 55분
보정값:		5궁 01도 00분

총   계   20궁 09도 42분

이 값은 12궁을 넘으므로 그 값을 보정해준다.
20궁 09도 42분 - 12궁 = 8궁 09도 42분

iv) 1447년 8월 16일의 본륜행도
8궁 09도 42분 + 13도 03분 54초 = 8궁 22도 45분 54초 ≒ 8궁 22도 46분

5) 백양술궁 본륜행정도 (白羊戌宮本輪行定度)

지구의 이심점으로부터 본륜의 중심을 연결한 선분이 본륜위를 돌고 있
는 달과 이루는 각도이다. 그러나 이것을 직접 측정하기는 어려우므로 표
A-4에서 가배상리도를 인수로 하여 제 1가감차를 구해서 보정해준다. 그림
3-4에서와 같이 본륜행도가 본륜위의 평균원지점에 대해 구하는 값이라면
본륜행정도는 그림 3-5에서와 같이 지구와 본륜위의 진원지점 Z를 연결한
선분이 본륜상의 달과 이루는 각도이다. 따라서 본륜행정도는 본륜행도에
제 1가감차를 더하거나 빼주면 된다. 가배상리도가 0궁에서 5궁까지는 가
차(加差)이고, 6궁에서 11궁까지는 감차(減差)이다. 예 3-3-4)에서 사용한
제 1가감차는 예 3-3-5)에서 구했다.

본륜행정도 = 본륜행도 ± 제1가감차   (3-3-14)

예 3-3-4) 본륜행정도 계산

ⅰ) 1447/8/1의 본륜행도: 2궁 06도 47분
제1가차: 3분
2궁 06도 47분 + 3분 = 2궁 06도 50분

ⅱ) 1447/8/2의 본륜행도: 2궁 19도 51분
제1가차: 3도 30분
2궁 19도 51분 + 3도 30분 = 2궁 23도 21분

ⅲ) 1447/8/15의 본륜행도: 8궁 09도 42분
제1감차: 2도 36분
8궁 09도 42분 - 2도 36분 = 8궁 07도 06분

ⅳ) 1447/8/16의 본륜행도: 8궁 22도 46분
제1가차: 51분
8궁 22도 46분 + 51분 = 8궁 23도 37분

6) 달의 경도 관련 보정항목

가) 제 1가감차(第一加減差)

원의 이심점으로부터 본륜의 중심을 연결한 선분이 본륜위의 달과 이루는 각도를 본륜 행정도라 하는데, 제 1가감차는 이것과 본륜 행도의 차이를 말한다.(그림 3-4 참조). 표 A-4에서 가배상리도를 인수로 하여 제 1가감차를 구한다. 원래 칠정산외편에서 이 표는 1도 단위로 되어있으나 이 연구에서는 편의를 위해 10도 단위로만 기재하였다. 표 A-4의 가배상리도가 도 단위로 구분되어 있으므로, 도 이하의 값에 내해서는 내삽법 등을 통해 비례적으로 보정해 주어야 한다. 이때 원지점으로부터 근지점까지의 방향인 가배상리도 0도에서 180도까지는 "+"로 해주고 제1가차라 하며, 반대로 근지점에서 원지점으로 가는 방향인 가배상리도 180도에서 360도까지는 "−"로 제1감차라고 한다(그림 3-4 참조). 이 값은 본륜 행정도를 구할 때

활용한다.

예 3-3-5) 제1가감차 계산

  ⅰ) 1447/8/1일의 가감차 계산

    8/1일의 가배상리도: 0궁 00도 17분

    표 A-4에서 0궁 00도 밑의 가감차: 00도

                    가감분: 9분

    9분 × 17 / 60 = 2.55분 ≒ 3분

    초궁이므로 가감차는 가차로 한다.

    00도 + 3분 = 3분

  ⅱ) 1447년 8월 2일의 가감차 계산

    8/2일의 가배상리도: 0궁 24도 40분

    표 A-4에서 0궁 00도 밑의 가감차: 3도 25분

                    가감분: 8분

    3도 25분 + 8 × 40 / 60 = 3도 25분 + 5.3분 ≒ 3도 30분(가차)

  ⅲ) 1447/8/15의 가감차 계산

    8/15일의 가배상리도: 11궁 11도 37분

    표 A-4에서 11궁 11도 밑의 가감차: 2도 42분

                    가감분: 8분

    가배상리도가 11궁이므로 가감차는 감차로 한다. 이것은 제1감차가 된다.

    2도 42분 - 8분 × 42 / 60 = 2도 42분 - 5.6분 = 2도 36.4분 ≒ 2도 36분

  ⅳ) 1447/8/16의 가감차 계산

    8/16일의 가배상리도: 0궁 06도 00분

    표 A-4에서 11궁 11도 밑의 가감차: 00도 51분

                    가감분: 9분

    가배상리도가 0궁이므로 가감차는 가차로 한다.

    00도 51분 - 9분 × 0 / 60 = 00도 51분

나) 제2가감차(第二加減差)

제2가감차는 본륜의 중심이 원지점인 A의 위치에 있을 때, 달이 원의 이심점에 있는 지구과 본륜의 중심점을 연결한 선의 연장선에 있지 않고, 임의의 각도로 본륜위에 있을 때, 지구에서 본 달 M_A와 원지점 A와의 이각(離角)이다. 그림 3-4의 θ_A이다. 칠정산외편의 표에서는 이 값의 최대가 3궁의 앞부분(＝92도~95도)과 8궁의 마지막부분(266도~270도)에서 4도 50분의 최대치를 보여준다. 즉 지구에서 보았을 때 원지점과 달 M_A와의 최대 사이각이 4도 50분인 것이다. 이 값은 표 A-4에서 본륜행정도를 인수로 하여 제2가감차의 값으로 구할 수 있다. 표 A-4은 10도 간격으로 되어있으므로 이것을 이용해 계산하였을 때에는 실제의 칠정산외편의 표로 구한 값과는 약간의 오차가 있을 수 있다. 본륜행정도가 0궁에서 5궁 사이 (0도~180도)에서는 감차(減差)로 해주고, 6궁에서 11궁 (180도~360도)사이에서는 가차(加差)로 한다. 이 보정치는 달의 진경도(眞經度)를 계산할 때 활용한다.

예 3-3-6) 제2가감차 계산
ⅰ) 1447/8/1의 제2가감차
    1447/8/1의 정오의 본륜행정도: 2궁 06도 50분
   표 A-4의 2궁 06도의 가감차: 4도 15분
                가감분: 2분
    2분 × 50 / 60 = 1.67분 ≒ 2분
   초궁이므로 가감차는 감차로 한다. 제2감차가 된다.
    4도 15분 + 2분 = 4도 17분

ⅱ) 1447/8/2의 제2가감차
    1447/8/2의 정오의 본륜행정도: 2궁 23도 21분
     2궁 23도 밑의 가감차: 4도 43분
                가감분: 1분
    4도 43분 + 1 × 21 / 60 = 4도 43분 + 0.35분 ≒ 4도 43분

ⅲ) 1447/8/15의 제2가감차

　　1447/8/15의 정오의 본륜행정도: 8궁 07도 06분

　　표 A-4의 8궁 07도 밑의 가감차: 4도 34분

　　　　　　　　가감분: 2분

　　본륜행정도가 8궁이므로 가감차는 가차로 한다. 제2가차가 된다.

　　4도 34분 + 2분 × 06 / 60 = 4도 34분 + 0.2분 ≒ 3도 34분

ⅳ) 1447/8/16의 제2가감차

　　1447/8/16의 정오의 본륜행정도: 8궁 23도 37분

　　표에서 8궁 23도 밑의 가감차: 4도 49분

　　　　　　　　가감분: 0분

　　본륜행정도가 8궁이므로 가감차는 가차이다.

　　4도 49분 + 0 = 4도 49분

다) 비부분(比敷分)

이 값은 표 A-4에서 가배상리도를 인수로 하여 구할 수 있다. 표 A-4는 1도 간격으로 값이 수록되어있는 칠정산외편의 표와 달리 10도 간격으로 되어있으므로, 해당 궁과 도에 따라 비례보간하여 사용하여야 한다.

예 3-3-7) 비부분 계산

ⅰ) 1447/8/1일의 가배상리도: 0궁 00도 17분

　　표 A-4의 도 이하의 값이 17분으로 30분보다 적으므로 00도의 값을 택한다.

　　비부분: 0분

ⅱ) 1447/8/2일의 가배상리도: 0궁 24도 40분: 비부분: 2분

ⅲ) 1447/8/15일의 가배상리도: 11궁 11도 37분: 비부분: 1분

ⅳ) 1447/8/16일의 가배상리도: 0궁 06도 00분: 비부분: 0분

라) 원근도(遠近度)

지구가 원 궤도 중심에 있지 않고, 이심점에 있으므로, 본륜의 중심이 원지점에 있을 때와 근지점에 있을 때가 있다. 이때 이심점인 지구에서 원지점이나 근지점에 있는 본륜의 중심과 본륜위의 달과 이루는 각도는 각각

다르게 되는데, 이에 따른 보정을 해주는 것이 원근도이다. 그림 3-4에서 $\angle PEM_P(= \theta_P)$에서 $\angle AEM_A(= \theta_A)$을 빼준 값이다. 이 값은 표 A-4에서 본륜행정도를 인수로 하여 구한다. 제1가감차나 제2가감차와 마찬가지로 도 이하에 대해서는 보정을 해주어야 한다.

$$원근도 = \theta_P - \theta_A \qquad\qquad (3\text{-}3\text{-}15)$$

예 3-3-8) 달의 원근도 계산

　ⅰ) 1447/8/1의 본륜행정도: 2궁 06도 50분
　표 A-4에서 2궁 06도의 원근도: 2도 05분
　　　　　　　2궁 07도의 원근도: 2도 06분
　1분 × 50 / 60 = 50초 ≒ 1분
　2도 05분 + 1분 = 2도 06분

　ⅱ) 1447/8/2: 위와 같은 방법으로 계산한다.
　1447/8/2의 본륜행정도: 2궁 23도 21분
　표 A-4에서 2궁 23도 밑의 원근도: 2도 23분
　　　　　　　2궁 24도 밑의 원근도: 2도 24분
　2도 23분 + 1 × 21 / 60 = 2도 23분 + 0.35분 ≒ 2도 23분

　ⅲ) 1447/8/15의 본륜행정도: 8궁 07도 06분
　표 A-4에서 8궁 07도 밑의 원근도: 2도 27분
　　　　　　　8궁 08도 밑의 원근도: 2도 28분
　2도 27분 + 1분 × 06 / 60 = 2도 27분 + 0.1분 ≒ 2도 27분

　ⅳ) 1447/8/16의 본륜행정도: 8궁 23도 37분
　표 A-4에서 8궁 23도 밑의 원근도: 2도 29분
　　　　　　　8궁 24도 밑의 원근도: 2도 29분
　2도 29분 + 0 = 2도 29분

마) 범차와 가감정차 (汎差와 加減定差)

범차는 원근도와 비부분을 곱한 것을 도(度) 단위로 표현한 것으로 다음과 같이 나타낼 수 있다. 그림 3-4와 그림 3-5에서 범차는 달 M과 그 평균위치인 본륜의 중심 B사이의 이각과 원지점 A에서의 이각인 제2가감차와의 차이이다. 다시 말하면 지구에서 바라본 본륜위의 달 M과 그 본륜의 중심 B사이의 각도에서 제2가감차를 뺀 값이다.

$$범차 = \frac{\theta - \theta_A}{\theta_P - \theta_A} \times (\theta_P - \theta_A) = \theta - \theta_A = \theta - 제2가감차$$

$$(3-3-16)$$

가감정차는 범차에 제2가감차를 더하는 것이다. 따라서 수식으로 표현하면 다음과 같다.

$$가감정차 = 범차 + 제2가감차 = \theta - 제2가감차 + 제2가감차 = \theta \quad (3-3-17)$$

예 3-3-9) 달의 범차와 가감정차 계산

ⅰ) 1447/8/1의 비부분: 0′: 범차 없음
  감정차: 4°17′ + 0 = 4°17′: 감정차

ⅱ) 1447/8/2의 비부분: 2′
  원근도: 2°23′ = 143′
  범차: 143 × 2 = 286″ = 4.76′ ≒ 5′
  감정차: 4°43′ + 5′ = 4°48′

ⅲ) 1447/8/15의 비부분: 1′
  원근도: 2°27′ = 2.45° = 147′
  범차: 147 × 1 = 147″ ≒ 2′
  가감정차: 4°34′ + 2′ = 4°36′

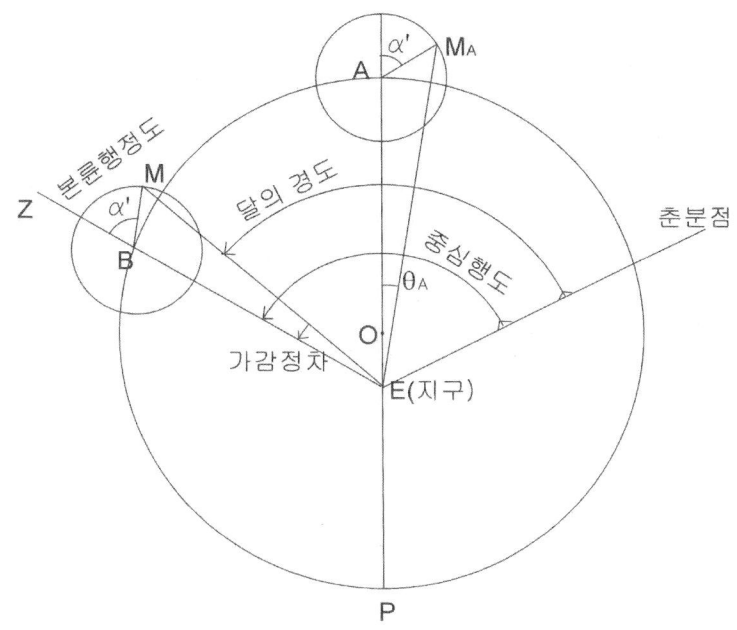

그림 3-5. 달의 본륜행정도와 가감정차, 경도의 정의

iv) 1447/8/16의 비부분: 0′: 범차 없음.

　가정차: 4°49′ + 0 = 4°49′

7) 달의 경도 (=황경)

　중심행도는 그림 3-5에서 보는 바와 같이 춘분점에서 본륜 중심까지의 각도로 달의 평균 위치이다. 이 값은 하루에 13도 10분 35초씩 움직이는데, 이것을 일평행일도(日平行日度)라 한다. 달이 지구 둘레를 1회전하므로 일평행일도는 360/27.321661(항성월) 로서 구할 수 있다. 중심행도는 본륜 중심까지를 측정하는 것으로 평균위치이므로 실제 달이 위치한 본륜상의 M 까지의 경도를 구하려면 가감정차를 보정해 주어야 한다.

　달의 경도 = 중심행도 ± 가감정차　　　　　　　　　　　　(3-3-18)

예 3-3-10) 달의 경도계산

  i) 1447/8/1: $5^{\triangle}27°29\,' - 4°17\,' = 5^{\triangle}23°12\,'$

  ii) 1447/8/2: $6^{\triangle}10°40\,' - 4°48\,' = 6^{\triangle}05°52\,'$

  iii) 1447/8/15: $0^{\triangle}01°57\,' + 4°36\,' = 0^{\triangle}06°33\,'$

  iv) 1447/8/16: $0^{\triangle}15°08\,' + 4°49\,' = 0^{\triangle}19°57\,'$

정묘년 교식가령에 계산된 값[56]과 현대적인 계산 방법에[57] 의한 결과를 비교해 표 3-6으로 정리했다. 이때 계산 시각은 가령에 맞추어 한양의 정오(12시)인 때로 하였다. 표 3-6에서 보는 바와 같이 3분에서 20여분까지 차이가 난다.

(3) 달의 위도 (= 달의 황위) 계산

1) 나후와 계도(羅睺와 計都)

칠정산내편에는 사여성(四餘星)이 나오는데, 그중 나후와 계도는 18.6년의 주기로 황도를 역행하는 가상 천체이다. 그런데 18.6년은 황도와 백도의 교점이 역행하는 주기와 같기 때문에, 이 두 가상천체를 황도와 백도의 승교점과 강교점으로 볼 수 있다.[58] 칠정산외편에서는 나후(羅睺)를 강교점, 계도(計都)를 승교점으로 보고 있다.

2) 백양술궁 계도중심행도와 계도행도

칠정산외편의 "나계중심행도의 표"인 표 A-5를 이용해 계도중심행도를 구한다. 구하는 방법은 달의 중심행도를 구하는 것과 같은 방법이다. 그리

56) 「칠정산외편 정묘년교식가령」, 한국과학기술사자료대계 천문학편 (여강출판사: 서울), pp.376-388, 442-454.

57) Meeus, J., 1991, 「Astronomical Algorithms」 (Willmann-Bell, Inc.: Virginia), pp.307-314.

58) 유경로, 이은성, 현정준, 1990, 「세종장헌대왕실록 제26권 칠정산내편」 (세종대왕기념사업회: 서울), p.389.

고 구해진 값에 보정값을 더해준다. 보정값은 계도중심행도의 헤지라 기원과 칠정산외편의 계산 시작점과의 황경의 차이로 250°45′(=8$^△$10°45′)이다. 1일의 계도행도 변화량은 360도를 18.6년의 주기로 나누어 구한다.

$$360 \div (18.6 \times 365.2422) = 0°.05299 = 3'11'' \quad (3\text{-}3\text{-}19)$$

백양술궁의 계도중심행도 D
= $\sum$ 총년, 영년, 월분, 일분의 값+250°45′ $\quad$ (3-3-20)
n일 후의 계도중심행도 = D + 3′11″ × n $\quad$ (3-3-21)

계도행도는 360도(12궁)에서 계도중심행도를 뺀 값으로, 춘분점에서 달의 승교점까지의 각도를 말한다. 계도는 천구상을 역행하므로 12궁에서 이값을 빼주는 것이다. 나후행도(羅睺行度)는 달의 강교점의 행도로 계도행도와 180도 차이가 나므로, 6궁을 더해주어야 한다.

계도행도 = 360도(12궁) − 그 날의 중심행도 $\quad$ (3-3-22)
나후행도 = 계도행도 + 6궁(180도) $\quad$ (3-3-23)

예 3-3-11) 계도중심행도와 계도행도, 나후행도 계산
 ⅰ) 1447/8/1 정오의 계도중심행도와 계도행도, 나후행도
    칠정산외편의 "나계중심행도의 표"에서 회회력 875/7/1의 값을 구한다

      총년 870년의 중심행도: 11궁 29도 20분
      영년　5년의 중심행도:　3궁 03도 50분
      월분　6월의 중심행도:　0궁 09도 22분
      표 값에 대한 보정치:　　8궁 10도 45분
      ──────────────────────────
      합　　계　12궁 + 11궁 23도 17분

    계도행도중심행도: 11궁 23도 17분

계도행도

12궁 - 11궁 23도 17분 = 0궁 6도 43분

나후행도

6궁 + 0궁 6도 43분 = 6궁 6도 43분

ii) 1447/8/2의 계도중심행도

1일 운동량: 3분 11초

11궁 23도 17분 + 3분 11초 = 11궁 23도 20분 11초 ≒ 11궁 23도 20분

iii) 1447/8/15의 계도중심행도와 계도행도, 나후행도

일분 14일의 값: 0궁 00도 44분

계도중심행도:

11궁 23도 17분 + 0궁 00도 44분 = 11궁 24도 01분

계도행도

2궁 - 11궁 24도 01분 = 0궁 5도 59분

나후행도

6궁 + 0궁 5도 59분 = 6궁 5도 59분

iv) 1447/8/16의 계도중심행도

11궁 24도 01분 + 3분 11초 ≒ 11궁 24도 04분

3) 계도와 달의 상리도 (計都與月相離度)

계도가 달의 승교점이므로, 계도와 달의 떨어진 각도는 승교점으로부터 달까지의 황경의 차이로 볼 수 있다. 이 계도와 달의 상리도는 월리계도궁도(月離計度宮度)라고 하며, 달의 황경에서 승교점의 황경인 계도행도를 빼주면 된다.

계도와 달의 상리도 = 달의 황경 - 계도행도   (3-3-24)

만약 달의 황경이 계도행도보다 작을 때에는 달의 황경에 360도를 더해준 다음 계도행도를 빼준다.

계도와 달의 상리도 = 달의 황경 + 360도 − 계도행도　　(3-3-25)

예 3-3-12) 계도와 달의 상리도 계산
　ⅰ) 1447/8/1의 계도와 달의 상리도
　　5궁 23도 12분 − 0궁 06도 43분 = 5궁 16도 29분

　ⅱ) 1447/8/15의 계도와 달의 상리도
　　0궁 06도 33분 − 0궁 5도 59분 = 34분

4) 달의 위도(＝황위)

달의 위도는 달의 황위를 말한다. 부록 Ⅰ의 표 A-6은 계도와 달의 상리도를 인수로 하여 구해놓은 남북 위도의 값이다. 이 표를 이용해 앞에서 계산한 계도와 달의 상리도로부터 남북위도 값을 구하고, 도 이하의 값은 가감분의 값으로 보정한다. 계도와 달의 상리도가 0궁에서 5궁(＝0°~180°)에 있으면 달은 승교점과 강교점 사이에 있으므로 황도의 북쪽에 있고, 5궁에서 11궁(180°~360°)에 있으면 반대로 남쪽에 있게 된다. 월리계도궁도가 $n°$ 일 때의 달의 황위를 $f(n°)$ 이라 하면, 월리계도궁도가 $n° \, m'$일 때의 황위는 다음과 같이 구한다.

$$f(n° \, m') = f(n°) \pm \{f(n°+1) - f(n°)\} \times m/60$$
$$(3-3-26)$$

이때 $\{f(n°+1) - f(n°)\}$은 가감분이고, "±"는 다음 행의 위도가 크면 "+"로 하고, 다음 행의 위도가 작으면 "−"로 한다. 계도와 달의 상리도인 $n°$ 가 180도보다 작으면 달은 황도의 북쪽에 있는 것이고, 계도와 달의 상리도가 180도보다 크면 달은 황도의 남쪽에 있게 된다.

표 3-6은 정묘년 교식가령을 따라 이 연구에서 계산한 값과 현대적인 계산 값을 비교한 것이다. 두 방법에 의한 위도의 차이는 2분에서 6분여에 이른다.

예 3-3-13) 달의 위도 계산

표 A-6에서 월리계도궁도를 인수로 하여 찾는다.

ⅰ) 1447/8/1 정오의 황위

월리계도궁도: 5궁 16도 29분:

표에서 5궁 16도의 값: 1도 13분 04초

표에서 5궁 17도의 값: 1도 07분 57초

(1도 13분 04초 - 1도 07분 57초) × 29 / 60

=5분 7초 × 29 / 60 = 2.473 분 ≒ 2분 28초

표의 5궁 16도의 값에서 다음 단계의 값이 작으므로 이 보정값을 뺐다.

1도 13분 04초 - 2분 28초 = 1도 10분 36초

월리계도궁도가 5궁 이므로 황도 북쪽에 있다.

ⅱ) 1447/8/15 정오의 황위

월리계도궁도: 34분

표에서 0궁 00도의 값: 0도 0분 0초

표에서 0궁 01도의 값: 0도 05분 16초

5분 16초 × 34 / 60 = 2.984분 ≒ 2분 59초

이 보정값을 표의 0궁 0도의 값에 더한다.

0도 0분 + 2분 59초 = 0도 2분 59초

월리계도궁도가 0궁 이므로 황도 북쪽에 있다.

표 3-6. 칠정산외편과 현대 계산법에 의한 달의 경도와 위도 비교

날짜(음력)	항목	칠정산외편의 방법	현대적인 계산결과	두 값의 차
		° ′ ″	° ′ ″	′ ″
1447년	경도	173 12	173 0	+12
8월 1일	위도	1 10 36	1 13 12	-02 36
1447년	경도	185 52	185 46	+06
8월 2일	위도	0 09 29	0 03	+06 29
1447년	경도	6 33	6 36	-03
8월 15일	위도	0 02 59	0 01 12	+01 47
1447년	경도	19 57	20 19	-22
8월 16일	위도	1 13 14	1 16 12	-02 58

(4) 칠정산외편에 의한 달의 경도 계산 흐름도

달의 경도를 구하기 위한 계산 흐름도를 그림 3-6으로 제시하였다.

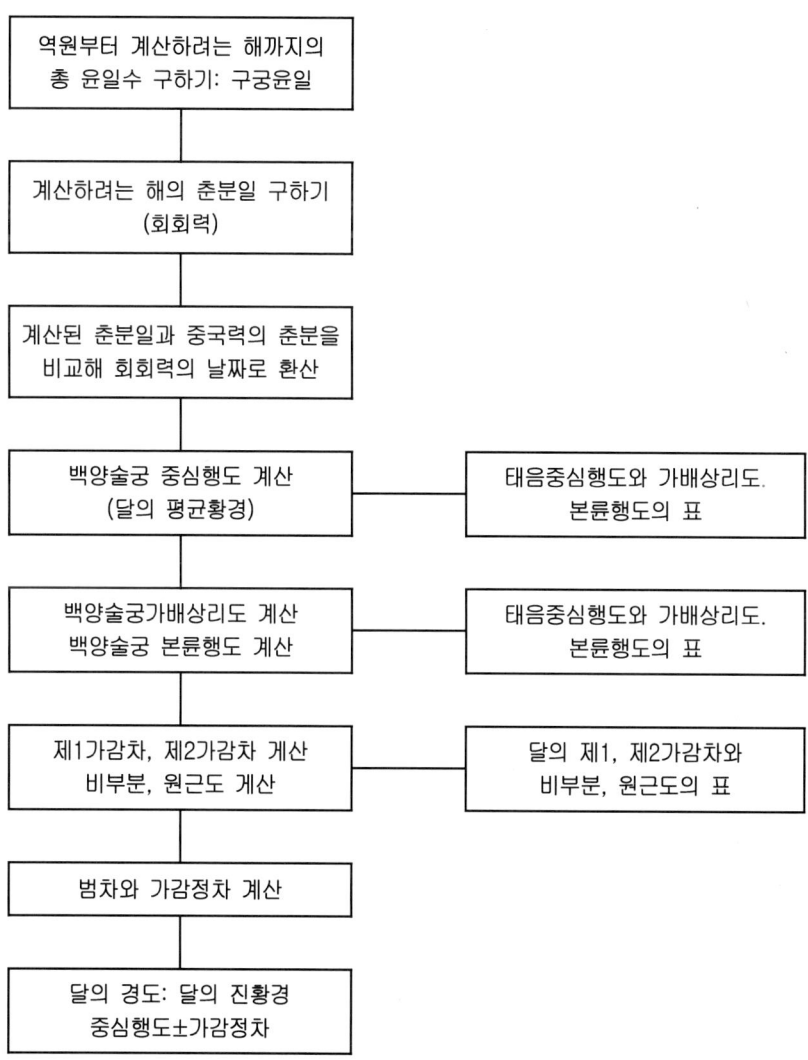

그림 3-6. 칠정산외편에 의한 달의 경도 계산 흐름도

4. 일식(日食)

일식이 일어나는 조건에 대해서는 B.C. 150년경 히파르코스(Hipparcos)가
이미 백도와 황도는 약 5도 기울어져 있고 달이 황백(黃白)교점 부근에 있을
때 일식이 생긴다는 것을 밝혔다.[59] 또한 송(宋)나라의 역지(曆紙)에도 삭즉
교회, 망즉월식(朔則交會,望則月蝕)이라 하여 일식은 삭에 나타나고 월식은
망에 나타난다는 것을 알았다.[60] 달은 백도를, 태양은 황도를 따라 움직이면
서 두 운동 궤도가 일치하지 않기 때문에 식이 삭망월이나 보름 때마다 항상
보이는 것은 아니다. 일식과 월식이 일어나려면 태양과 달의 위치가 근접해서
일정한 거리 이내로 있어야 한다. 현대 천문학에서는 일식이 일어나는 조건으
로 태양 중심과 달 중심사이의 각거리가 태양의 반경과 달의 반경을 합한 각
거리보다 작아야 한다.[61] 따라서 이 연구에서 태양과 달의 반경을 대입시켜
볼 때, 태양의 중심과 황백교점과의 황경차인 황도한계 ξ는 18.°45도 이내이
어야 하고, 달의 황위 βm은 $1°34'46''$ 보다 작아야 한다.[62]

칠정산외편의 교식항목 서두에는 1일을 24시간으로 볼 때, 합삭이 일출
전 3시간 이내에 있고, 달의 황위가 황도 남쪽 45′이하, 황도 북쪽 90′ 이
하이면 식이 일어난다고 기록되어있다. 이것은 일식이 일어날 합삭시각의
범위와 위도 한계를 말해주는 것이다. 일식은 관측자의 위치에 따라 보이는
것이 달라지므로, 이 위도의 한계는 전 세계 어디서나 통용되는 것은 아니
고 회회력이나 칠정산외편을 편찬할 당시의 위치에서 보았을 때의 관측할
수 있는 범위로 추정된다.

이 연구에서는 일식 추보 과정의 이해를 돕기 위해 예제로써 칠정산외편

---

59) Toomer, G. J. 1998, Ptolemy's Almagest (Princeton Univ. press: New jersey),
pp.294-304.
60) 이은성, 1985, 「역법의 원리분석」(정음사: 서울), p.305.
61) Fiala A. D. and Bangert J. A. 1992, Explanatory Supplement to Astronomical
Almanac, ed. by Sidelmann, P. K (University Science Books: California), p.433
62) 본 연구 V 장, "6. 현대적인 일식 계산방법" 참조. p.170.

과 같이 편찬된 정묘년 교식가령의 방법을 따라 계산과정을 서술하였다.[63]

(1) 용어 설명

가) 식심범시
식심범시는 일식이 일어난 날의 정오부터 평균 합삭까지의 시간 간격이다.

나) 자정지합삭시
자정지합삭시는 일식이 일어난 날의 자정부터 진합삭까지의 시간 간격이다.

다) 식심정시
식심정시는 일식이 일어난 날의 정오부터 식심까지의 시간 간격이다.

라) 태양경분
태양경분은 태양의 시직경을 말한다.

마) 태음경분
태음경분은 달의 시직경으로, 달의 원지점에 있을 때 가장 작고, 근지점에서 가장 크다.

바) 2경절반분 = 0.5 × (태양 경분 + 달의 경분)
2경절반분은 일식이 시작할 때인 제1접촉 때(=초휴)와 일식이 끝나는 제4접촉 시점인 복원에서의 태양과 달의 중심 사이의 각거리이다.

사) 태양식한분
태양식한분은 식심에서 태양이 가려진 최대폭을 의미하며, 달이 태양에

---

63) 「칠정산외편 정묘년교식가령」, 한국과학기술사자료대계 천문학편 (여강출판사: 서울), pp.389-432.

가려진 정도를 각도로 나타낸 것이다.

아) 태양식심정분

태양식심정분은 태양의 지름을 10분으로 했을 때, 식심에서 태양이 가려진 최대폭을 나타내는 값이다. 이것이 10분이면 개기식이다. 현대적 표현으로는 식분이다.

자) 시차

시차는 초휴에서 식심까지의 각거리를 달이 태양을 따라 잡는 상대각속도(＝달의 일행도 － 태양의 일행도)로 나누었으므로, 초휴에서 식심에 이르는 시간을 구하는 것과 같다

차) 초휴시각

초휴시각은 식이 시작되는 시간으로, 식심정시에서 초휴와 식심사이의 시간인 시차를 빼서 구한다. 초휴시각 ＝ 식심정시 － 시차.

타) 복원시각

복원시각은 식이 끝나는 시각이다. 복원은 식심을 중심으로 초휴와 대칭이 되므로, 식심정시에 시차를 더하여 계산한다. 복원시각 ＝ 식심정시 ＋ 시차.

(2) 일식에 관련된 태양 항목

1) 식심범시(食甚汎時)

식심범시는 일식이 있는 날의 정오부터 합삭까지 이르는 시간으로 평균 정오에서 평균 합삭까지의 시간이다. 이것은 정오 때의 태양과 달의 황경차를 태양과 달의 일행도의 차이로 나누어서 구한다. 일행도는 태양이나 달의 1일간의 이동량을 말한다. 일반적으로 달의 일행도가 더 크므로, 정오의 달

의 황경이 더 크면 합삭은 오전에 있고, 태양의 황경이 더 크면 오후에 있다.

현대적인 계산으로는 좀 더 간편하게 계산할 수 있지만, 칠정산외편을 편찬할 당시에는 소수(小數)를 사용하지 않았으므로 계산하는 법이 조금 복잡하다. 정묘년 교식가령의 방법을 따라 계산과정을 서술하면 다음과 같다.

    ⅰ) 태양과 달의 황경차(초단위) = A
    ⅱ) 달의 일행도 − 태양의 일행도 = B
    ⅲ) 식심범시: (A × 24) ÷ B = C   (3-4-1)
    ->시(時) 단위로 나타내기 위해 1일 시간인 24를 곱한다.

보통 달의 일행도는 13°10′35″/일이고, 태양의 일행도는 59′58″/일이다. 이 방법으로 구한 값은 평균 합삭시각이 된다. 진합삭시각을 구하기 위해서는 각 궁과 도에 따라 보정치가 수록되어있는 주야가감차의 표인 표 A-7을 이용해 보정을 해주어야 한다. 이 값은 현대 천문학에서는 균시차의 개념과 같다.

예 3-4-1) 식심범시 계산
  ⅰ) 태양과 달의 황경 차이
    1447/8/1 정오의 태양 황경: 5궁 25도 21분 12초
    1447/8/1 정오의 달의 황경: 5궁 23도 12분

    5궁 25도 21분 12초 − 5궁 23도 12분 = 2도 09분 51초 = 7791초

  ⅱ) 태양과 달의 일행도의 차이
    -태양의 일행도: 8/2-8/1
    5궁 26도 20분 44초 − 5궁 25도 21분 12초 = 58분 53초

    -달의 일행도
    6궁 05도 52분 − 5궁 23도 12분 = 12도 40분

-(달의 일행도-태양의 일행도) = 11도 41분 07초 = 42067초

ⅲ) 식심범시 계산

(7,791 × 24) ÷ 42,067 = 186,984 ÷ 42,067 = 4.4449시 = 4시 27분

2) 합삭 때 태양경도 (合朔時太陽經度)

합삭 때의 태양 황경으로, 정오의 태양 경도에 앞에서 구한 식심범시 동안의 태양의 황경변화를 더해주면 된다. 이렇게 구한 값은 평균 태양의 합삭시각으로 진합삭시각을 구하기 위해서는 표 A-7의 주야 가감차의 표를 이용해 보정해주어야 하는데, 그 보정값은 현대의 균시차와 같은 개념의 값이다. 매일 정오 때의 태양 황경은 앞의 태양항목에서 수록한 방법을 이용해 구할 수 있다. 합삭이 오전에 있으면 일행도에 식심범시를 곱한 값을 빼주고, 오후에 있으면 더해준다.

합삭 때의 태양경도
=정오의 태양경도 ± 태양일행도 × 식심범시 ÷ 24   (3-4-2)

예 3-4-2) 합삭 때의 태양황경 계산
1447/8/1의 정오의 태양경도: 5궁 25도 21분 12초
태양일행도: 58분 53초 = 0.981389도
식심범시: 4시 27분 = 4.4449시

합삭 때의 경도와 정오의 경도 차이는 태양이 식심범시만큼 이동한 거리와 같으므로 다음 식이 성립한다.

(합삭 때 경도) - (5궁 25도 21분 12초) =0.981389 × 4.4449 / 24
          = 0.181756 도 = 10.905342분 ≒ 10분 55초
합삭 때 태양경도 = 5궁 25도 21분 12초+10분 55초 = 5궁 25도 32분 46초

3) 자정부터 측정한 합삭시각(子正至合朔時分秒)

자정에서 진합삭에 이르는 시간을 구하는 것으로 식심범시에 주야가감차를 보정해준 값이다. 시각 측정을 자정으로부터 시작하는 것은 그때 당시 자정을 하루의 시작으로 보았기 때문이다. 따라서 칠정산외편의 계산을 위한 여러 표들의 시각표시도 자정을 기준으로 해서 표시된 값들이 수록되어 있다. 표 A-7를 이용해 합삭시각을 보정해 줄 때는 합삭이 오전에 있으면 12시에서 빼고, 오후에 있으면 12시를 더해준다.

자정에서 합삭까지의 시간 = 12시 ± (식심범시 ± 보정값)　(3-4-3)

예 3-4-3) 자정부터 측정한 합삭시각 계산
　　표 A-7에서 태양 경도가 5궁 25도인 때 보정값: 22분 15초
　　　　　　　태양 경도가 5궁 26도인 때 보정값: 22분 36초
　　＝ ＝>5궁 25도 32분 46초인 때의 보정값: 22분 26초

　　자정부터 측정한 합삭시각 = 12시 + 4시 49분 26초 = 16시 49분 26초

4) 합삭 때 태양자행도(合朔時太陽自行度)

태양의 자행도는 태양의 평균 원지점 이각으로, 합삭 때의 태양 자행도는 그날의 정오의 태양 자행도와 다음날 정오의 태양 자행도 사이에서 합삭시각 때의 값을 일간 보간하여 주는 것이다. 1일의 태양 평균행도 59′08″이고, 합삭시각까지의 값(식심범시)을 알므로 내삽법으로 구할 수 있다. 즉 이 값은 합삭 때의 태양과 태양 원지점사이의 황경차로 볼 수 있다. 합삭이 오전이면 정오의 태양 자행도에서 빼고, 합삭이 오후이면 더해준다.

합삭 때의 태양자행도
　　= 정오의 태양자행도 ± 1일 태양행도 × (식심범시 / 24)　(3-4-4)

예 3-4-4) 태양자행도 계산

　　태양의 1일 움직임 (평균 행도): 59′08″ = 59′.133
　　1447/8/1 정오의 태양 자행도: 2궁 24도 31분 30초
　　식심범시: 4시 27분 = 4.45시

　　59.133×4.45/24 = 10.96초 = 10분 58초
　　2궁 24도 31분 30초 + 10분 58초 = 2궁 24도 42분 28초

5) 태양경분(太陽徑分)

　　태양경분은 태양의 시직경(視直徑)으로 정의된 것이다. 따라서 원일점에서는 작아지고, 근일점에서는 커진다. 현대 천문학에서 태양의 평균 각반경은 31′59″.26이다.[64] 이 값은 태양의 자행도를 인수로 한 표 A-8인 "태양 태음영경분과 비부분의 표"로부터 구할 수 있다. 이 표는 실제 관측한 자료를 수록한 것은 아니고, 표를 분석해보면 이심률 $e_c=0.0352$로 가정하여 계산한 것임을 알 수 있다.[65] 이때의 이심률은 지금과 같이 타원 궤도의 이심률이 아니고, 원 궤도인 때의 이심률로서 e_c로 표시하였다. 뒤에 언급되는 이심률들도 모두 원 궤도에 대한 값이다.

　　이 표의 인수인 태양 자행도는 6도 간격으로 되어있으므로, 실제 자행도의 값보다 작은 값과 큰 값의 자행도를 이용해 그에 따른 태양 경분값을 구해 실제 태양 자행도에 대해 비례 보간한다. 합삭 때의 태양자행도를 $n° + \Delta n(\Delta n < 6°)$이라고 하고 $SR(n)$이 $n°$의 태양경분값이라고 하면 다음과 같이 구할 수 있다.

$$SR(n + \Delta n) = SR(n) \pm [SR(n + 6) - SR(n) \times \Delta n \div 6]　　　(3-4-5)$$

64) Arthur N. Cox, 1999, Allen's Astrophysical Quantities 4th ed.(Athlone Press. London), Ch 11.
65) 본 연구 Ⅳ장. 2. (2) "태양·태음영경분과 비부분의 표" 참조. p.152.

예 3-4-5) 합삭 때의 태양경분 계산

　1447/8/1의 태양자행도: 2궁 24도 42분 28초

　도 이하의 값을 분으로 통분한다: 42분 28초 = => 42.467분

　표 A-8에서 자행궁도 2궁 24도의 태양경분: 33′24″ = 33′.4

　　　　　자행궁도 3궁 00도의 태양경분: 33′32″ = 33′.533

　(33.533-33.4) × 42.467 / (6 × 60) ≒ 0.0157분 ≒ 1초

　33분 24초 + 1초 = 33분 25초

(3) 일식에 관련된 달의 항목

1) 합삭 때 달의 관측위치에 따른 보정

　합삭이 일어날 때는 지구와 달, 태양의 황경이 같아지는 때로, 각 천체의 중심이 일직선상에 있어야 한다. 칠정산외편의 표는 관측자가 지구 중심에 있다고 가정해서 만들어졌다. 그런데 실제 우리가 관측을 할 때에는 지구 중심에서 하는 것이 아니라 지구 표면에서 관측을 한다. 따라서 지표면에서 관측할 경우에는 지구 중심과 지표면사이의 거리가 작지 않기 때문에 그 위치와 시각이 약간 다르게 된다. 현대천문학에서는 이것이 지평시차로 알려져 있다. 칠정산외편에서는 이 시차 때문에 생기는 황경의 변위, 황위의 변위, 시각의 차이를 "경위시가감차의 표"인 부록 Ⅰ의 표 A-9를 이용해 보정해주고 있다. 이 표를 이용한 각 보정방법을 다음에 설명하였다.

　가) 경차(經差) 보정

　경차는 지구 중심에서 보는 합삭시각과 지표면에서 보는 합삭인 때의 시각이 약간 달라지는데, 이에 따른 경도 성분이다. 경차보정은 황경의 변화를 보정해주는 방법으로 동서차라고 한다. 동서차는 표 A-9의 경차란의 값들을 이용해 보정해 주는 것으로, 제1동서차와 제2동서차가 있다. 표에는 각 궁의 0도값이 주어진 것이므로 먼저 자정지합삭시에 따라 좌우로 시간에 대해 보

정을 해주고, 두 번째로 태양의 실제 위치인 무슨 궁, 몇 도 몇 분 몇 초인
경우에 대해 보정을 해주어야 한다. 1궁은 30도이므로 궁과 궁사이의 보정
은 30도 이하의 값에 대해서 해준다. 제1동서차는 같은 궁에서 1시간 간격
으로 표시된 자정지합삭시에 대해 1시간 미만인 시간에 대해 경차를 보간하
는 것이다. 일반적으로 합삭 때의 태양의 황경이 제 n궁에 있고, 자정에서
합삭사이의 시간이 $(t + \varDelta t)$ $(\varDelta t < 1)$ 시라면, 표에서 그 시각 전후로 시간
$(t, t+1)$을 선택한다. 이때의 값이 $lon(n, t)$와 $lon(n, t+1)$이고, 이것
을 이용해 구하는 시간에 따른 경도의 차이인 경차 $lon(n, t+\varDelta t)$가 바
로 제1동서차로 다음과 같이 계산한다.

$$lon(n, t+\varDelta t) = lon(n, t) \pm \{lon(n, t+1) - lon(n, t)\} \times \varDelta t$$
$$(3\text{-}4\text{-}6)$$

제2동서차는 앞의 제1동서차가 제 n궁에 대한 것이라면, 제2동서차는 제
$(n+1)$궁으로, 궁이 표 A-9의 오른쪽에 있으면 바로 위의 궁, 왼쪽에 있
으면 바로 밑의 궁에서 같은 방법으로 구한 것이다. 제1동서차는 제n궁에
대한 경차의 좌우보간이고, 제2동서차는 제 $n+1$궁에 대한 경차의 좌우보
간이다. 제1동서차와 같은 방법으로 계산한다.

$$lon(n+1, t+\varDelta t)$$
$$= lon(n+1, t) \pm \{lon(n+1, t+1) - lon(n+1, t)\} \times \varDelta t$$
$$(3\text{-}4\text{-}7)$$

동서차는 제1동서차와 제2동서차로 각 궁에 대해 자정지합삭시각에 따른
보정을 한 후, 그 두 값을 이용해 실제 태양의 위치에 따른 궁간 보정(궁과
궁 사이를 보간함)을 해주는 것이다. 궁과 궁사이의 간격은 30도이므로, 궁
이하의 태양의 황경값에 대한 보간은 30°에 대한 도, 분, 초의 비례에 따라
구해야 한다. 합삭 때 구하는 값이므로, 이것을 합삭의 동서차라고 한다.

일반적으로 합삭의 태양 황경이 $n^\triangle m^\circ (m^\circ < 30^\circ)$이고, 그때 자정지합삭 시각이 $t + \Delta t$ 시였다면 이때의 경차 $lon(n + m/30,\ t + \Delta t)$가 실제 관측 위치와 시간에 대한 경차이고, 바로 합삭의 동서차이다. 수식으로는 다음과 같이 나타낼 수 있다.

$$lon(n + m/30, t + \Delta t)$$
$$= lon(n, t + \Delta t) \pm \{lon(n + 1,\ t + \Delta t) - lon(n, t + \Delta t)\} \times m/30$$

(제2동서차)　　　　　(제1동서차)　　　(3-4-8)

이때 제2동서차>제1동서차이면 보정치를 더해주고, 제2동서차<제1동서 차이면 보정치를 빼준다.

나) 위차(緯差) 보정

위차는 관측자가 위도 φ의 위치에서 관측함에 따라 지구 중심과 지표면 위도 φ의 위치에서 보는 달의 위도 방향의 성분이 다름에 따라 생기는 것이다. 이것은 표 A-9의 위차란을 이용하여 보정하는 것으로, 황위에 대한 보정이 된다. 이 방법에 의한 값을 남북차라고 하며, 제1남북차와 제2남북차를 이용해 보정을 해준다. 평균적으로 달의 천정거리가 극소가 되는 하지 정오에 합삭이 일어날 때 가장 작고, 반대로 극대가 되는 동지 정오 때 가장 커진다.

위차를 보정하는 방법은 앞의 동서차를 보정할 때 사용하는 방법과 같은 방법이다. 태양이 있는 같은 궁내에서 자정지합삭시에 따른 보정이 제1남북 차이고, 태양이 위치한 궁보다 한 궁 큰 궁에서의 합삭시각에 따른 보정이 제2남북차이다. 그리고 제1남북차와 제2남북차를 이용해 궁과 궁 사이의 보정을 한 것이 남북차이다. 일반적으로 합삭의 태양 황경이 $n^\triangle m^\circ (m^\circ < 30^\circ)$이고, 그때 자정지합삭시각이 $t + \Delta t$ 시였다고 하자. 표 A-9에서 태양의 황경이 n궁이고 합삭시각이 t시 때의 위치를 $lat(n, t)$로 하면, 제1 남북차는 다음과 같이 계산할 수 있다.

$$lat(n,\ t + \Delta t) = lat(n,\ t) \pm \{lat(n,\ t+1\ ) - lat(n,\ t)\} \times \Delta t$$

$$(3-4-9)$$

그리고 제2남북차는 다음과 같이 계산된다.

$$lat(n+1,\ t+\Delta t)$$
$$= lat(n+1,\ t) \pm \{lat(n+1,\ t+1\ ) - lat(n+1,\ t)\} \times \Delta t$$

$$(3-4-10)$$

남북차는 앞에서 얻은 제1, 제2 남북차를 합삭 때의 태양 황경의 궁 미만인 30도 이하의 도수인 m도에 대하여 제 n궁과 제 $n+1$궁 사이에서 상하 보간한 값이다. 이것은 합삭이 되는 정확한 시간과 위치에 대해 위차(緯差)를 계산해주는 것이다. 제1남북차가 제2남북차보다 크면 제1남북차에서 제2남북차를 빼고, 반대의 경우이면 제2남북차를 더해준다. 따라서 합삭 때 남북차는 합삭 때의 위차이며 다음과 같은 식으로 나타낼 수 있다.

$$lat(n + m/30,\ t + \Delta t)$$
$$= lat(n,\ t + \Delta t) \pm \{lat(n+1,\ t+\Delta t) - lat(n,\ t+\Delta t)\} \times (m/30)$$
$$\text{(제2남북차)} \qquad\qquad \text{(제1남북차)} \quad (3-4-11)$$

이때 제2남북차>제1남북차이면 보정치를 "+"를 해주고, 제2남북차<제1남북차이면 보정치를 "－"를 해준다.

다) 시각차보정

관측자가 지구 중심이 아닌 지표면에서 관측함에 따라 합삭시각은 지구 중심에서 본 합삭시각과 차이가 나고, 앞에서 살펴본 바와 같이 경차가 생김과 동시에 그만큼의 식심시각의 변화도 생긴다. 이 합삭시각의 차이가 곧 시각차이다. 시각차가 경차에 따라 생기는 것이므로 이것 역시 동지와 하지의 12시에서 극소치 0이 된다. 제1시각차는 제1동서차, 제1남북차 때와 마찬가지로 시각차를 태양이 머무는 제 n궁의 줄에서 합삭시각의 시 미만에 대하여 좌우보간 해준다. 그리고 제2시각차는 $(n+1)$궁에 대해 자정지합삭시에 대해 보간해 준다. 합삭 때의 시각차는 제1, 제2시각차를 가지고 합삭의 정확한 태양 황경에 대한 상하 보간을 한 값이다. 따라서 이 값은 합삭의 실제 시각과 실제 관측자 위치에 대한 시각의 차이값이 된다. 일반적으로 합삭의 태양 황경이 $n^{\triangle}m°(m<30°)$이고, 그때 자정지합삭시각이 $t+\Delta t$ 시일 때 시각차는 다음과 같이 구한다. 먼저 태양의 위치가 제n궁이고, 그때의 자정지합삭시가 t시일 때의 제1시각차를 구한다.

$$H(n,\, t+\Delta t) = H(n,\, t) \pm \{H(n,\, t+1) - H(n,\, t)\} \times \Delta t$$
$$(3\text{-}4\text{-}12)$$

제2시각차는 태양의 황경이 있는 궁의 다음 궁인 제$(n+1)$궁에서의 $(t+\Delta t)$시의 시각차 보간 계산으로 다음과 같이 구한다.

$$H(n+1,\, t+\Delta t)$$
$$= H(n+1,\, t) \pm \{H(n+1,\, t+1) - H(n+1,\, t)\} \times \Delta t$$
$$(3\text{-}4\text{-}13)$$

합삭 때 시각차는 태양 황경이 $n^{\triangle}m°(m<30°)$인 때, 앞의 동서차나 남북차처럼 다음과 같이 표현한다.

$$H(n+m/30,\, t+\Delta t)$$
$$= H(n,\, t+\Delta t) \pm \{H(n+1,\, t+\Delta t) - H(n,\, t+\Delta t)\} \times (m/30)$$
$$\text{(제2시각차)} \qquad \text{(제1시각차)} \qquad (3\text{-}4\text{-}14)$$

이때 제2시각차>제1시각차이면 "+"를 해주고, 제2시각차<제1시각차이면 "−"를 해준다.

예 3-4-6) 경차, 위차, 시각차의 보정

　표 A-9를 이용하여 계산한다.

　계산에 필요한 값들은 다음과 같다.

　　1447년 8월 1일의 태양황경: 5궁 25도 32분 46초

　　　　　　　　자정지합삭시: 16시 49분 26초

ⅰ) 동서차

　제1동서차: 5궁, 16시의 경차: 31분 09초

　　　　　　5궁, 17시의 경차: 30분 15초

　　31분 09초 − 30분 15초 = 54초

　　49분 26초 × 54초 / 60 = 49.433 × 54 / 60 = 44.49초

　　31분 09초 − 44초 = 30분 25초

　제2동서차: 6궁 16시의 경차: 28분 04초

　　　　　　6궁 17시의 경차: 30분 05초

　　30분 05초 − 28분 04초 = 2분 01초 = 121초

　　49분 26초 × 121초 / 60 = 49.433 × 121 / 60 = 99.68초 ≒ 100초

　　28분 04초 + 100초 = 29분 44초

　합삭 때 동서차

　　합삭 때 태양황경: 5궁 25도 32분 46초

　　궁 이하의 값: 25도 32분 46초 ==> 25.5461도

　　(30분 25초 − 29분 44초) 초 × 25.5461 / 30 = 34.91초 ≒ 35초

　　30분 25초 − 35초 = 29분 50초

ⅱ) 남북차

　제1남북차: 5궁, 16시의 위차: 38분 21초

　　　　　　5궁, 17시의 위차: 40분 28초

　　40분 28초 − 38분 21초 = 127초

　　49분 26초 × 127초 / 60 = 49.433 × 127 / 60 = 104.633초 ≒ 105초

　　38분 21초 + 105초 = 40분 06초

　제2남북차: 6궁 16시의 위차: 40분 30초

6궁 17시의 위차: 41분 28초

41분 28초 - 40분 30초 = 58초

49분 26초 × 58초 / 60 = 49.433 × 58 / 60 = 47.785초 ≒ 48초

40분 30초 + 48초 = 41분 18초

합삭 때 남북차

합삭 때 태양황경: 5궁 25도 32분 46초 = => 5궁 25.5461도

(41분 18초 - 40분 06초) × 25.5461 / 30 = 61.31초 ≒ 61초

40분 06초 + 61초 = 41분 07초

ⅲ) 시각차

제1시각차: 5궁, 16시의 시각차: 67분

5궁, 17시의 시각차: 66분

67분 - 66분 = 1분 = 60초

49분 26초 × 60초 / 60 = 49.433 × 60초 / 60 = 49.433초 ≒ 49초

67분 - 49초 = 66분 11초

제2시각차: 6궁 16시의 시차: 60분

6궁 17시의 시차: 64분

64분 - 60분 = 4분 = 240초

49분 26초 × 240초 / 60 = 49.433 × 240 / 60 = 197.732초 ≒ 198초

60분 + 198초 = 63분 18초

합삭 때 시차

합삭 때 태양황경: 5궁 25도 32분 46초 = => 5궁 25.5461도

66분 11초 - 63분 18초 = 2분 53초 = 173초

173초 × 25.5461 / 30 = 147.316초 ≒ 147초

66분 11초 - 147초 = 63분 44초

2) 합삭 때 본륜행도 (合朔時本輪行度)

본륜행도는 주전원인 본륜위에서 기준선에[66) 대해 달이 움직인 각도이
다. 1일간의 본륜행도는 달이 평균원지점에서 출발하여 균일 운동을 한다고

가정할 때의 평균 속도를 말하며, 표 A-3의 일분값에서 보듯이 13°04′이다. 합삭 때의 본륜행도는 합삭이 있는 날의 정오의 본륜행도에 식심범시에 따른 본륜행도의 변화량을 보정해주는 것이다. 식심범시는 정오에서 평균합삭까지의 시간을 말한다. 본륜행도의 계산 방법은 다음과 같다. 정오를 기준으로 한 것이므로 합삭이 오후에 있으면 본륜행도 값을 더하고, 오전에 있으면 빼준다.

 합삭 때의 본륜행도
  = 합삭일 정오의 본륜행도 ± (식심범시 / 24) × 1일 본륜행도 (3-4-15)

예 3-4-7) 본륜행도 계산
 1447년 8월 1일 정오(12시)의 달의 본륜행도: 2궁 06도 47분
  식심범시: 4시 27분=4.45 시
  태음일행도: 13°04′/일
 2궁 06도 47분 + 13.04 × 4.45 / 24 = 2궁 06도 47분 + 2.418도
 = 2궁 06도 47분 + 2도 25분 04초 = 2궁 09도 12분 16초
 ≒ 2궁 09도 12분

3) 식심 때의 태음경도 (食甚時太陰經度)

 합삭 때의 태양 황경을 이용해 달의 황경을 보정해 준다. 칠정산외편에서는 이 보정을 동서정차라고 한다.

 가) 비부분
 달의 거리는 주전원 운동을 하고 있는 달의 본륜행도에 따라 달라진다. 이 달라지는 거리에 따르는 시차를 보정해주는 값이 이 비부분이다. 합삭 때의 본륜행도를 구하면, 그 값을 인수로 하여, 표 A-8의 "태양태음영경분의 비부분의 표"의 자행궁도 (자행도를 궁과 도로 표시한 것)란에서 이미 구해진 합삭 때 본륜행도 $n° + \Delta n° (\Delta n < 6°)$과 궁이 같고 도수가 가까

66) 본 연구 Ⅲ 장 3 참조. p.41.

운 표의 본륜행도 $(n°)$의 비부분 값 $f(n)$을 찾는다. 합삭 때의 비부분은 인수인 본륜행도가 6도 간격으로 되어있으므로, 그 행 $f(n)$과 그 다음 행인 $f(n+6)$의 비부분 값의 차이를 구해 비례 보간법으로 계산하여 구한다. 수식으로 나타내면 다음과 같다. 이때 $f(n+6)$이 $f(n)$보다 크면 더해주고 반대이면 빼준다. 단위에 유의하여 보정해준다.

합삭 때의 비부분
$$f(n+\Delta n) = f(n) \pm \{f(n+6) - f(n)\} \times \Delta n/6$$
$$(3\text{-}4\text{-}16)$$

예 3-4-8) 비부분 구하기
합삭시 본륜행도: 2궁 09도 12분
표 A-8의 2궁 06도 밑의 달의 비부분: 3분 30초
　　　　　 2궁 12도 밑의 달의 비부분: 4분 00초
2궁 09도 12분 – 2분 06도 = 3도 12분 = 3.2도
3.2 도 × (4분-3.5분) ÷ 6 = 16초
3분 30초 + 16초 = 3분 46초

나) 동서정차(東西定差)

앞에서 경차를 보정해줄 때 구한 동서차를 비부분의 값을 이용해 보정해준 값이 동서정차이다. 다시 말하면 식심 때의 달과 합삭 때의 태양의 황경차를 말한다. 계산방법은 다음과 같다.

동서정차 = 식심의 달 황경 – 합삭의 태양 황경
　　　　　 = 합삭 때 동서차 + {(합삭 때 동서차 × 합삭 때의 비부분)}
　　　　　 = 합삭 때 동서차 × (1 + 합삭 때의 비부분)　　(3-4-17)

예 3-4-9) 합삭 때 동서정차 계산
합삭 때 동서차: 29′ 50″ = 29′.833

비부분: 3′ 46″ = 3′.767 = 226″
합삭 때의 동서차 × {1 + 합삭 때 비부분}

(29.833 × 3.767) / 60 = 1′.873 = 1′ 52″
29′ 50″ + 1′ 52″ = 31′ 42″

다) 식심 때 태음 경도

합삭 때는 태양의 황경과 태음의 황경이 같으므로 같은 값을 사용해도
된다. 이때 "경위시 가감차의 표"(표 A-9)를 잘 살펴보고, 시각차의 글씨
가 적색인가 흑색인가에 따라 더해주고 빼주는 것에 주의해야 한다. 흑색으
로 씌여져 있는 항목은 더해주고 적색으로 쓰여진 항목은 빼준다. 이 색깔
의 구분은 달의 시차(視差) 때문에, 합삭 때 보이는 달의 위치에 따라 실제
식심시각이 합삭시각에 대해 더해주거나 빼주어야 하기 때문이다. 계산식은
다음과 같으며, "±"는 식심정시를 구하는 법에서의 적색과 흑색의 글자에
따라 부호를 결정한다.

식심 때 달의 황경 = 합삭 때 태양황경±동서정차   (3-4-18)

예 3-4-10) 식심 때 태음경도 계산
합삭 때 태양경도(1447/8/1): 5궁 25도 32분 46초
5궁 25도 32분 46초 + 31분 42초 = 5궁 26도 04분 28초

4) 합삭 때 태음위도 (合朔時太陰緯度)

가) 합삭 때의 계도행도 (合朔時計都行度)

계도는 달의 승교점과 같은 주기로 황도를 역행하는 가상 천체이고, 계도
행도는 이 천체가 움직인 정도이다. 따라서 계도행도는 춘분점에서 달의 승
교점까지의 황경차이다. 합삭 때의 계도행도는 1일 동안의 계도행도 값(=3′
11″)에 식심범시를 곱하고, 이 곱한 값을 합삭일 정오의 계도행도에서 가감

하면 된다. 이때 합삭이 오전에 있으면 더해주고, 오후에 있으면 빼준다.

합삭 때의 계도행도
= 합삭일 정오의 계도행도 ± 1일 계도행도 × 식심범시 × 1/24
(3-4-19)

나) 계도와 달의 상리도(＝월리계도궁도)
합삭 때의 달의 황경에서 합삭 때의 계도행도를 빼준 것을 계도와 달의 상리도라고 한다. 이 상리도는 앞의 달 항목에서 말하는 월리계도궁도와 같다. 이 값을 구할 때 만약 빼는 값이 더 크면 12궁을 더한 후 빼준다.

계도와 달의 상리도 = 합삭 때 달의 황경 − 합삭 때 계도행도
(3-4-20)

만약 합삭 때 달의 황경 ＜ 합삭 때 계도행도이면,

계도와 달의 상리도
= 식심 때 달의 황경 + 360도 − 합삭 때 계도행도   (3-4-21)

가 된다.

다) 합삭 때의 태음위도
합삭 때 달의 황위는 앞의 달 항목에서 황도남북위도를 구하는 방법에 따라 앞에서 구한 계도와 달의 상리도(월리계도궁도)를 인수로 하여 표 A-6에서 보간하여 구한다. 합삭 때 달의 황위를 $f(n + \Delta n)$이라 하고, 상리도가 $n° + \Delta n° + (\Delta n < 1°)$이면 다음 식에 의해 계산할 수 있다. 이때 $f(n)$과 $f(n+1)$은 표 A-6에서 구하는 값이고, $\{f(n+1) - f(n)\}$은 계도와 달의 상리도에 따른 가감분이다.

$$f(n+\Delta n) = f(n) + \{f(n+1) - f(n)\} \times \Delta n \quad (3\text{-}4\text{-}22)$$

예 3-4-11) 합삭 때 태음위도 계산

　ⅰ) 합삭 때 계도행도

　　　1447/8/1 합삭일 정오의 계도행도: 0궁 06도 43분

　　　　　　　　　　　식심범시: 4시 27분 = 4.45시

　　　　　　1일동안의 계도행도: 3′ 11″

　　　3′ 11″ × 4.45 / 24 = 0′.590 ≒ 35초

　　　합삭이 오후에 나타나므로 정오의 계도행도에서 뺀다.

　　　0궁 06도 43분 - 35초 = 0궁 06도 42분 25초

　ⅱ) 계도와 달의 상리도

　　　5궁 26도 04분 28초 - 0궁 06도 42분 25초 = 5궁 19도 22분 03초

　ⅲ) 합삭 때 태음위도

　　　표 A-6에서 5궁 19도 밑의 가감분: 5분 10초

　　　표 A-6에서 5궁 19도 밑의 남북위도: 0궁 57분 39초

　　　도 이하 값: 22분 03초 = 22.05

　　5분 10초 × 22.05 / 60 = 1′.899 = 1분 54초

　　0궁 57분 39초 - 1분 54초 = 0궁 55분 45초

　　계도와 달의 상리도가 0궁-5궁 사이에 있으므로, 달은 황도 북쪽에 있다.

5) 식심 때 태음위도 (食甚太陰緯度)

　가) 남북정차(南北定差)

　남북정차는 식심과 합삭 때의 달의 황위차로, 앞에서 합삭 때 달의 위치에 대해 위차 보정을 해준 남북차를 그때의 비부분에 대해 보정해준 값이다. 계산방법은 다음과 같으며, 단위를 유의해서 통일시키도록 해야 한다.

　　　남북정차 = 식심 때의 달 황위 - 합삭 때의 달 황위

$$= 합삭 \ 때 \ 남북차 \ + \ (합삭 \ 때 \ 남북차 \times 합삭 \ 때의 \ 비부분)$$
$$= 합삭 \ 때의 \ 남북차 \times (1 \ + \ 합삭 \ 때의 \ 비부분) \qquad (3-4-23)$$

나) 식심 때 태음위도

식심에서의 달의 황위는 합삭 때 달의 황위에 남북정차를 가감해서 구한다. 이것은 달의 시차(視差)에 의한 값을 보정해 주는 것이므로, 달의 황위가 황도의 남쪽에 있으면 더해주고, 북쪽에 있으면 빼준다. 계산방법은 다음과 같다.

$$식심의 \ 달의 \ 황위 \ = \ 합삭의 \ 달의 \ 황위 \ \pm \ 남북정차 \qquad (3-4-24)$$

예 3-4-12) 식심 때 태음위도

ⅰ) 남북정차

　남북차: 41′07″ = 41′.1167

　비부분: 3′46″ = 3′.7667

　41.1167 × 3.7667 = 154.8743 ≒ 155″ = 2′35″

　41′07″+2′35″=43′42″

ⅱ) 식심 때 태음위도

위도가 황도 북쪽에 있는 경우에는 남북정차에서 태음위도를 감해야하는데, 태음위도가 더 크므로 반대로 빼주었다.

　0도 55분 46초-43분 42초=12분 03초

6) 식심정시(食甚定時)

식심정시는 자정에서 식심까지의 시간을 나타낸 것이다. 그 값은 자정지합삭시에 "경위시가감차의 표"(표 A-9)에서 구한 시각차를 더해주어 구한다. 시각차 값의 가감은 표 A-9에서 달이 어느 궁에 속해 있는지와 자정지합삭시에 따라, 검은색과 적색으로 표시된 것에 따라 달라진다. 표에는 양쪽에 7궁씩 표시되어있는데, 동지점이 속해있는 마갈 9궁과 하지점이 속해

있는 거해 3궁은 양쪽에 모두 들어있다. 합삭 때의 태양경도가 경위시 가감 차표의 왼쪽 7궁에 속해있으면 시각차의 검은색으로 표시된 것은 자정지합 삭시에서 빼주는 값이 되고, 적색으로 표시된 것은 더해주는 값이다. 그러나 합삭 때의 태양경도가 경위시 가감차의 표의 오른쪽 7궁에 속해 있으면 적색의 값은 빼주는 시각차 값이고, 흑색의 값은 더해주는 시각차이다. 오른쪽, 왼쪽의 7궁은 다음과 같다.

경위시 가감차의 표의 왼쪽 7궁: 9궁, 10궁, 11궁, 0궁, 1궁, 2궁, 3궁
경위시 가감차의 표의 오른쪽 7궁: 9궁, 8궁, 6궁, 5궁, 4궁, 3궁, 2궁

식심정시 = 자정지합삭시 ± 시각차 　　　　　　　　　　(3-4-25)

구해진 식심정시는 조선 시대의 시각법에 따라 자초(子初, 오후 11시), 자정(子正, 0시), 축초(丑初, 오전 1시), 축정(丑正, 2시) 등으로 초시와 정시를 결정하고 시 이하의 값들에 대해서는 1일을 100각, 1각은 864초로 두고, 각, 초 단위의 시각으로 환산한다. 좀더 자세하게 설명하면 시미만의 값을 초(秒, sec)단위로 고치고, 1000을 곱한 후 144로 나누고, 다시 60으로 나누면 초단위의 값을 얻고 이것을 다시 100으로 나누면 각단위의 값을 얻을 수 있다. 이것을 수식으로 다음과 같이 표현하였다.

$$(\text{초(sec) 단위로 고친 시(時) 미만의 값}) \times \frac{1000}{144} \times \frac{1}{60} \times \frac{1}{100}$$

$$= (\text{초단위로 고친 시(時) 미만의 값}) \times \frac{1}{864} = (\text{각(刻) 단위로 고쳐진 값}) = A.xx \qquad (3-4-26)$$

구해진 A는 칠정산외편에 따른 시각법에서 그대로 각단위의 값이 되고, 각 이하의 값은 그대로 초단위로 읽는다. 위 식에서 본바와 같이 시간의 초단위로 표시할 때에는 1각(刻)은 864초(秒)이므로 1일 = 86400초가 된다.

1일 = 24시 = 100각 = 86400초

1각 = 864초(秒) = 14.4분(현재시각)

1시(현대시각) = 3600초 / 864 = 4.167 각

예 3-4-13) 식심정시 계산

1447/8/1의 태양이 소속한 궁: 5궁-->표 A-9의 오른쪽 7궁에 속함.

합삭 때 시각차 63분 44초는 검은 색으로 기록되어있으므로 자정 이후 합삭시각에 더해준다.

16시 49분 26초 + 63분 44초 = 17시 53분 10초.

17시를 자시, 축시로 정리해가면 유초(酉初)시가 된다. 그 아래의 53분 10초는 초로 통일하면 3190초이고, 이것을 각으로 표현하면 다음과 같이 되어, 식심정시는 유초 시 3각 69초가 된다. 1일은 86400초이며, 1각은 864초로 현대 시각으로는 14.4분이다.

3190 ÷ 864 = 3.692 각 = 3각 69초

따라서 구해진 식심정시는 유초(酉初)시 3각 69초가 된다.

7) 태음경분 (太陰徑分)

달의 직경으로 합삭 때의 본륜 행도를 표 A-8의 "태양·태음영경분과 비부분의 표"속의 자행궁도란에 대입시켜놓고, 태양경분을 구하는 방법과 같이 비례 보간하여 구한다. 태음 경분은 달의 시직경으로 달의 원지점에 있을 때 가장 작고, 근지점에서 가장 크다.

예 3-4-14) 태음경분 구하기

1447/8/1 본륜행도: 2궁 09도 12분

-->표의 가까운 궁도와의 차: 3도 12분 ==>192분

표 A-8에서 본륜행도 2궁 06도의 태음경분: 32′08″ = 32′.133

본륜행도 2궁 12도의 태음경분: 32′21″ = 32′.350

(32.35 – 32.133) × 192 / (6 x 60) ≒ 0.116분 ≒ 7초

32′08″ + 7″ = 32′15″

(4) 일식 현상 관련 항목

1) 이경절반분 (二徑折半分)

태양의 경분과 달의 경분을 합한 것의 1/2을 의미한다. 이 2경절반분은 일식이 시작할 때인 제1접촉(초휴)이나 일식이 끝나는 제4접촉(복원)에서의 태양과 달의 중심사이의 각거리이다.

이경절반분 = 0.5 × (태양 경분 + 달의 경분)   (3-4-27)

예 3-4-15) 이경절반분 계산
  예 3-4-5)에서 구한 태음 경분: 33분 25초
  예 3-4-14)에서 구한 태음 경분: 32분 15초

  (33분 25초 + 32분 15초) / 2 = 32분 50초

2) 태양식한분 (太陽食限分)

식심에서 달이 태양을 가린 최대폭을 각도로 나타낸 것이다. 2경절반분에서 식심 때 달의 황위를 빼주어 구한다(그림 3-7 참조).

태양식한분 = 이경절반분 – 식심 때의 달의 황위   (3-4-28)

예 3-4-16) 태양식한분 계산

  32분 50초 – 12분 03초 = 20분 47초

3) 태양식심정분

태양식심정분은 태양의 지름을 10분으로 했을 때, 식심에서 달에 의해 태양이 가려진 최대폭을 나타내는 값으로 이것이 10분이면 개기식이다. 태양식한분을 다르게 표현한 것이다. 현대용어로는 식분이다. 태양의 식한분에 태양경분을 곱해서 계산한다.

$$\text{태양의 식심정분} = \text{태양식한분} \times 10 \,/\, \text{태양경분} \qquad (3\text{-}4\text{-}29)$$

따라서 태양식심정분은 다음의 범위 내에 있게 된다.

  0 < 태양식심정분 < 9.65 (= 태음경분 / 태양경분)

예 3-4-17) 태양의 식심경분 계산

  태음식한분을 태양경분으로 나눈다.

  20′47″ / 33′25″ = 20.783 / 30.417 = 0.622

  태양경분을 10으로 봤을 때의 비율이므로

  0.622 × 10 = 6분 22초

4) 시차 (時差)

시차는 일식 때 제1접촉에서 식심까지, 또는 식심에서 제4접촉까지의 시간을 말한다. 칠정산외편에서의 계산 방법을 그대로 따르면 다음과 같은 식이 나온다. 이 식의 관계를 그림 3-7로 나타내었다. 식 (3-4-30)에서 보는 바와 같이 제1접촉인 초휴에서 식심까지의 각거리를 달이 태양을 따라 잡는 상대각속도(=달의 일행도-태양의 일행도)로 나누는 것이다. 그리고 24를 곱하는 것은 나누어주는 수인 일행도가 1일 동안의 태양과 달의 속도이므로 이 기간을 맞추기 위해서이다.

$$\text{시차} = \frac{\sqrt{[\{2\text{경절반분}(\text{초단위})\}^2 - \{\text{식심의 달의 황위}(\text{초단위})\}^2]} \times 24\text{시}}{(\text{달의 일행도} - \text{태양의일행도})(\text{분단위})}$$

$$= \frac{\text{초휴에서 식심까지의 거리(분)} \times 24\text{시}}{\text{달의 태양에 대한상대속도(분/일)}} \qquad (3\text{-}4\text{-}30)$$

예 3-4-18) 시차 계산

$$\sqrt{\{(32\,'50\,'')^2 - (12\,'03\,'')^2\}} \times 24 / (12°40\,' - 58\,'53\,'')$$

$$= \sqrt{((32.833)^2 - (12.05)^2\}} \times 24 / (760 - 58.883)$$

$$= \sqrt{(932.803)} \times 24 / 701.117 = 1.045 = 1\text{시 }02\text{분 }43\text{초}$$

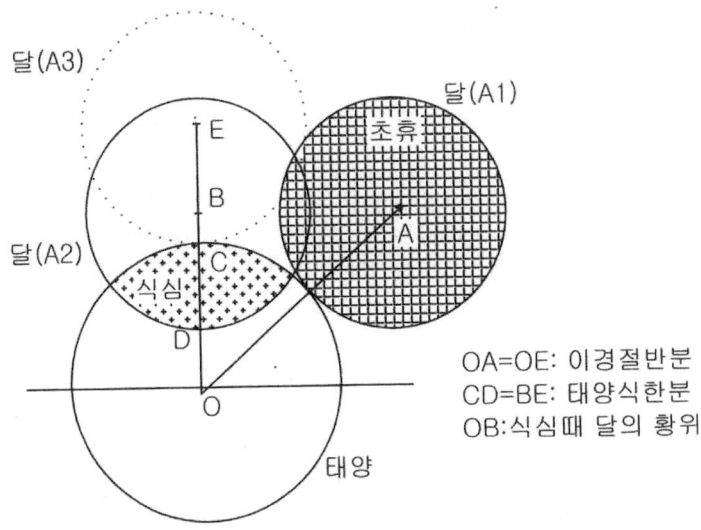

그림 3-7. 태양의 식한분과 시차 관련 그림

5) 초휴시각 (初虧時刻)

초휴시각은 식현상에서 식이 시작하는 제1접촉인 때로, 태양과 달이 서로 외접할 때를 말한다. 그림 3-7에서 달(A1)의 상태인 때의 시각이다. 이 시 각은 식심정시에서 초휴와 식심사이의 시간인 시차를 빼주면 된다. 구해진 초휴 시각의 표현은 조선시대 시각법대로 자정(子正)을 0시, 축초(丑初)를

1시, 축정(丑正)을 2시 등으로 하여 차례로 계산하면 된다.

$$초휴시각 = 식심정시 - 시차 \qquad (3\text{-}4\text{-}31)$$

예 3-4-19) 초휴시각 계산

식심정시 - 시차 = 17시 53분 10초 - 1시 02분 43초 = 16시 50분 27초

50분 27초 = 3027초

3027/864 = 3각 50초 --> 신정 3각 50초

6) 복원시각 (復圓時刻)

복원시각은 식이 끝나면서 다시 달과 태양이 외접하는 제4접촉인 때이다. 이 시각은 식심을 중심으로 초휴와 대칭이 되므로, 식심정시에 시차를 더해서 구한다. 구해진 복원시각은 초휴 때와 같이 자정을 0시로 하여 차례로 계산한다.

$$복원시각 = 식심정시 + 시차 \qquad (3\text{-}4\text{-}32)$$

예 3-4-20) 복원시각 계산

식심정시 + 시차 = 17시 53분 10초 + 1시 02분 43초 = 18시 55분 53초

55분 53초 = 3353초

3353 / 864 = 3각 88초 --> 유정 3각 50초

7) 일식방위

태양면에서 일식의 각 단계가 일어나는 방향을 말하는 것이다. 식심 때 달의 황위가 황도의 북쪽에 있으면 초휴는 태양의 서북방향, 식심은 정북, 복원은 동북방향에서 일어나고, 식심 때 달의 황위가 황도 남쪽에 있으면 초휴는 태양의 서남, 식심은 정남, 복원은 동남방향에서 일어난다. 일식의 식심정분이 8분이상일 때는 초휴는 태양의 정서에서 복원은 정동에서 일어난다.

(5) 대식소견분(帶食所見分)과 미복광분(未復光分)

1) 일출입대식소견분 (日出入帶食所見分)

대식은 초휴와 식심 사이에 일출·몰(＝일출입)이 일어나는 경우로써, 일출·몰 이전에 일식이 시작되어 일출·몰 시각이 되어도 식심에 이르지 않는 경우이다. 일출 때에는 이미 지평선 밑에서 일식이 시작된 상태이고, 일출 후에 지평선위에서 식심이 되는 경우이고, 일몰 때에는 지평선위에서 초휴가 되고 일몰 후에 식심이 되는 경우이다.

초휴시각 < 일출입시각 < 식심시각인 경우: 대식

대식의 소견분은 개기식이나 금환식의 경우에는 초휴에서부터 일식 진행 시각에 따라 태양이 가려지는 부분의 최대 길이가 비례관계가 되므로, 식이 시작되는 제1접촉인 초휴에서 일출·몰 시각까지의 진행시각을 초휴에서 식심까지의 시각인 시차로 나누어준 후 식심정분(＝최대식분)으로 곱해주면 된다. 이것이 일출 전에 일어난 일식 때문에 태양면의 일부가 가려진 길이 이고, 일몰 때에는 일몰전의 일식에 의해 태양이 가려진 정도이다. 그리고 이 값을 식심정분에서 빼주는 것이 대식의 소견분이다. 그러나 부분일식의 경우는 초휴에서부터의 일식 진행시각에 따라 태양이 가려지는 폭이 비례 관계가 안 되므로 이와 같이 하기는 어려우나 근사적으로 일출·몰 때에 태양이 보이는 부분으로 할 수 있다. 개기식이 대식인 경우의 소견분을 그림 3-8 a)로 나타내었다. A는 초휴 때의 시각, B는 일출·몰시각, C는 식심인 때의 시각이다.

대식의 소견분 = 식심정분 − 식심정분 × (식심정시 − 일출입시분초) / 시차
= 식심정분 × (1 − (식심정시 − 일출입시분초) / 시차)
= 식심정분 × [{시차 − (식심정시 − 일출입시분초)} / 시차]

(3-4-33)

시차는 (식심정시 - 초휴시각)이므로, 이것을 위 식에 대입하면 다음 식이 된다.

대식의 소견분 = 식심정분 × (일출입시분초 - 초휴시각) / 시차
$$= 식심정분 × AB / AC \qquad (3\text{-}4\text{-}34)$$

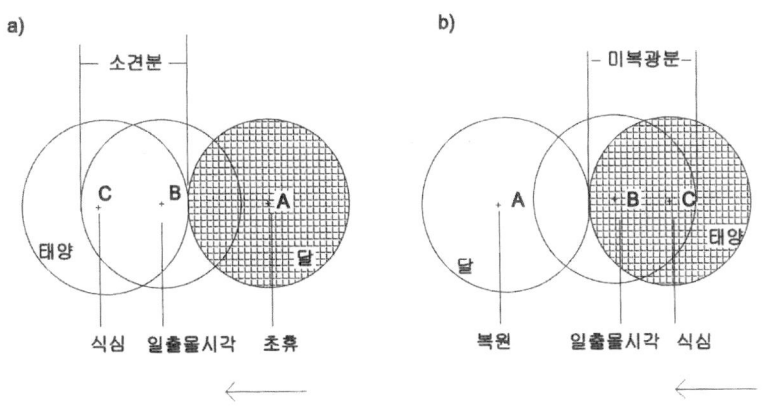

그림 3-8. 개기식인 때의 대식소견분과 미복광분의 상황도

2) 일출입후미복광분(日出入後未復光分)

대생광(帶生光)은 앞의 대식 때와는 다르게 일출·몰 시각이 식심과 복원 사이에 있을 때를 말한다. 이것은 좀 더 설명하면 일식이 이미 지평선 밑에서 식심이 되고, 일출·몰 때에는 지평선 위에서 복원이 될 경우이며, 일몰 때에는 일몰 전에 지평선위에서 식심이 되고 일몰이 된 후 지평선 밑에서 복원이 되는 경우이다.

식심시각 < 일출몰시각 < 복원시각 -->대생광

일출입후(일출·몰후)의 미복광분은 개기식이나 금환식인 경우에는 일출·몰

시각에서의 식분으로, 그때까지 복원되지 못한 부분의 폭을 시차로 나눈
후, 그 값을 식심정분으로 곱해준 값이다. 개기식이 아닌 부분식의 경우는
일출입시각에서의 식분을 근사적으로 나타낸다. 개기식인 때의 복원, 일출
몰, 식심을 그림 3-8 b)에서처럼 각각 A, B, C로 하면 식심정분에 AB/AC
를 곱한 것과 같다.

일출입후 미복광분
= 식심정분 × (1 - (일출입시각 - 식심정시) / 시차)
= 식심정분 × {(시차 - 일출입시각 + 식심정시 / 시차}   (3-4-35)

식심정시 + 시차 = 복원시각을 위 식에 대입하면 다음과 같이 정리된다.

= 식심정분 × (복원시각 - 일출입시각) / 시차 = 식심정분 × AB / AC
                                                 (3-4-36)
(A: 복원, B: 일출입, C: 식심, 그림 3-8 b)참조)

(6) 일식 계산의 흐름도

칠정산외편을 이용한 일식의 계산과정을 요약하고 용어를 설명해준 것이
표 3-7이다. 이 표에는 칠정산외편의 방법대로 정묘년 교식가령을 따라 앞
의 예에서 제시한대로 음력 1447년 8월 1일의 일식에 대해 계산한 각 단
계의 수치값이 같이 제시되어 있다. 표의 "계산방법과 용어설명"에는 일식
계산 시 사용하는 표를 (표 A), (표 B) 등으로 나타내주고, 그 표들의 이름
을 표의 마지막 란에 제시하였다. 그림 3-9은 이 과정을 계산의 흐름도로
제시해 쉽게 이해할 수 있도록 하였다.

표 3-7. 칠정산외편에 의한 정묘년 일식(1447/8/1)의 계산 순서와 용어 설명

순서	항목 계산된 값	계산 방법과 용어설명
	가. 태양 관련 부분	
1	식심범시(食甚汎時) 4시 27분	평균정오에서 평균합삭까지의 시간. 태양의 일행도: 59′58″/ 일 달의 일행도: 13°10′35″/ 일
2	합삭 때 태양경도 5궁 25도 32분 46초 ＝175도 32분 46초	합삭 때 태양의 황경. 합삭의 태양황경 ＝ 정오의 태양황경 ± 태양일행도 × 식심범시 ÷ 24 (합삭이 오후일 때는 "＋", 오전일 때는 "－") (표 A, 표 B)* 이용.
3	자정지합삭시분초 (子正至合朔時秒) 16시 49분 26초 (가감분보정:22분26초)	자정에서 진합삭까지의 시간. (표 C)*로부터 보정값을 구해 진합삭시를 구한다. 자정에서 진합삭까지의 시간 ＝ 12시 ± (식심범시 ± 가감분) (합삭이 오전이면-, 오후이면＋) (표 C)* 이용.
4	합삭 때 태양자행도 2궁 24도 42분 28초	정오의 태양자행도 + 1일 태양행도 × 식심 범시의 값. (표 A)* 이용.
5	태양경분 33분 25초	태양의 각직경 태양자행도를 인수로 하여 (표 D)*에서 태양 경분(태양의 각직경)을 구한다. (표 D)* 이용.

순서	항목 계산된 값	계산 방법과 용어설명
	나. 달 관련 부분	
6	합삭 때 본륜행도 2궁 09도 12분	합삭 때 달의 본륜에서의 위치 달의 본륜행도: 360도 / 근점월 = 13°04′/ 일 합삭 때 본륜행도 = 그 날의 오정의 본륜행도 ± 1일 태음본륜행도 × 식심범시 × 1 / 24 (표 E)* 이용.
7	합삭 때 달의 경도	합삭 때 태양황경과 같음
8	식심정시 유초 3각 69초 17시 53분 10초	자정에서 식심까지의 시간 (표 F)* 이용.
9	식심 때 달의 경도 5궁 26도 04분 28초 =176도 04분 28초	합삭 때 태양황경 + 동서정차 (달의 시차에 따른 보정필요) (표 F)* 이용.
10	합삭 때 달의 위도 0도 55분 45초	합삭 때 달의 황위 합삭 때 계도행도 = 정오의 계도행도 ± 1일 계도행도 × 식심범시 계도와 달의 상리도를 구한 후, 이것을 인수로 하여 (표 G)*에서 달의 위도를 구한다. 계도와 달의 상리도 = 식심 때의 달의 황경 - 합삭 때의 계도행도 (표 G)* 이용.
11	식심 때 달의 위도 0도 12분 03초 (남북정차: 43분 42초)	식심 때 달의 황위 식심의 달의 황위 = 합삭의 달의 황위 ± 남북정차 (보정치). (표 F)* 이용.
12	태음경분 32분 15초	달의 각직경 태양자행도대신 달의 본륜행도를 인수로 하여 (표 D)*에서 구한다. (표 D)* 이용.

순서	항 목 계산된 값	계산 방법과 용어설명

다. 일식 진행 과정부분

순서	항 목 / 계산된 값	계산 방법과 용어설명
13	태양식심정분 (太陽食甚定分) 6분 21초(0.621)	식심에서 태양이 가려진 최대의 폭 (magnitude) 태양식한분: 식심에서 태양이 가려진 최대폭(각도). = 이경절반분(태양과 달직경의 반) − 식심 때 달의 황위. 태양식한분을 고친 값으로, 태양의 지름을 10분으로 했을 때. 식심에서 태양이 가려진 최대폭. 현재의 식분과 같은 의미.
14	시차(時差) 1시간 02분 43초	초휴에서 식심까지 걸리는 시간 $\sqrt{\{(\text{이경절반분})^2 - (\text{식심 때 달의 황위})^2\}}$ / (달의일행도 − 태양의 일행도)
15	초휴(初虧) 시각 신정 3각 50초 16시 50분 27초	식의 시작 = 식심정시 − 시차 시차: 초휴에서 식심에 이르는 시각
16	복원(復圓) 시각 유정 3각 88초 18시 55분 53초	식의 종료 = 식심정시 + 시차

* 표의 종류

표 A: 태양최고행도와 일중행도의 표.   표 B: 태양가감차의 표.
표 C: 주야가감차의 표.   표 D: 태양태음영경분과 비부분의 표.
표 E: 태음중심행도와 가배상리, 본륜행도의 표
표 F: 경위시가감차의 표.   표 G: 태음황도남북위도와 가감분의 표.

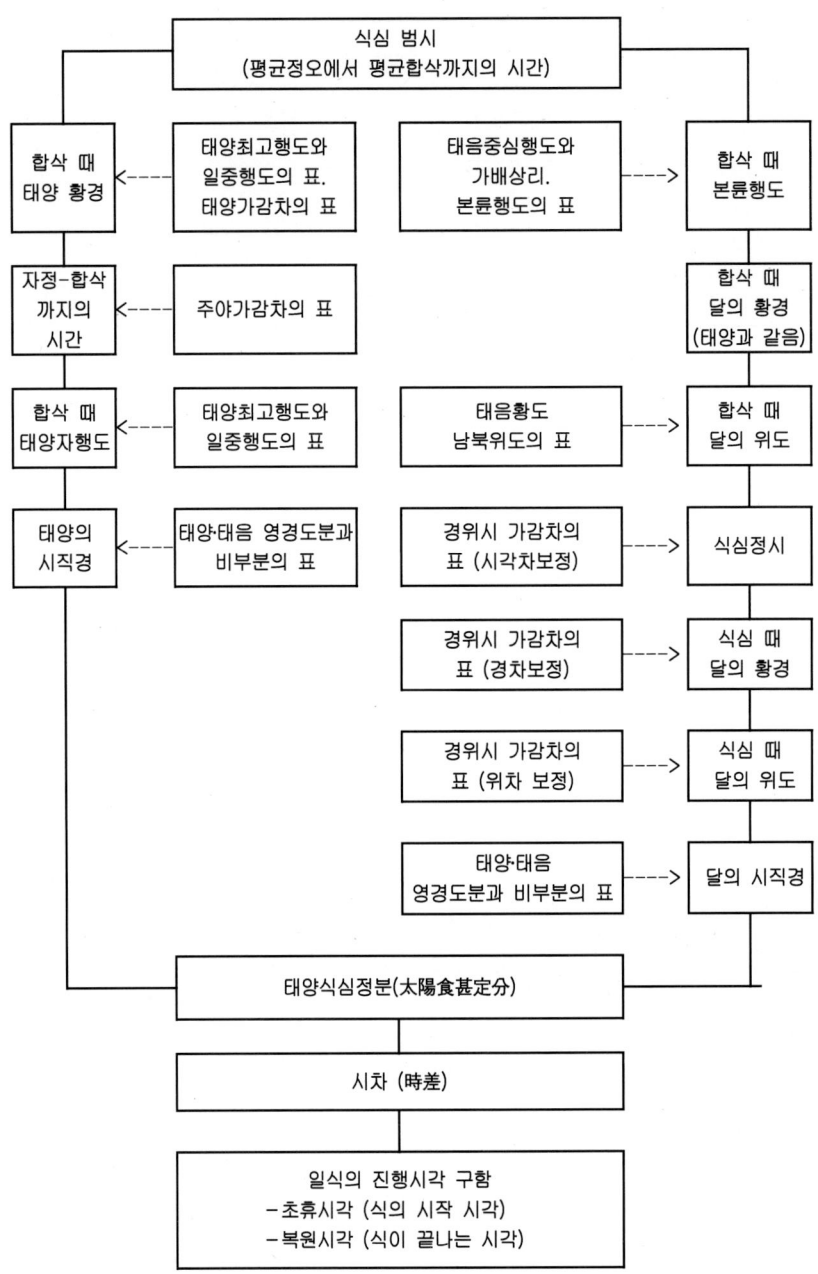

그림 3-9. 칠정산외편에 의한 일식 계산방법의 흐름도

5. 월식(月食)

월식은 달이 지구 그림자에 의해 가려질 때 생기므로 보름달인 경우에 일어난다. 현대천문학에서 월식은 달의 황경과 태양 황경이 180° 차이가 날 때 생기며, 이때의 황백교점과 지구 본그림자의 중심과의 거리인 월식의 황도한계는 9°.5도에서 12°.2도 이내이어야 한다. 황위 한계는 β_M이 1° 37′보다 크면 식이 안 일어나고, β_M이 1° 26′이내이면 반영식(penumbral eclipse), 1° 04′보다 작으면 본 식(umbral eclipse)이 발생한다.[67]

칠정산외편에서 설명하는 월식은 달이 태양과 반대방향의 위치인 망(望)에 위치에 있고(望日), 달의 황경이 나계(羅計) 행도와 13도 이내가 되었을 때 일어난다고 되어있다. 이때 달의 황위는 1°08′ 이내인 때이어야 한다(그림 3-10 참조). 만약 망일에 달의 황경이 월출·몰 시각의 2시간 이내에 태양의 황경과 180도 차이나는 망의 상태가 되면 월식 진행 도중에 달이 뜨거나 지는 대식(帶食)이 된다.

(1) 월식에 관련된 태양항목

1) 식심범시(食甚汎時)

달과 태양의 황경차가 180도(=6궁)가 될 때까지 걸리는 시간으로, 그 기점은 그날의 정오에서 망까지의 시간이다. 다시 말하면, 정오에서 평균 태양시의 식심시각까지의 시간이다. 식심범시를 구하는 방법은 그날 정오의 달의 황경에서 6궁을 빼주고, 다시 이 값에서 태양황경의 값을 빼준다(A). 그리고 이 A값을 달의 일행도와 태양 일행도의 차이로 나누어서 구한다.

---

67) 「Explanatory Supplement to Astronomical Ephmeris and the American Ephemeris and Nautical Almanac」, 1977, (Her Majesty's Stationery Office: London), Ch. 9, p.258.

만약 달의 황경이 6궁보다 작으면 달의 황경에 12궁을 더해서 **빼준다**. 6궁을 **빼주는** 이유는 월식은 망에서 일어나므로 달과 태양은 6궁(=180도)의 차가 있어야 하기 때문이다. 이때 달의 황경에서 6궁을 **빼준** 값이 태양 황경보다 더 크면 망이 오전에 있고, 반대의 경우는 망이 오후에 있으며, 달이 지구 그림자를 쫓아가서 망이 이루어진다.

달과 태양의 일행도의 차이는 망이 오전에 있으면 그날과 전일의 황경차이로 계산하고, 망이 오후에 있으면 그날과 다음날의 황경 차이로 계산한다. 이 계산의 기준 시각은 정오인 12시이므로, 식심이 오후에 있으면 구한 값은 그대로 식심시각이 된다. 그러나 식심이 오전에 있는 경우에는 12시에서 식심범시를 감한 나머지가 오전의 식심시각이다. 이것을 식으로 정리하면 다음과 같다.

$$식심범시 = \{달의\ 황경 - 6궁 - 태양황경\} \times 24시$$
$$/ (달의\ 일행도 - 태양일행도) \qquad (3-5-1)$$

예 3-5-1) 식심범시
　　1447/8/15 정오의 태음경도: 0궁 06도 33분
　　1447/8/15 정오의 태양경도: 6궁 09도 09분 31초

태음경도가 태양경도보다 작으므로 먼저 12궁을 더해준 후 6궁을 뺀다.
　　　6궁 09도 09분 31초 - (0궁 06도 33분 + 12궁-6궁) = 2도 36분 31초
태양경도가 더 크므로 망은 오후에 있다. 따라서 태양과 달의 일행도는 8/16일의 경도에서 8/15일 경도값을 빼준다.

태양의 일행도: 6궁 10도 08분 54초 - 6궁 09도 09분 31초 = 59분 23초
태음의 일행도: 0궁 19도 57분 - 0궁 06도 33분 = 13도 24분

{2도 36분 31초 / (13도 24분-59분 23초)} × 24 = (2.6086111 / 12.410278) x 24 = 5.044742 = 5시 02분 41초 ≒ 5시 03분

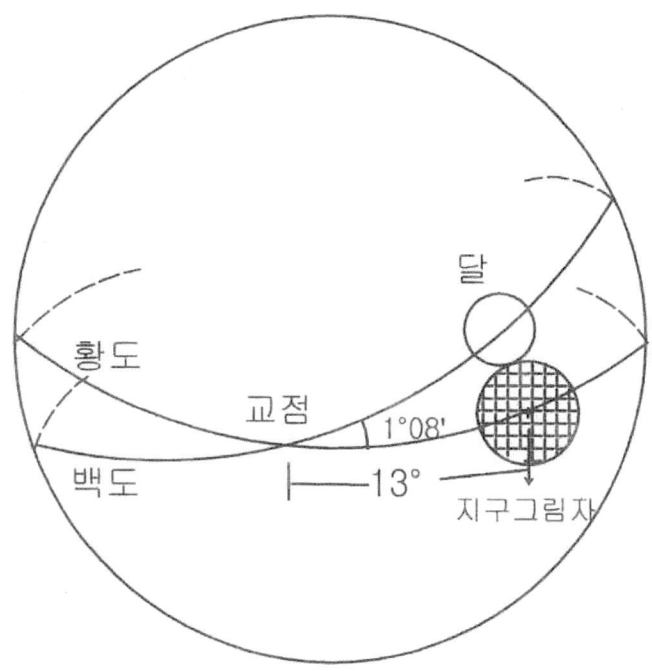

그림 3-10. 월식이 일어날 조건

2) 식심 때 달의 경도 (食甚月離黃道宮度)

식심 때 달의 경도는 월식의 식심 때 달의 황경으로, 망일 때 태양의 황경을 구한 후, 이 값에 6궁을 더하면 된다. 망 때의 태양황경은 정오의 태양황경에 태양의 일행도와 정오와 망 사이의 시간인 식심범시를 곱해주어 계산한다. 이때 망이 오전에 있으면 정오의 태양황경에서 빼주고, 오후에 있으면 더해준다.

망의 태양황경 = 망일 정오의 태양황경 ± 식심범시 / 24 × 일행도

(3-5-2)

식심의 월리황도궁도 = 망의 태양황경 + 6궁   (3-5-3)

예 3-5-2) 식심 때 달의 경도 계산

1447/8/15 정오의 태양경도: 6궁 09도 09분 31초

월식의 식심범시: 5시 03분 = 5.05시

태양의 일행도: 59분 23초 = 59.383분

59.383 × 5.05 / 24 = 12.495분 = 12분 29.71초 ≒ 12분 30초

1447/8/15일의 태양경도에 더해주고, 월식이므로 6궁을 더해준다.

6궁 09도 09분 31초 + 12분 30초 + 6궁 = 12궁 09도 22분 01초

12궁을 넘으므로 12궁을 빼준다.

12궁 09도 22분 01초 - 12궁 = 0궁 09도 22분 01초

3) 식심정시(食甚定時)

가) 가감분(加減分)

가감분은 일식 때와 마찬가지로 주야가감차표인 표 A-7를 이용해 망 때의 태양황경의 도 미만의 값을 보간법으로 구하는 것으로, 망 때의 진태양시와 평균태양시의 차이에 해당하는 값을 구하는 것이다. 방법은 일식 때의 가감법을 구하는 것과 같다. 망의 태양황경을 $(n° + \Delta n°)$ $(\Delta n < 1°)$로 하고, 망 때의 가감분을 $f(n + \Delta n)$이라 하면 다음과 같이 나타낼 수 있다. 망이 오전에 있으면 빼주고, 오후에 있으면 더해준다.

$$f(n + \Delta n) = f(n) + \{f(n+1) - f(n)\} \times \Delta n \qquad (3-5-4)$$

나) 식심정시(食甚定時)

식심정시는 망일 자정부터 정망(定望)까지의 시간으로 12시에 식심범시와 앞에서 구한 가감분을 더하거나 빼주어서 구한다. 정망은 평균 태양의 위치가 아니라 진태양이 망에 이르는 때이다. 식심정시는 식심의 평균 태양의 위치를 나타내주는 값이고, 가감차는 진태양의 위치에 대한 보정값으로,

항상 "+"로 주어져 있다. 식심정시는 자정부터 표시하는 것으로 일식의 식심정시와 같이 자(子), 축(丑), 인(寅) 등의 시각법으로 표시하고, 시단위 미만의 1각(刻)은 1 / 100일 = 864초로 하여 계산한다.

정오를 기준으로 해서 정망까지의 시간은 망이 오전에 있을 때에는 식심범시에서 가감분을 빼주고, 망이 오후에 있을 때에는 식심범시에 가감분을 더해준다. 시 미만은 앞서와 같이 1각 = 864초 = 1 / 100일(日)로 한다.

식심정시 = 12시 ± (식심범시 ± 가감분)　　　　　　　(3-5-5)

예 3-5-3) 가감분과 식심정시

ⅰ) 가감분

1447/8/15 망일 때의 태양경도: 6궁 09도 22분 01초

표 A-7에서 태양경도 6궁 09도 밑의 가감분: 26분 48초

태양경도 6궁 10도 밑의 가감분: 27분 05초

22분 01초 -->22.01667, 27분05초 - 26분 48초 = 17초

17 × (22.01667 / 60) = 6.23초 ≒ 6초

망이 오후에 있으므로 더해준다.

26분 48초 + 6초 = 26분 54초

ⅱ) 식심정시

12시 + 5시 03분 + 26분 54초 = 17시 29분 54초

조선시대 시각법으로 쓰고, 시 미만은 앞서와 같이 1각 = 864초 = 1 / 100일(日)로 한다.

29분 54초 = 1794초, 1794 / 864 = 2.076각 ≒ 2각 08초

17시 -->유초, 식심정시 = 유초 2각 08초

4) 망 때의 태양자행도(望時太陽自行度)

태양자행도는 Ⅲ장의 달 항목에서 보듯이, 중심행도에서 최고행도를 뺀

값이므로,68) 태양의 원지점이각이다. 일식에서는 합삭일인 때의 자행도를 구했고, 월식에서는 망 때의 태양자행도의 값을 구한다. 망일 정오의 태양 자행도를 구한 후, 식심범시에 따른 자행도의 변화량을 가감해주는데, 망이 오전에 있으면 정오의 태양자행도에서 빼주고, 망이 오후에 있으면 더해준 다. 태양의 1일 행도는 59′08″ = 3548″로 평균태양을 가리킨다.

　망일 때의 태양자행도

　= 망일 정오의 태양자행도 ± 1일 태양자행도 × (식심범시 / 24)　　(3-5-6)

예 3-5-3) 망 때의 태양자행도 계산
　1447/8/15의 정오의 자행도: 3궁 08도 19분 25초
　태양의 1일 행도: 59분 08초 = 3548초 = 59.133분
　식심범시: 5.05시

　　59.133 × 5.05 / 24 = 12.443분 ≒ 12분 27초

　망이 오후에 있으므로 더해준다.
　　3궁 08도 19분 25초 + 12분 27초 = 3궁 08도 31분 52초

(2) 월식에 관련된 달의 항목

1) 망 때의 달의 위도 (望時太陰緯度)

가) 망 때의 달의 계도행도 (望時計都行度))
　계도는 사여성의 하나인 가상적 천체로, 승교점의 황경과 같다. 계도행도 는 달의 황위를 구할 때 필요한 동시에, 달과 계도의 떨어진 정도를 정할 때 사용된다. 구하는 방법은 일반적인 달의 계도행도를 구하는 것과 같다. 계도행도의 1일 운동량은 하루 동안에 승교점의 평균 운동으로 3분 11초이

---

68) 본 연구의 Ⅲ장 2. 태양 항목 참조.

다. 계도는 역행하므로, 오전에 망이 있으면 정오의 계도 황경보다 크므로
더해주고, 망이 오후에 있으면 작게 되므로 빼준다. 이때 망이 오전이면
"+"을 해주고, 망이 오후이면 "−"를 한다.

　　망 때의 계도행도
　　= 망일 정오의 계도행도 ± 1일 계도행도 × (식심범시 / 24)　(3-5-7)

나) 망 때의 달의 위도

식심 때 달의 경도에서 계도와 달과의 상리도를 구한 후, Ⅲ장의 달 항목
에서 달의 황위를 구하는 방법으로 표 A-6인 "태음황도남북위도와 가감분
의 표"를 이용해 망 때의 달의 황위를 구할 수 있다.

　　계도와 달의 상리도
　　= 식심 때의 달의 경도(또는 + 12궁) − 망의 계도 행도　　(3-5-8)

예 3-5-4) 망 때의 태음위도 계산
　ⅰ) 망 때의 달의 계도행도
　　　1447/8/15일 정오의 계도행도: 0궁 05도 59분
　　　계도행도의 1일 운동량: 3분 11초 역행 = => 3.183분
　　　식심범시 5시 03분 = 5.05시

　　　3.183 × 5.05 / 24 = 0.6697분 = 40.185초 ≒ 40초
　　　0궁 05도 59분 − 40초 = 0궁 05도 58분 20초

　ⅱ) 망 때의 달의 위도
　　　계도와 달의 상리도 = 0궁 09도 22분 01초 − 0궁 05도 58분 20초
　　　　　　　　　　　　 = 0궁 3도 23분 41초

　　표 A-6인 "태음남북위도와 가감분의 표"를 이용해서 이 상리도를 인수로 하
　　여 달의 위도를 구한다.

0궁 3도의 값: 1도 15분 48초
0궁 4도의 값: 1도 21분 03초
가감분: 1도 21분 03초 - 1도 15분 48초 = 5분 15초 = 5.25분

상리도의 도 밑의 값: 23분 41초 = 23.683분
5.25 × 23.683 / 60 = 2.07분 = 2분 4초

망 때 달의 위도: 0도 15분 48초 + 2분 4초 = 0도 17분 52초
계도와 달의 상리도가 5궁 이하이면 황도북쪽에 있다.
따라서 망 때 달의 위도는 황도 북쪽에 있으며, 0도 17분 52초이다.

2) 망 때의 본륜행도 (望時本輪行度)

망 때의 본륜행도를 구하는 방법은, 망일 정오의 본륜행도에 식심범시만큼 움직인 달의 행도를 보정해주어 구한다. 이때 망이 오전이면 "−", 망이 오후이면 "+"를 해준다.

망 때의 본륜행도
= 망일 정오의 달의 본륜행도 ± 1일 본륜행도 × (식심범시 / 24)   (3-5-9)

예 3-5-5) 망 때의 본륜행도 계산
1447/8/15일 정오의 본륜행도: 8궁 09도 42분
1일 본륜행도 이동량: 13도 04분 = 13.067도
식심범시 = 5도 03분 = 5.05시

13.067 × 5.05 / 24 = 2.749도 = 2도 45분
8궁 09도 42분 + 2도 45분 = 8궁 12도 27분

3) 태음경분 (太陰徑分)

달의 시직경을 말하는 것으로, 망(望) 때의 본륜행도를 인수로 하여 표 A-8의 "태양·태음 영경분과 비부분의 표"를 이용하여 비례 보간으로 계산

하여 구한다. 이 표는 6도 간격으로 되어있다. 이제 망 때의 본륜행도가 $(n° + \Delta n°)$ $(\Delta n < 6°)$이고, 달의 영경분이 $f(n + \Delta n)$ 이라면, 다음 식으로 표현할 수 있다.

$$f(n + \Delta n) = f(n) \pm [\{f(n + 6) - f(n)\} \times \Delta n \div 6]$$

$$(3-5-10)$$

예 3-5-6) 망 때의 달의 경분(=지름) 계산
　　표 A-8에서의 값 8궁 12도: 33분 57초
　　　　　　　　　　8궁 18도: 33분 39초
　　33분 57초 - 33분 39초 = 18초

　　망 때 본륜행도의 도 밑의 값: 27분 = 0.45도
　　태양·태음 영경분의 표가 6도 간격이므로, 이 값으로 나누어준다.
　　　　18 × 0.45 / 6 = 1.35초 ≒ 1초
　　다음 행(8궁 18도)의 값이 8궁 6도의 값보다 작으므로 값을 빼준다.
　　　　33분 57초 - 1초 = 33분 56초

(3) 월식 현상 관련 항목

1) 달의 영경정분 (太陰影徑定分)

가) 달의 영경분(影徑分)

　달의 영경분은 망일 때 달에 투영되는 지구 그림자의 시직경을 말한다. 본륜행도에 따라 이 그림자의 시직경을 나타낸 것이 표 A-8의 태음영경분 항목인데, 그 값의 범위는 표 A-8에서 보듯이 79′49″~98′47″이다. 태양은 원지점에 있고 달은 근지점인 때로 달의 자행도가 180도이고, 본륜행도가 180도일 때 가장 큰 영경분 값을 갖는다. 그리고 태양은 근지점에 있고, 달은 반대로 원지점에 있으며, 본륜행도가 0도일 때 가장 작은 영경분의 값을 갖는다.

망 때 달의 본륜행도가 $(n° + \Delta n°)(\Delta n° < 6°)$일 때의 태음 영경분의 값을 $f(n + \Delta n)$이라고 하면 다음과 같이 나타낼 수 있다. 표의 인수인 본륜행도는 6도간격으로 되어 있고, $n°$은 표에 나타난 6의 배수인 값이다.

$$f(n + \Delta n) = f(n) + [\{f(n + 6) - f(n)\} \div 6 \times \Delta n]$$

$$(3-5-11)$$

나) 달의 영경감차 (太陰影徑減差)

달의 영경감차는 지구의 그림자의 시직경이 변화하는 양이다. 망이 될 때, 달의 거리에서의 지구 그림자의 시직경은 태양이 가장 멀 때인 태양의 자행도가 0°일 때 가장 크다. 그리고 태양이 근일점에 가까워짐에 따라 점점 작아지다가 180°을 넘으면 다시 커진다. 이 지구 그림자의 시직경이 변화하는 양이 바로 태음영경감차이다. 이 자료를 조사해보면 이 값은 연속적인 변화를 하면서, 태양이 원지점에 있을 때인 $0^\triangle 00°$에서 최소인 $0''$이고, 근지점인 $6^\triangle 00°$에서 최대값인 $2'06''$을 갖는다.

계산방법은 태음영경분을 구하는 방법과 같이, 표 A-8을 이용해 그 인수인 태양 자행도에 대해 비례보간하여 구한다.

다) 달의 영경정분

달의 영경정분은 달의 영경분에서 태음영경감차를 뺀 것인데, 영경감차는 태양의 원근에 따르는 보정값이므로, 월식의 계산에서 필요한 지구 그림자의 지름과 같다. 그림 3-11의 지구 그림자의 반지름인 OB의 2배와 같다.

달의 영경정분 = 달의 영경분 - 영경감차　　　　　　　(3-5-12)

예 3-5-7) 달의 영경정분계산
　i) 달의 영경분 계산
　　망 때 본륜행도: 8궁 12도 27분

표 A-8에서 8궁 12도 밑의 태음영경분: 91분 36초

8궁 18도 밑의 태음영경분: 90분 39초

91분 36초 - 90분 39초 = 57초

본륜행도의 도 이하의 값: 8궁 12도 27분 = =>27분

57 × 27 / (6 × 60) = 4.27초 ≒ 4초

다음 행이 본행보다 작으므로 빼준다.

91분 36초 - 4초 = 91분 32초: 망일 때 지구 그림자의 시직경

ⅱ) 달의 영경감차 계산

망 때의 태양자행도: 3궁 08도 31분 52초

3궁 08도 31분 52초 - 3궁 06도 = 2도 31분 52초 = 2.531도

표 A-8에서 3궁 06도의 영경감차: 1분 06초

3궁 12도의 영경감차: 1분 11초

1분 11초 - 1분 06초 = 5초

5초 × 2.531 / 6 = 2.109초 ≒ 2초

1분 06초 + 2초 = 1분 08초: 망 때의 자행도에 대한 태음영경감차

ⅲ) 달의 영경정분 계산

달의 영경정분 = 달의 영경분 - 영경감차

91분 32초 - 1분 08초 = 90분 24초

3) 달의 식심정분 (太陰食甚定分)

가) 이경절반분 (二俓折半分)

달의 경분에 달의 영경정분을 더한 것의 1/2를 2경 절반분이라 하며, 달이 지구 그림자에 외접할 때의 태양반경과 달의 반경을 합한 거리이다. 일식 때의 2경절반분에서는 태양과 달의 반지름을 더한 것이고, 월식에서는 태양반경대신에 지구 그림자의 반경으로 바뀌었다.

달의 이경절반분 = (1/2)(달의 경분+달의 영경정분)   (3-5-13)

나) 달의 식한분 (太陰食限分)

달의 식한분은 식심 때 달이 가려지는 폭을 나타낸다. 이경절반분에서 망 때 달의 황위를 빼주면 달의 식한분이 된다. 만약 달의 황위가 더 크면 월식이 일어나지 않는다.

달의 식한분 = 이경절반분 − 망 때의 달의 황위   (3-5-14)

다) 달의 식심정분 (太陰食甚定分)

달의 식심정분은 달의 지름을 10분으로 했을 때의 식한분과 같다. 달의 식한분을 달의 경분으로 나누어서 구한다. 이때 분은 시간단위가 아니라 달의 지름을 10으로 했을 때의 비율이다. 식심정분이 10분을 넘었다는 것은 개기월식이 일어났다는 것을 나타낸다. 식심정분에 따른 월식의 종류는 다음과 같다.

부분월식 때 식심정분의 범위: 0 < 식심정분 < 10분
개기월식 때 식심정분의 범위: 10 < = 식심정분: 개기월식
달의 식심정분 = (달의 식한분 / 달의 경분) × 10분(分)   (3-5-15)

예 3-5-8) 달의 식심정분계산
ⅰ) 이경절반분
    (33분 56초 + 90분 24초) ÷ 2 = 62분 10초 = 1도 02분 10초

ⅱ) 달의 식한분
    이경절반분 − 망 때의 달의 황위 = 달의 식한분
    1도 02분 10초 − 0도 17분 52초 = 44분 18초

ⅲ) 달의 식심정분
    (44분18초÷33분 56초)×10 = (44.3÷33.933)×10 = 13.05 분
    10분을 넘었으므로 개기 월식이다.

4) 달의 축시행과태양분 (太陰逐時行過太陽分)

달의 일행도에서 태양의 일행도를 빼준 것을 달의 주야행과태양도라고 한다. 달의 태양에 대한 상대각속도로 1일 동안에 달이 태양을 따라 잡거나 앞서 가는 각도를 말한다. 이 값을 24로 나누어 시간당의 값을 구한 후 분 단위의 값으로 고친 것이 달의 축시행과태양분이다. 이때 단위는 (′/시)로서 한 시간에 각도로 몇 분을 쫓아가는가를 말해준다.

$$\text{달의 주야행과태양도} = \text{달의 일행도} - \text{태양의 일행도} \qquad (3\text{-}5\text{-}16)$$

$$\begin{aligned}&\text{달의 축시행과태양분(逐時行過太陽分)}\\ &= \text{달의 주야행과태양도} \div 24 \times 60 \qquad\qquad (3\text{-}5\text{-}17)\end{aligned}$$

예 3-5-9) 달의 축시행과태양분 계산

13도 24분 − 59분 23초 = 12도 24분 37초: 주야행과태양도

이 값을 분단위로 나타내기위해 60을 곱한다

12도 24분 37초 × 60 / 24 = 12.410 × 60 / 24 = 31.025 분 = 31분 02초

5) 월식방위 (月食方位)

망에서 달의 황위가 황도의 남쪽에 있으면 초휴는 달의 동북쪽, 식심은 정북, 복원은 달의 서북쪽에서 각각 일어난다. 황위가 황도의 북쪽에 있으면 초휴는 달의 동남쪽, 식심은 정남, 복원은 서남쪽에서 일어난다. 개기식일 때는 초휴가 달의 정동, 복원이 달의 정서에서 일어난다.

(4) 월식 진행에 관련된 시간 항목

1) 시차 (視差)

일식 때의 정의와 같고, 달의 초휴에서 식심까지의 시간, 또는 식심에서

복원까지의 시간과 같다. 계산방법은 이경 절반분을 제곱한 값에서 망 때의 황위의 값을 제곱한 값을 빼서 제곱근을 구한다. 이 값을 달의 축시행과태양분으로 나누어서 시, 분, 초의 값으로 구한다.

$$시차 = \frac{\sqrt{[(2경절반분)^2 - (망때의\ 달의\ 황위)^2]}}{축시행과태양분} \tag{3-5-18}$$

2) 초휴시각 (初虧時刻)

일식 때와 같이 식이 시작되는 시각으로, 식심정시에서 시차를 빼고, 자정을 0시로 하여 차례로 축초시, 축정시, 인초시, 인정시 등으로 정리해가면서 시각을 구한다. 시 미만은 초 단위로 고쳐, 864초를 1각으로 하여 고치면 초휴시각이 된다.

$$초휴시각 = 식심정시 - 시차 \tag{3-5-19}$$

3) 식기·식심 가감시차 (食旣至食甚加減時差)

식기는 달이 초휴 이후에 지구의 그림자 속에 들어가서 처음으로 내접한 때이다. 따라서 이 가감시차는 식기로부터 식심까지 걸리는 시각, 또는 식심에서 생광까지 걸리는 시각이다. 현대적으로는 월식에서 식심과 달이 내접할 때의 시각으로 제 1접촉과 제 2접촉, 또는 제 3접촉과 제 4접촉과의 시간 간격이다(그림 3-11 참조). 이 시각을 구하는 방법은 다음과 같다. 2경 절반분에서 달의 경분을 빼주고, 여기서 망 때의 달의 황위를 자승한 값을 빼주고 그 제곱근을 구한다. 이 값을 달의 축시행과태양분(달이 지구 그림자에 대하여 상대적으로 이동하는 각속도로, 1시간 동안에 이동하는 각도를 분으로 나타낸 것)으로 나누어준다.

식기에서 식심사이의 가감시차

$$= \frac{\sqrt{[\,(2경절반분 - 달의\ 경분)^2 - (망때의\ 달의\ 황위)^2\,]}}{축시행과태양분}$$

$$(3-5-20)$$

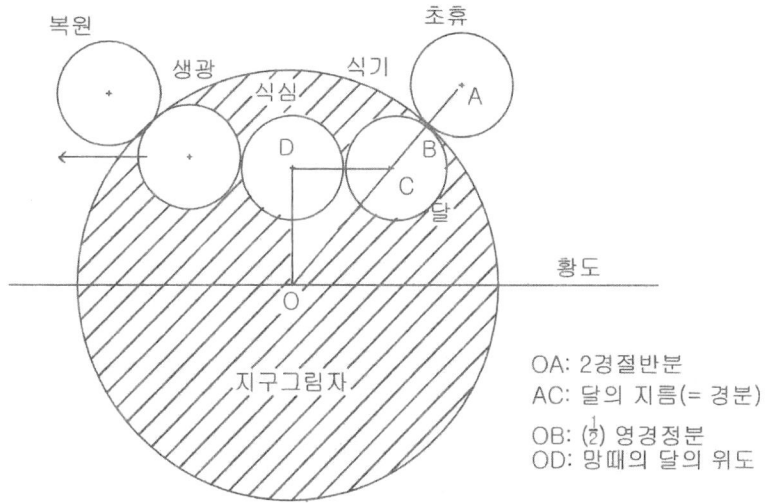

그림 3-11. 월식의 진행과정 모습

4) 식기·생광시각 (求食旣生光時刻)

생광은 식기와 대칭되는 개념으로 달이 지구 그림자에서 빠져나오기 직전에 지구 그림자에 내접했을 때인 제 3접촉 때이다. 식심에서 식기·식심 가감시차만큼 뒤에 있다. 식심정시에서 식기·식심 가감시차를 빼주면 식기, 더해주면 생광의 시각을 구한다. 앞의 방법에 의해 시와 각을 구하면, 각각 식기시각과 생광 시각이 얻어진다.

ⅰ) 식기시각 = 식심정시 - (식기·식심 가감시차)   (3-5-21)

ⅱ) 생광시각 = 식심정시 + (식기·식심 가감시차)   (3-5-22)

5) 복원시각 (復圓時刻)

월식이 끝나는 시각으로, 달이 지구 그림자를 빠져나와 지구그림자와 외접할 때를 말한다. 현대적인 표현으로는 제 4접촉인 때이다. 복원은 식심을 중심으로 초휴와 대칭이 되므로, 식심정시에 시차를 더하여 구한다. 그리고 초휴 때와 마찬가지로 이때의 시각을 자시, 축시 등의 시각으로 나타낸다.

$$복원시각 = 식심정시 + 시차 \qquad (3\text{-}5\text{-}23)$$

예 3-5-10) 달의 진행상황 시각 계산.

ⅰ) 시차 계산

$$\sqrt{[(1도 \ 02분 \ 10초)^2 - (0도 \ 17분 \ 52초)^2]} \div 31분 \ 02초$$
$$= \sqrt{[(1.036)^2 - (0.298)^2]} \div 0.517 = 1.919 \ 시 = 1시 \ 55분 \ 09초$$

ⅱ) 초휴시각 계산

17시 29분 54초 - 1시 55분 09초 = 15시 34분 45초
시 이하의 값을 각과 초로 바꾼다.
34분 45초 / 864 = 2085초 / 864 = 2각 41초
　　15시 ==>신초
초휴시각 = 신초 2각 41초

ⅲ) 식기 · 식심 가감시차 계산

$$= \frac{\sqrt{[(1도 \ 02분 \ 10초 - 33분 \ 56초)^2 - (0도 \ 17분 \ 52초)^2}}{31분 \ 02초}$$
$$= \sqrt{[(1.0361 - 0.5656)^2 - (0.298)^2]} \div 0.517$$
$$= \sqrt{[(0.47)^2 - (0.298)^2]} \div 0.517 = 0.703 \ 시 = 42분 \ 15.29초$$
$$\doteqdot 42분 \ 15초$$

ⅳ) 식기 · 생광시각

－식기시각
17시 29분 54초 - 42분 15초 = 16시 47분 39초
　==>신정 3각 31초

- 생광시각

　17시 29분 54초 + 42분 15초 = 18시 12분 09초

　　= =>유정 초각 84초

ⅴ) 복원시각 계산

　17시 29분 54초 + 1시 55분 09초 = 19시 25분 03초

　시 이하의 값을 각과 초로 바꾼다.

　25분 03초 / 864 = 1503초 / 864 = 1각 74초

　19시 = =>술초(戌初)시

　복원시각 = 술초 1각 74초

6) 월식경점(月食更點)

월식경점은 월식의 시각을 조선시대에 사용하였던 시각법인 경과 점으로 나타낸 것으로, 신혼시분초, 반신혼시분초, 야시분초의 개념을 같이 사용한다. 신혼시분초(晨昏時分初)는 그날의 낮의 길이인 주시분초(晝時分初)에 5각(=72분)을 더하여 구하는 것으로 현재의 아침 시민박명시각부터 저녁 시민박명시각까지이다. 이 5각은 일출 전 2.5각을 더해서 신(晨)으로, 일몰 후 2.5각을 더해서 혼(昏)시간으로 하는 것으로, 현대적 용어로는 아침 박명시각은 일출 전 36분을 잡고, 저녁박명시각은 일몰 후 36분을 잡는 것이다. 현대의 시민박명시각은 각 지역의 위도와 계절에 따라 다르나 대개 60분~90분정도이다. 칠정산내편에서의 이 값은 혼명분이라고 하며 칠정산외편과 같이 2.5각(=36분)이다.

신혼시분초의 반을 반신혼시분초로 한다. 그리고 야시분초(夜時分初)는 24시에서 신혼시분초를 빼주어서 구한다. 그리고 밤의 길이인 야시분초를 조선시대의 시각법 표시의 하나인 경(更)과 점(點)으로 표현해준다. 경은 야시분초를 5로 나누어 결정하는 것으로 각 나눈 값을 경법이라 하고, 경법의 수에 따라 초경, 2경~5경으로 정한다. 1경은 또 5로 나누어 점법이라 하고, 점법수에 따라 초점, 2점~5점으로 한다. 밤의 길이인 야시분초는 계절과 위도에 따라 다르며 따라서 경과 점의 간격도 계절마다 다르다.

월식이 자정 이전에 있으면 초휴, 식심, 복원 등의 각 시각들의 시각에서 12시와 반신혼시분초를 빼준 후, 경법으로 나누어 경과 점을 구한다. 월식이 자정 이후에 있으면 초휴, 식심, 복원의 시·분·초에 반야시분초를 더하여 경법으로 나누어 경과 점을 구한다. 경과 점 단위는 초경(=1경), 초점(=1점)부터 시작해서 5경, 5점까지 있으므로 구해진 값에 1를 더해주어야 경과 점의 바른 표시가 된다. 이 시각들의 정의를 정리해보면 다음과 같다.

$\quad$ ⅰ) 신혼시분초 = 주시분초 + 72분 $\hfill$ (3-6-26)

$\quad$ ⅱ) 반신혼 시분초 = (1/2) × 신혼시분초 $\hfill$ (3-6-27)

$\quad$ ⅲ) 야시분초 = 24시 - 신혼시분초 $\hfill$ (3-6-28)

$\quad$ ⅳ) 경법 = 1/5 × 야시분초 $\hfill$ (3-6-29)

$\quad$ ⅴ) 점법 = 1/5 × 경법 $\hfill$ (3-6-30)

$\quad$ ⅵ) 월식이 자정 이전에 일어나는 경우. (초휴, 식심, 복원 등의 시분초 - 12시 - 반신혼시분초) ÷ 경법 = A.xx

$\hfill$ (3-6-31)

$\quad$ 이 결과값의 정수 부분인 A에 1를 더한 것 (A + 1)이 경의 수를 가리킨다.

$\quad$ ⅶ) ⅵ)의 소수부분(단위 조절 필요함) ÷ 점법 = B.xx $\quad$ (3-6-32) 이 결과값의 정수부분인 (B + 1)이 점의 수를 가리킨다. 초점, 2점 등.

$\quad$ ⅷ) 식이 자정 이후에 있을 때에는, ⅵ)식에서 (초휴, 식심, 복원 등의 시분초 - 12시 - 반신혼시분초) 대신(초휴, 식심, 복원 등의 시분초 + 반야시분초)을 넣어서 계산한다.

$\quad$ (초휴. 식심, 복원 등의 시분초 + 반신혼시분초) ÷ 경법 = A.xx

$\hfill$ (3-5-33)

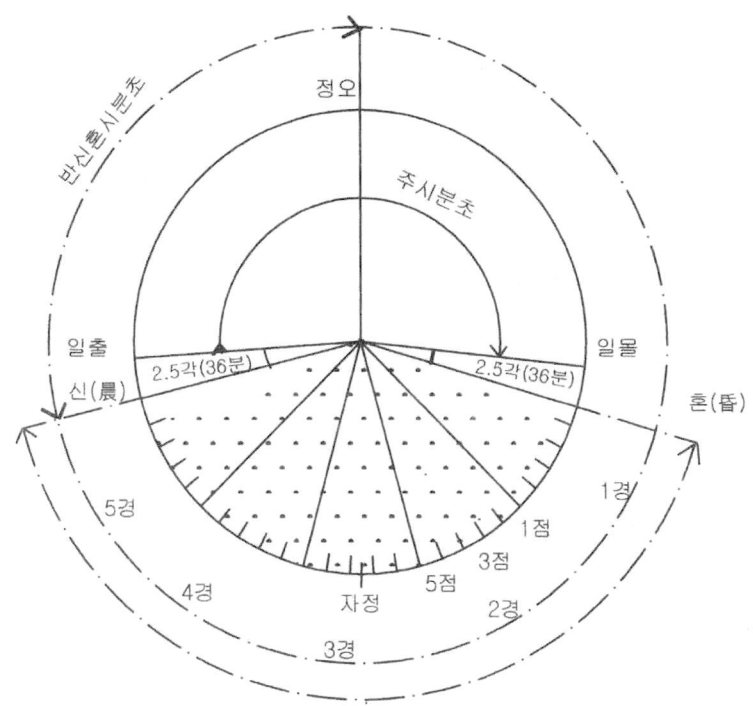

그림 3-12. 월식의 시각 표시법: 경법과 점법

예 3-5-11) 월식 경점의 계산

다음 절인 일출·몰 시각 계산에서 월식일 정오(1447/8/15)의 일출·몰 시각 관련 값들을 계산하였다.

－주시분초: 11시 41분 45초

－반주시분초: 5시 50분 52.5초 ≒ 5시 50분 53초

－일출시각: 12시 － 5시 50분 53초 = 6시 09분 07초

－일몰시각: 12시 ＋ 5시 50분 53초 = 17시 50분 53초

ⅰ) 신혼시분초 = 주시분초 ＋ 72분

11시 41분 45초 ＋ 72분 = 12시 53분 45초

ⅱ) 반신혼 시분초 = (1 / 2) × 신혼시분초

　　12시 53분 45초 ÷ 2 = 6시 26분 52초

ⅲ) 야시분초 = 24시 - 신혼시분초

　　24시 - 12시 53분 45초 = 11시 06분 15초

ⅳ) 경법 = 1 / 5 × 야시분초

　　1 / 5 × 11시 06분 15초 = 1 / 5 × 39975초 = 7995초 = 2시 13분 15초

ⅴ) 점법 = 1 / 5 × 경법

　　7995초 / 5 = 1599초 = 26분 39초 ≒ 27분

ⅵ) 혼시분초: 17시 50분 53초 + 36분 = 18시 26분 53초

　　생광시각이 18시 12분 09초로, 혼시분초 이전이므로 생광을 볼 수 없다.

ⅶ) 식이 자정 이전에 있으므로, 혼(昏, 저녁박명)에서 복원까지의 시간을 구해보

　　면 다음과 같다.

　　19시 25분 03초 - 12시-6시 26분 52초 = 0시 58분 11초

　　　　--> 0시 -->자정

　　　　--> 58분 11초 -->3491초

　　1경이 7995초 이므로 이것은 초경에 해당하고,

　　　　3491/1599＝2점 293초 --> 2점을 지났으므로 <u>초경 3점</u>이다

(5) 대식소견분과 미복광분

1) 월출·몰 대식소견분 (月出入帶食所見分)

　일식 때와 같이 그날의 월출·몰 시각이 초휴와 식심사이에 있으면 대식이
된다. 일식 때와 다른 것은 일식은 일출 후나 일몰 전에 볼 수 있으나, 월
식은 반대로 일출 전이나 일몰 후에 볼 수 있다는 것이다. 이것은 월식이
태양과 180도의 반대쪽의 하늘에 보일 때 일어나기 때문이다.

대식의 소견분은 일식 때와 같은 계산으로 월출·몰 때 달의 가려지지 않은 부분의 폭을, 달의 직경을 10분으로 하여 나타낸 값이다. 이것은 개기식이나 중앙을 통과하는 중심식인 경우에는 비례적으로 계산이 되고, 일반 부분식 등의 경우는 근사한 값을 구할 수 있다. 칠정산외편에 나오는 방법을 소개하면 다음과 같다.

> 월출·몰 대식의 소견분
> = 식심정분 − 식심정분 × (식심정시 − 월출·몰시각) / 시차
> = 식심정분 × (1 − (식심정시 − 월출·몰시각) / 시차)
> = 식심정분 × [{시차 − (식심정시 − 월출·몰시각)} / 시차]
>
> (3-5-34)

여기서 시차 = 식심정시 − 초휴시각 이므로, 이것을 대입시켜 정리하였다.

> 월출·몰 대식의 소견분
> = 식심정분 × (월출·몰시각 − 초휴시각) / 시차   (3-5-35)

2) 월출 · 몰후 미복광분 (月出入後未復光分)

월식에서 식심과 복원 사이에 월출·몰이 일어나는 경우를 대생광이라고 한다. 대생광인 경우의 월출·몰 후 미복광분은 일식 때와 같이 달의 중심이 지구 그림자의 중심을 지나는 중심식인 때에 월출·몰 때의 달의 식분, 즉 가려진 부분의 폭을 달의 지름을 10분으로 하여 나타낸 값이다.

> 월출·몰 후 미복광분
> = 식심정분 × (1 − (월출·몰시각 − 식심정시) / 시차)
> = 식심정분 × {(시차 − 월출몰시각 + 식심정시) / 시차}
>
> (3-5-36)

시차는 시차 = 복원시각 − 식심정시 이므로, 위 식에 대입해 정리하면
다음과 같다.

미복광분 = 식심정분×(복원시각 − 월출·몰 시각) / 시차   (3-5-37)

(6) 월식 계산의 흐름도

칠정산외편을 이용한 월식의 계산과정을 요약하고 용어를 설명해준 것이
표 3-8이다. 이 표에는 칠정산외편의 방법대로 정묘년 교식가령과 앞의 예
에서 제시한대로 음력 1447년 8월 15일의 월식에 대해 계산한 각 단계의
수치값을 같이 제시하였다.[69] 표의 "계산방법과 용어설명"에는 일식 계산
때와 같이, 월식 계산에 사용하는 표를 (표 A), (표 B) 등으로 나타내주고,
그 표들의 이름을 표 3-8의 마지막 란에 제시하였다. 그림 3-13은 이 과
정을 계산의 흐름도로 표시해 쉽게 이해할 수 있도록 하였다.

---

69) 「칠정산외편 정묘년교식가령」, 한국과학기술사자료대계 천문학편 (여강출판사:
　　서울), pp.455-484.

표 3-8. 칠정산외편에 의한 정묘년 월식(1447/8/15)의 계산 과정과 용어설명

순서	항 목 계산된 값	계산 방법과 용어설명
		가. 태양 관련 부분
1	식심범시(食甚汎時) 5시 03분	평균정오에서 평균 망(=보름)까지의 시간. 태양의 일행도: 59′58″/일 달의 일행도: 13°10′35″/일
2	식심월리황도궁도 0궁 09도 22분 01초	망 때의 태양황경 망 때의 태양황경 = 망일 정오의 태양황경 ± (식심범시 ÷ 24) × 일행도 식심의 월리황도궁도 = 망 때의 태양황경 + 6궁 (표 A)* 이용.
3	식심정시 유초 2각 08초 17시 29분 54초	망인 때 자정에서 식심까지의 시간 (표 B)* 이용.
4	망 때의 태양자행도 3궁 08도 31분 52초	정오의 태양자행도 + 1일 태양행도 × 식심 범시의 값. (표 A)* 이용.
		나. 달 관련 부분
5	망 때 달의 계도행도 0궁 05도 58분 20초	계도는 사여성의 하나인 가상적 천체로, 승교점의 황경과 같음. 망 때의 계도행도 = 망일 정오의 계도행도 ±1일 계도행도 × (식심범시 / 24) (표 C)* 이용.
6	망 때 달의 위도 0도 17분 52초	망 때 달의 황위 망 때 계도행도 = 정오의 계도행도 ± 1일 계도행도 × 식심범시 계도와 달의 상리도를 구한 후, 이것을 인수로 하여 (표 D)* 에서 달의 위도를 구한다. 계도와 달의 상리도 = 식심 때의 달의 황경 – 합삭 때의 계도행도 태음황도남북위도와 가감분 표. (표 D)* 이용.

순서	항목 계산된 값	계산 방법과 용어설명
	나. 달 관련 부분(계속)	
7	망 때의 본륜행도 8궁 12도 27분	망 때의 본륜행도 = 망일 정오의 달의 본륜행도 ±1일 본륜행도 × (식심범시 / 24) (표 E)* 이용.
	다. 월식 진행 과정부분	
8	달의 영경분과 영경정분 90분 24초	망 때 달에 투영되는 지구 그림자의 시직경 달의 영경정분 = 달의 영경분 + 영경감차 (표 F)* 이용.
9	달의 식심정분 13.05분	식심에서 태양이 가려진 최대의 폭 (magnitude) 달의 식한분: 식심에서 달이 가려진 최대폭(각도). = 이경절반분(태양과 달직경의 반) - 망 때 달의 황위. 달의 식한분을 고친 값으로, 달의 지름을 10분으로 했을 때, 식심에서 달이 가려진 최대폭. 현재의 식분과 같은 의미.
10	시차(時差) 1시간 55분 09초	초휴에서 식심까지 걸리는 시간 $\sqrt{\{(2경절반분)^2 - (망 때 달의 황위)^2\}}$ / (달의 일행도 - 태양의 일행도)
11	초휴(初虧) 시각 신초 2각 41초 15시 34분 45초	식의 시작 = 식심정시 - 시차 시차: 초휴에서 식심에 이르는 시각
12	식기시각 신정 3각 31초 16시 47분 39초	달이 초휴 이후 지구 그림자에 내접한 때. 제2접촉인 때. = 식심정시 - (식기·식심 가감시차) (식기·식심 가감시차): 식기에서 식심에 이르는 시각

순서	항목	계산 방법과 용어설명
	계산된 값	

다. 월식 진행 과정부분(계속)

순서	항목 / 계산된 값	계산 방법과 용어설명
13	생광시각 유정 초각 84초 18시 12분 09초	달이 식심 이후 지구 그림자에 내접한 때. 제3접촉인 때. =식심정시 + (식기・식심 가감시차) (식기・식심 가감시차): 식기에서 식심에 이르는 시각
14	복원(復圓) 시각 술초 1각 74초 19시 25분 03초	식의 종료 =식심정시 + 시차

* 표의 종류

표 A: 태양최고행도와 일중행도의 표.   표 B: 주야가감차의 표.

표 C: 나계중심행도표.   표 D: 태음황도남북위도와 가감분의 표.

표 E: 태음중심행도와 가배상리, 본륜행도의 표

표 F: 태양태음영경분과 비부분의 표.

6. 일출・몰시각 계산

(1) 칠정산외편에 의한 방법

1) 주야시궁도분의 표 (晝夜時宮度分立成)

이 표는 부록 Ⅰ의 표 A-10으로 나타내었는데, 태양 황경을 1도 단위로 한 인수에 대해 태양의 일주운동의 위치를 나타내었다. 인수로 사용한 태양 황경은 정오 때의 태양 황경 값이다. 태양 황경을 $\lambda°$라고 하고, 이때 표에서 구해지는 값을 $f(\lambda)$라고 하면, 마주 보는 황경의 표의 값인 $f(\lambda-180)$과 $f(\lambda)$의 차이가 낮의 길이를 나타낸다. 밤의 길이인 야간호의 길이는 {360-(f(λ)-f(λ

146

-180))}로 구할 수 있다. 만약 황경이 180도보다 적을 때는 λ°에 360도를 더한 후 위와 같은 방법으로 계산해 준다. 이 방법으로 일주호의 길이를 알아낸 후, 이것을 이용해 일출시각과 일몰시각을 계산한다.

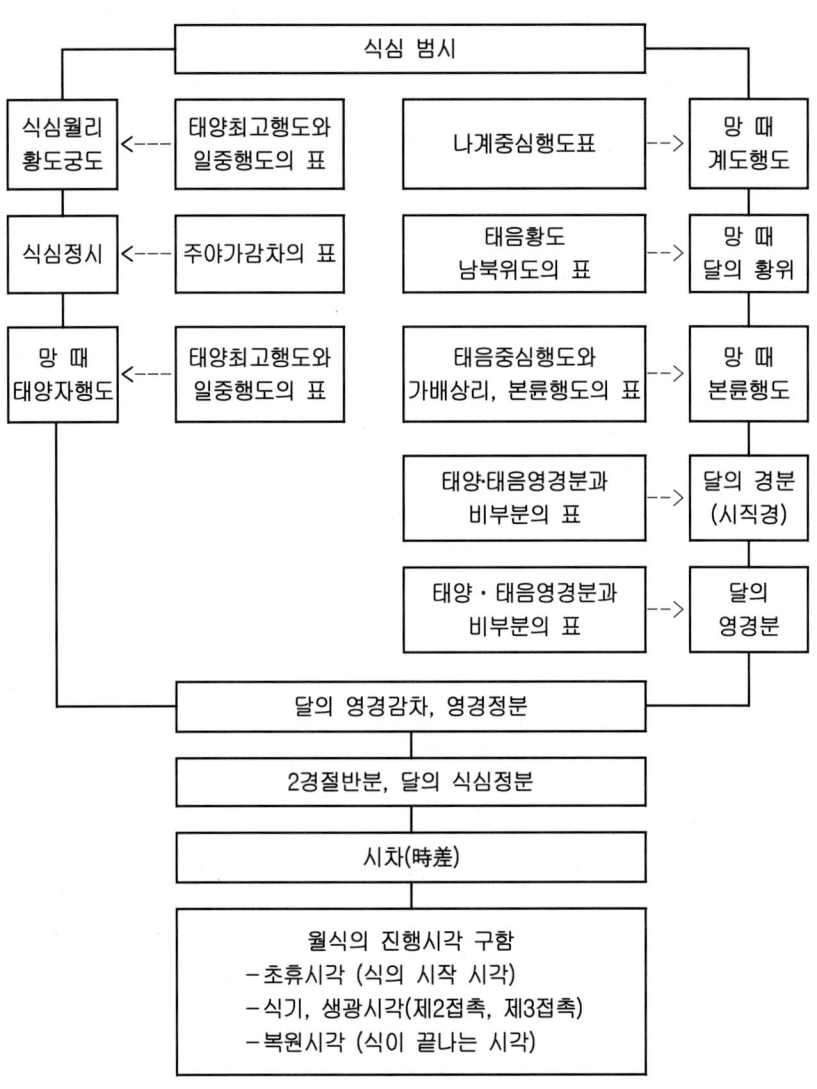

그림 3-13. 칠정산외편에 의한 월식 계산의 흐름도

2) 일출・몰시각 계산

일출시각과 일몰시각을 계산하기 위해 먼저 그날 정오의 태양 황경인 $\lambda°$ 의 값을 구하고, 이 값을 인수로 해서 "주야시궁도분의 표"인 표 A-10를 이용한다. 이 표에는 도 단위로 값이 나타났으므로, 분이하의 값은 다음 궁도의 값을 고려해 비례보간법으로 보정해 주야시궁도분의 값 $f(\lambda)$을 구한다. 두 번째로 정오의 태양 황경의 마주보는 궁도인 $(\lambda°+180)$에서 위와 같은 방법으로 다시 주야시궁도분 값을 구한다. 이 값에서 먼저 구한 주야시궁도분을 빼준 것이 현재 낮의 길이인 주시분초가 된다. 예를 들면 태양의 황경이 3궁 25도이면 115°인데, 표에서 3궁 25도를 찾으면 102°55′가 된다. 이 황경에 180°를 더해준 값인 295°(=115°+180°)를 찾아보면 이 표의 9궁 25도의 난에서 311°00′가 얻어진다. 이 두 값의 차, 311°00′ -102°55′=208°05′은 정오의 태양 황경이 115°인 날의 낮의 길이에 해당하는 일주호이며 그날의 주시분초가 된다. 이 주시분초를 반으로 나눈 것이 반주시분초이다. 일출시각은 12시에서 이 반주시분초를 빼준 값이고, 일몰시각은 12시에서 이 반주시분초를 더해준 값이다. 1시간은 각도로 15°이므로, 각도를 시간으로 나타낼 때에는 15로 나누어 준다.

ⅰ) 주시분초 × 1/2＝반주시분초　　　　　　　　　　　(3-6-1)

ⅱ) 12시 − 반주시분초＝일출시분초　　　　　　　　　(3-6-2)

ⅲ) 12시 ＋ 반주시분초＝일몰시분초　　　　　　　　　(3-6-3)

예 3-6-1) 일출・몰시각 계산

ⅰ) 1447/8/1의 일출・몰시각 계산

-1447/8/1 정오의 태양 황경 $5^{\triangle}$ 25°21′51″

21′51″ => 21′.85

표 A-10에서 $5^{\triangle}$ 25° 밑의 주야시궁도분값: 174°10′

$5^{\triangle}$ 26° 밑의 주야시궁도분값: 175°20′

(175°20′ − 174°10′) × 21′.5/60′ = 25.492′ ≒ 25′30″

174°10′ ＋ 25′30″ = 174°35′30″

-5궁 25도의 마주보는 궁도, 즉 180도를 더한 궁도; $11^{\triangle} 25°21'51''$

표 A-10에서 $11^{\triangle} 25°$ 밑의 주야시궁도분값: $356°40'$

$\qquad\qquad\quad 11^{\triangle} 26°$ 밑의 주야시궁도분값: $357°20'$

$(357°20' - 356°40') \times 21'.85/60' = 14.567' \fallingdotseq 14'34''$

$356°40' + 14'34'' = 356°54'34''$

- 주시분초

$356°54'34'' - 174°35'30'' = 182°19'04'' = 182°.31778$

∵ 1h = 15도

$\qquad 182°.31778 \div 15 = 12.1545 = 12$시 09분 16초

- 반주시분초

12시 09분 16초 $\div$ 2 = 6시 04분 38초

- 일출·몰 시각 구하기

일출시각: 12시 - 6시 04분 38초 = 5시 55분 22초

일몰시각: 12시 + 6시 04분 38초 = 18시 04분 38초

ii) 1447/8/15의 일출·몰 시각 계산

-1447/8/15 정오의 태양황경: $6^{\triangle} 09°09'31''$

$09'31'' => 9'.5167$

표 A-10에서 $6^{\triangle} 09°$ 밑의 주야시궁도분값: $190°30'$

$\qquad\qquad\quad 6^{\triangle} 10°$ 밑의 주야시궁도분값: $191°40'$

$(191°40' - 190°30') \times 9'.5167/60' = 0'.185 \fallingdotseq 25'30''$

$==> 70' \times 9'.5167/60' = 11'.103 \fallingdotseq 11'06''$

$190°30' + 11'06'' = 190°41'06''$

$-6^{\triangle} 09°09'31''$의 상대궁도, 즉 180도를 더한 궁도; $0^{\triangle} 09°09'31''$

표 A-10에서 $0^{\triangle} 09°$ 밑의 주야시궁도분값: $6°01'$

$\qquad\qquad\quad 0^{\triangle} 10°$ 밑의 주야시궁도분값: $6°42'$

$(6°42' - 6°01') \times 9'.5167/60' = 6'.503 \fallingdotseq 6'30''$

$6°01' + 6'30'' = 6°07'30''$

- 주시분초

6°07′30″-190°41′06″

앞의 값이 작으므로 360도를 더해주어 계산한다.

6°07′30″+360° - 190°41′06″ = 175°26′24″ = 175°.44

∵ 1h = 15도

175.°44 / 15 = 11°.696 = 11시 41분 45초

- 반주시분초

11시 41분 45초 ÷ 2 = 5시 50분 52.5초 ≒ 5시 50분 53초

- 일출·몰 시각 구하기

일출시각: 12시 - 5시 50분 53초 = 6시 09분 07초

일몰시각: 12시 + 5시 50분 53초 = 17시 50분 53초

(2) 현대적 계산방법

1) 남중시각 계산

남중시각은 태양의 중심이 관측자의 자오선에 남중하는 시각으로 그 천체의 시간각(hour angle)이 0으로 되는 시각이다. 남중 시각 t은 다음 수식에 의해 구할 수 있다.[70]

α: 태양의 적경 δ: 태양의 적위

h: 고도(altitude) H: 시간각(hour angle)

λ: 관측자의 경도 ϕ: 관측자의 위도

GST: Greenwich Sidereal Time

$$H(t) = GST(t) + \lambda - \alpha(t) \qquad (3\text{-}6\text{-}4)$$

---

70) Meeus, J. 1991, 「Astronomical Algorithms」 (Willmann-Bell, Inc.: Virginia), pp.97-99.

$$GST(t+\Delta t) - GST(t) = 1.0027379093\ \Delta t \qquad (3\text{-}6\text{-}5)$$

ⅰ) 초기시각 t_0인 때에 태양의 적경 $\alpha(t_0)$와 항성시 $GST(t_0)$를 계산한다.

ⅱ) 식 (3-6-4)을 이용해 $\alpha(t_0)$, $GST(t_0)$의 값으로부터 천체의 시간각 $H(t_0)$을 계산한다.

ⅲ) 남중시각 t인 때 천체의 시간각 $H(t)$는 0 또는 24시이다. 따라서 식 (3-6-5)에서 Δt는 다음 식으로 구할 수 있다.

$$\Delta t = t - t_1 = -\,GST(t_0) = 1.0027379093 \qquad (3\text{-}6\text{-}6)$$

t_0 이전(이후)에 일어나는 남중시각을 계산하려면 $-GST(t_0)$에 24시를 더하거나 빼서 부호를 양(음)으로 조정해야 한다.

ⅳ) ⅲ)에서 얻어진 남중시각 t_0는 초기시각 t_0의 적경을 이용해 계산한 것이다. 이 t를 식(3-6-4)에 넣어 ⅰ), ⅱ)의 과정을 반복해 계산한다. 이때 Δt의 값이 아주 작아져서 임의로 준 허용치 (tolerance)보다 작아질 때까지 반복 계산한다. 이때의 t가 남중시각이다.

2) 일출 · 몰시각 계산

현대천문학에서의 일출시각은 태양이 지평선상에 떠오르기 직전, 그 윗부분이 지평선상에 닿는 때이고, 일몰시각은 태양이 지평선 아래로 내려가서 그 마지막 부분이 지평선상에서 사라지는 순간의 시각이다. 이때 관측자가 지평면(해발고도 0m)에 있다고 가정하면 태양의 천정거리(zenith distance)는 태양의 시반경 16′와 지구대기에 의한 빛의 굴절효과 34′를 더하여서 90°50′가 된다.[71] 태양의 천정거리 z를 알면 다음 식에 의해 태양의 시간

---

71) USNO, 2003, 「The Astronomical Almanac for the year 2004」, 2003, (U.S.

각 H(Hour Angle)를 구할 수 있다.[72] 또한 $\cos z$를 고도각 h로 표시하면 $\sin h$로 나타낼 수도 있다.

$$\cos z = \cos(90-\phi)\ \cos(90-\delta) + \sin(90-\phi)\ sin(90-\delta)\ \cos H$$
$$= \sin\phi\sin\delta\ +\cos\phi\ \cos\delta\cos H \qquad (3\text{-}6\text{-}7)$$

이 식에서 H 항을 왼쪽으로 옮기면 식은 다음과 같이 정리할 수 있다.

$$\cos H = -\tan\phi\tan\delta\ +\sec\phi\sec\delta\cos z \qquad (3\text{-}6\text{-}8)$$

이 식에서 구해진 $\cos H$는 각도이므로 시간으로 환산하여 일출인 때는 남중시각에서 빼주고, 일몰인 때는 남중시각에 더해주어 일출과 일몰시각을 구한다.

3) 칠정산외편의 방법과 현대 계산법으로 구한 일·출몰 시각비교

조선 초기의 일출·몰 시각의 기준은 태양의 중심이 지평선상에 닿을 때이 므로, 현대 천문학적 방법으로 1447년 일출·몰 시각을 계산할 때에는 태양의 천정거리 z를 90°로 하였고, △t는 364초를 적용하였다. 그리고 이 계산된 결과와 칠정산내·외편으로 구한 값을 표 3-9에 제시하고, 비교하였다. 비교 는 일식이 일어난 날과 월식이 일어난 날 이틀에 대해서만 비교하였다.

당시에 구한 값들은 시태양시로 진태양시이므로, 평균 태양시로 표현되는 현대 계산 값에 균시차를 더해주는 보정을 해주고, 당시의 한양 위치인 127도와 맞추기 위해 경도 보정 32분을 해주었다. 두 값 사이의 관계는 다 음과 같다.

$$시태양시 = 현대\ 계산값 + 균시차 - 경도\ 보정값(32분) \qquad (3\text{-}6\text{-}9)$$

Government Printing Office: Washington) p.A12.
72) Smart, W. M. 1965, 「Spherical Astronomy」 (Cambridge Univ.: London), p.35.

1447년 당시의 균시차는 9월 10일이 6분 10초였고, 9월 24일이 10분 43초로 계산되었다. 각 방법으로 구한 값들을 비교한 표 3-9를 살펴보면 칠정산외편의 경우는 약 1분에서 2분 정도, 칠정산내편은 약 1분에서 1.5분이다. 두 방법에 의한 값이 잘 맞음을 볼 수 있다.

표 3-9. 칠정산내·외편과 현대 계산법에 의한 일출·몰시각 계산값 비교

날짜(양력)	현상	칠정산내편 (A)	칠정산외편 (B)	현대계산법 (C)	두 값의 차이-1 (A-C)	두 값의 차이-2 (B-C)
년 월 일		시 분 초	시 분 초	시 분 초	분 초	분 초
1447. 9. 10 (음력 8. 01)	일출	05 53 19	05 55 22	05 54 10	-00 51	01 12
	일몰	18 06 41	18 04 38	18 05 22	01 19	-00 44
1447. 9. 24 (음력 8. 15)	일출	06 09 51	06 09 07	06 11 07	-01 16	-02 00
	일몰	17 50 09	17 50 53	17 48 31	01 38	02 22

7. 오행성

(1) 용어설명

가) 자행도

자행도는 달 운동에서의 본륜 행도와 같은 개념으로, 지구의 관측자의 위치에서 보았을 때, 이심원의 주위를 도는 작은 원위에서 행성의 위치 변화에 대한 각도량이다. 칠정산외편에서는 작은 원을 소륜(小輪)으로 표현한다.

나) 소륜심도

달 운동에서 가배상리도와 같은 개념이다. 그림 3-14에서 ∠AFX이다.

이때 OF＝OE이다. 소륜 중심의 원지점 이각이다.

다) 오성 복현(伏見)

행성이 태양과 가까운 위치에 있어 보이지 않게 되는 때가 복(伏)상태이고, 행성이 태양 근처를 벗어나 다시 보이게 될 때를 현(見)이라고 한다.

라) 순류와 퇴류

행성은 순행하면서 잠깐 멈춰있는 것처럼 보이다가 역행한다. 이때 잠깐 멈춰있는 것처럼 보일 때를 순류(順留)라 하고, 반대로 퇴류(退留)는 역행하는 것처럼 보이는 행성이 다시 순행방향으로 바뀌면서 멈춰있는 것처럼 보이는 상태를 말한다.

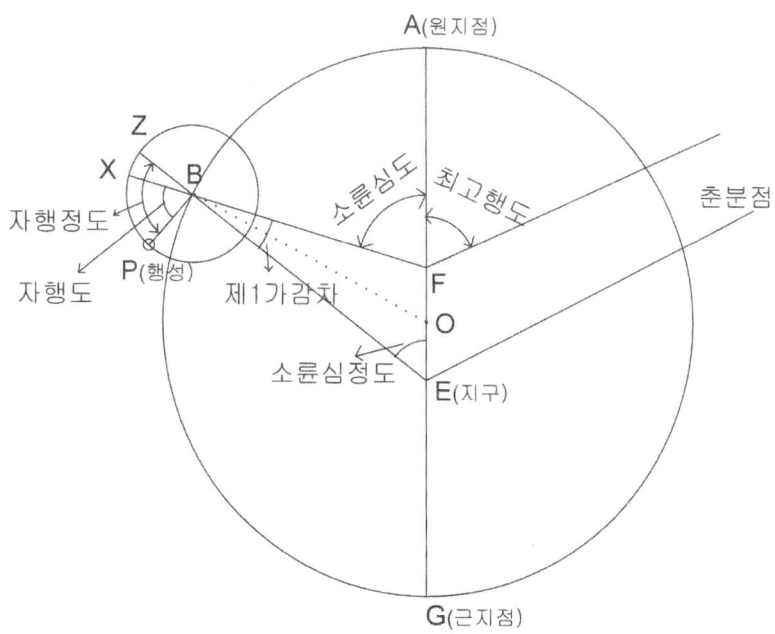

그림 3-14. 행성 궤도의 용어 설명

(2) 오행성의 경도

1) 오성의 최고행도

오성은 수성과 금성, 화성, 목성, 토성을 총칭하는 단어이다. 이 오성의 경도인 황경을 구하는 방법은 달의 황경을 구하는 방법과 비슷하다. 오성의 최고행도는 Ⅲ장의 태양 항목에서와 같이 춘분점에서 원지점까지이며, "오성 최고행도 및 자행도의 표"[73]에서 구한다. 이 표의 최고행도는 부록 Ⅰ의 표 A-1의 태양의 최고행도표와 같다. 태양의 최고 행도와 같이 표에서 읽은 값에 당시에 측정한 오성의 최고행도를 더해주면 된다. 당시 측정한 오성의 최고 행도는 표 3-10으로 나타내었다. 오성의 최고행도표 역시 측정 당시의 년도를 1238년 9월 17일로 보는 견해가 있다.[74] 이 연구에서는 1238년 8월 11일임을 제시하였다.[75] "오성 최고행도 및 자행도의 표"에서도 태양 때와 마찬가지로 나타내어진 값들은 각각 그 기간동안의 황경의 변화량을 나타내고 있다.

행성의 최고행도를 구하는 방법은 먼저 표를 이용해 백양술궁 최고총도를 구해주고, 이 값에 관측당시의 최고행도값을 더해주어 구한다. 최고총도는 Ⅲ장의 태양 항목에서와 같이 구하려는 시기의 총년, 영년, 월분, 일분 등의 값을 표에서 찾아 더해 준 값이다.

---

73) 「세종 장헌대왕실록 제28권 칠정산내외편」, 권 161.: 유경로, 이은성, 현정준, 1990, 「세종장헌대왕실록 제27권 칠정산외편」 (세종대왕기념사업회: 서울) pp.318-322.
74) 유경로, 이은성, 현정준, 1990, 앞의 책, pp.317-318.
75) 본 연구 Ⅳ 장, 1. 참조. pp.135-137.

표 3-10. 관측당시의 각 행성의 최고행도와 자행도 보정값

행성명	관측당시 각 행성의 최고행도	자행도 보정값 (칠정산외편-아라비아력의 차이)
토성	8궁 14도 48분	6궁 23도 01분
목성	6궁 00도 08분	9궁 12도 46분
화성	4궁 15도 04분	7궁 19도 58분
금성	2궁 17도 06분	9궁 26도 58분
수성	7궁 06도 17분	6궁 11도 10분

2) 오성의 자행도

"오성 최고행도 및 자행도의 표"는 아라비아력에서 도입된 것이므로 자행도를 나타내는 표의 총년 1년은 헤지라 기원의 값으로 추론된다. 칠정산외편에서 행성은 지구 가 중심인 이심원상을 움직이는 작은 원인 소륜의 원주(圓周)위를 운동하고 있다고 생각하였다. 이 소륜상에서 행성이 기준선에 대해 움직인 각도를 자행도라고 한다. 행성에서는 작은 주전원을 소륜(小輪)이라고 하는데 반해, 달의 항목에서는 이 작은 주전원을 본륜이라고 하였다. 따라서 행성의 자행도는 달의 본륜행도와 같은 개념이다. 자행도의 기준선은 그림 3-14에서 대원의 중심 O에서 OE만큼 반대로 떨어진 F(equant)에서 주전원의 중심 B로 그은 직선의 연장이 소륜과 만나는 점 X까지의 연장선이다. 이때 BX을 기점으로 하여 행성 P까지의 회전 각도 ∠XBP가 자행도이다.

톨레미는 히파르코스(Hipparcos) 등이 관측한 것을 정리해, 일정한 기간동안 행성이 소륜위를 몇 번을 회전하는가(자행도의 회귀: returns in anomaly)와 뒤에서 언급되는 소륜심도(mean motion in longitude)가 몇 회전을 하는지에 대해 기록하였다.[76] 그 자료에 따르면 토성은 태양년으로 59

---

76) Toomer, G. J. 1998, 「Ptolemy's Almagest」 (Princeton Univ. press: New jersey), pp.424; 유경로, 이은성, 현정준, 1990, 「세종장헌대왕실록 제27권 칠정산외편」 (세종대왕기념사업회: 서울), p.323.

년 1+(3/4)일에 소륜(epicycle)을 57회 돌고, 소륜심도는 2번 회전을 하고 1
도 43분만큼 더 돈다. 다른 행성들에 대해서도 같은 방법으로 기술되어있다.
이 자료들 중 오성의 자행도에 관해 정리한 것이 표 3-11이다. 이 표의 세 번
째 행은 관측 기간을 일(day)단위로 바꾼 것인데, 이때 적용한 1년은
365.246667일이다. 그리고 구해진 자행도의 회전수를 관측기간으로 나누면
다음 식과 같이 각 행성의 1일 변화량을 구할 수 있는데 5번째 행에 제시하였
다.

$$(360도 \times 57회) \div 21551.18일 = 0.952152(도/일) = 57'07''43''42''' \qquad (3-7-1)$$

표 3-11. 알마게스트에 기록된 오행성의 자행도의 관측기간과 회전수

오성	관측기간 (태양년 및 일수)	관측기간(일)	자행도 횟수와 각도	1일의 자행도
토성	59년+(1+3/4)일	21551.30	57회(=20520도)	0°57′07″43‴42⁗
목성	71년−(4+9/10)일	25927.62	65회(=23400도)	0°54′09″02‴46⁗
화성	79년+(3+13/60)일	28857.72	37회(=13320도)	0°27′41″40‴19⁗
금성	8년−(2+3/10)일	2919.67	5회(=1800도)	0°36′59″25‴53⁗
수성	46년+(1+1/30)일	16802.40	145회(=52200도)	3°06′24″07‴00⁗

 각 행성의 자행도 값은 "오성의 최고행도와 자행도"의 표로부터 구하려
는 시기의 총년, 영년, 월분, 일분의 값을 더해주어 구한 후, 표 3-10의 보
정치를 더해주어 구한다. 이 보정치는 칠정산외편의 표가 아라비아력의 기
점인 혜지라 기원이 기점이므로, 칠정산외편의 계산 기점인 599년으로 바
꾸어 주기 위해 필요한 값으로, 두 기점사이의 변화량이다.

3) 소륜심도 (小輪心度)

 소륜심도는 원지점에서 소륜의 중심과 그림 3-14의 F점을 연결한 선분

FX까지의 회전각도이다. 이때 F점은 대원의 중심 O에서 OE만큼 떨어져
있다. 그림 3-14에서 ∠AFB가 소륜 심도로서 원지점 이각이 된다. 소륜심
도는 내행성과 외행성에 따라 구하는 방법이 다르다.

가) 내행성인 수성과 금성

수성과 금성의 소륜의 중심은 태양과 같은 속도로 운행하고 있다고 가정하
였다.[77] 따라서 태양의 평균 황경인 태양의 중심행도를 그 행성의 중심행도
로 보고 이 값에서 각 행성의 최고행도를 빼주면 그 행성의 소륜심도가 된다.
다시 말하면 행성의 중심행도는 소륜 중심인 B의 황경이라 할 수 있다.

소륜심도 = 행성의 중심행도 - 행성의 최고행도   (3-7-2)

나) 외행성인 경우(화성, 목성, 토성)

태양의 중심행도에서 각 행성의 자행도를 빼준 값을 각 행성의 중심행도
라고 하고, 이 값에서 다시 각 행성의 최고 행도를 빼주어야 한다.

소륜심도 = 행성의 중심행도 - 행성의 자행도 - 행성의 최고행도
                                                      (3-7-3)

각 행성의 소륜 중심의 일행도(1일간의 움직임)는 히파르코스의 관측을
정리한 알마게스트에 소륜 중심의 회전수와 관측기간이 제시되어있다.[78]
그 자료를 다시 편집해 다음 표 3-12로 정리하였다. 이 표에 따라 소륜 중
심이 회전한 수를 관측 기간으로 나누면 각 행성의 1일 행도를 구할 수 있
는데, 표의 마지막 칸에 수록하였다. 이 값은 각 행성의 소륜이 1일 동안에
얼마나 도느냐 하는 소륜심도를 나타낸 것이다.

77) Toomer, G. J. 1998, 「Ptolemy's Almagest」 (Princeton Univ. press: New
  jersey), p.425.; 유경로, 이은성, 현정준, 1990, 앞의 책, p.335.
78) Toomer, G. J. 앞의 책, p.424.; 유경로, 이은성, 현정준, 앞의 책, p.335.

표 3-12. 알마게스트에 기록된 오행성의 소륜 중심의 회전수와 관측기간

오성	관측기간 (태양년 및 일수)	관측기간 (일)	소륜 중심의 회전수	각 행성의 1일 행도(중심행도)
토성	59년+(1 + 3/4)일	21551.30	2회+(1+43/60)도	0°02′00″33‴31
목성	71년-(4+9/10)일	25927.62	6회-(4 + 5/6)도	0°04′59″14‴27
화성	79년+(3+13/60)일	28857.72	42회+(3 + 1/6)도	0°31′26″36‴54
금성	8년-(2+3/10)일	2919.67	8회-(2 + 1/4)도	0°59′08″17‴
수성	46년+(1+1/30)일	16802.40	145회+1도	0°59′08″17‴

4) 오성의 제1가감차와 비부분

가) 소륜심정도와 오행성의 제1가감차

칠정산외편의 "오성 제1가감차분과 비부분의 표"는79) 각 행성별로 소륜
심도를 인수로 하고, 30도를 1궁으로 하여, 궁별로 가감차와 비부분을 계산
할 수 있도록 되어있다. 그림 3-14는 원의 중심에서 OE만큼 떨어진 거리에
있는 이심 F에서 소륜의 중심 B를 보는 선을 연장시킨 선 FX와 또 다른 이
심인 지구의 위치 E에서 B를 바라본 선분 EZ를 나타내었다. 이때 ∠AFX가
소륜심도이고, ∠AEZ가 소륜심정도이다. 소륜심도와 소륜심정도는 ∠XBZ=
∠EBF 만큼 차이가 있는데, 이것이 제1가감차이다. 따라서 그림 3-14에서
보는바와 같이 소륜 심도에서 제1가감차를 뺀 값이 소륜심정도이다. 만약 B
가 A나 G에 있을 때에는 제1가감차는 0이 된다. 제1가감차의 값은 앞의 표
로부터 구할 수 있는데, 태양이나 달과 같이 먼저 소륜심도의 각 궁도에 따
라 값을 구하고, 도 이하의 값에 대해서는 표에 주어진 가감분을 이용해 보
간해주면 된다.

---

79) 「세종 장헌대왕실록 제28권 칠정산내외편」, 권 161.: 유경로, 이은성, 현정준,
   1990, 「세종장헌대왕실록 제27권 칠정산외편」 (세종대왕기념사업회: 서울),
   pp.336-367.

소륜심정도는 지구 E에서 본 행성의 평균위치인 소륜 중심 B의 원지점 이각이라 할 수 있다. 이 값은 소륜심도가 0궁에서 5궁 사이에 있으면 소륜심도에 제1가감차를 빼주어 구하고, 소륜심도가 6궁에서 11궁 사이에 있으면 소륜심도에 제1가감차를 더해주어 소륜심정도를 구한다.

　나) 행성의 제1가감차와 이심률 e_c

　행성의 이심률은 2가지 방법으로 구할 수 있다. 이때의 이심률은 원 궤도로 가정했을 때의 이심률이다. 행성의 제1가감차를 이용해 이심률을 구하는 방법은 다른 문헌에 소개되어있으므로,[80] 이 연구에서는 간단히 이심률 구하는 식만 제시하였다.

　그림 3-14의 △BEF에서 소륜심도를 n, 제1가감차를 θ로 두면, 삼각형 sine 법칙을 적용시켜 BE와 $\sin n$, $\sin \theta$의 관계식을 만들고, 이 식에 달의 제1가감차에서 구한 BE와 e_c, $\cos n$의 관계식을 대입시키면 다음과 같은 식 (3-7-4)가 성립한다.

$$\sin \theta = \frac{2\, e_c \sin n}{1 + e_c \cos n - (e_c^{\,2}/2) \sin^2 n} \tag{3-7-4}$$

　그리고 이 식에서 소륜심도를 $n=90$도로 하면, $\sin n$이 1이 되므로 다음 식이 성립한다.

$$\sin \theta_{90} = \frac{2\, e_c}{1 - (e_c^{\,2}/2)} \fallingdotseq 2 e_c \tag{3-7-5}$$

　큰 원의 반지름 AO를 1로 두면, OE와 OF는 각각 이심률 e_c와 같다. 오성 제1가감차분 표에서 각 소륜심도값에 대한 각 행성의 제1가감차를 구하고,

---

80) 유경로, 이은성, 현정준, 1990, 「세종장헌대왕실록 제27권 칠정산외편」 (세종대왕기념사업회: 서울), pp.368-372.

160

그 값을 위의 두 식에 대입해 이심률 e_c를 구한 값과 현대천문학적 방법으로 구한 타원의 이심률을 비교해보면 다음 표 3-13과 같다. 현대의 값은 Astronomical Almanac에서 발췌한 자료를 사용한 역서[81] 자료를 이용하되, 비교를 위해 소수 5째 자리에서 반올림하였다. 표 3-13의 두 값의 차이에서 보듯이 관측이 비교적 쉬운 외행성의 값들은 비교적 잘 맞으나, 외행성에 비해 상대적으로 관측이 쉽지 않은 내행성의 경우는 큰 차이가 났다.

다) 자행정도

자행정도는 그림 3-14에서 보는 바와 같이 지구 E에서 소륜 중심 B를 연결한 선분으로 소륜과 만나는 점인 Z에서부터 행성 P까지 소륜위에서의 회전각이다. 따라서 이 값은 자행도에 제1가감차를 가감해주는 값이 된다. 자행정도는 소륜심도가 0궁에서 5궁 사이에 있으면 자행도에 제1가감차를 더하여 구하고, 소륜심도가 6궁에서 11궁 사이에 있으면 자행도에 제1가감차를 빼주어 자행정도를 구한다.

표 3-13. 제1가감차로 구한 행성의 이심률과 현대 값과의 비교

행성	$\theta_{90°}$	$\sin \theta_{90°}$	제1가감차로 계산된 이심률	2004년의 행성의 이심률	두 값의 차이
토성	6°17′	0.1094	0.0547	0.0566	−0.0019
목성	5°05′	0.0886	0.0443	0.0490	−0.0047
화성	11°28′	0.1988	0.0994	0.0934	0.0060
금성	2°01′	0.0352	0.0176	0.0068	0.0108
수성	2°43′	0.0474	0.0237	0.2056	−0.1819

라) 비부분

그림 3-15에서 소륜의 중심이 B에 있을 때의 원근도에 해당하는 보정치를 구하기 위한 요소이다. 이 값은 EB의 함수이고, EB는 소륜심정도인 ∠

---

81) 「역서 2004」, 2003, 한국천문연구원 편찬 (남산당: 서울), pp.114.

AEB에 영향을 받는다. 달의 비부분과 같은 원리이다. 이 값은 이심률이 적은 토성, 목성, 금성의 경우는 표의 값을 그대로 쓰되, 도 이하의 값에 따라 반올림해서 사용한다. 그러나 화성의 경우는 이심률이 크므로 도 이하의 값에 대해서도 도간보정을 해 주어야 한다. 이심률이 화성보다 더 큰 금성과 수성에 대해서는 특별한 언급이 없다.

5) 오성 제2가감차과 원근도

칠정산외편의 "오성 제2가감차분과 원근도의 표"는[82] 각 행성의 자행정도를 인수로 하여 각 행성의 제2가감차와 원근도를 구할 수 있도록 만들어 놓은 표이다. 이 표의 인수 자리에 자행정도 대신 자행정궁도로 나타낸 것은 자행정도를 궁단위로 묶어서 나타냈기 때문이다. 제2가감차와 원근도의 용어 정의는 Ⅲ장의 달에서의 용어와 같다.

그림 3-15에서 소륜의 중심이 원지점에 있을 때, 소륜상에 있는 행성 P_A를 지구위의 관측자 E의 위치에서 바라보는 각 $\angle AEP_A$가 제2가감차이다. 이 각을 θ_A라고 하자. 그리고 원지점에서 180도 떨어진 근지점 G에 소륜의 중심이 있고, 그 소륜 위의 행성 P_G를 지구위의 관측자가 바라본다고 할 때의 각 $\angle GEP_G$을 θ_G라 하자. 원지점과 근지점의 각 위치에서 행성의 자행정도가 같으면, 원지점에서의 각 $\angle AEP_A$보다 근지점에서의 각 $\angle GEP_G$가 더 크다. 원근도는 각 $\angle GEP_G$에서 $\angle AEP_A$를 뺀 값이다.

$$원근도 = \angle GEP_G - \angle AEP_A \qquad\qquad (3\text{-}7\text{-}6)$$

제2가감차를 구하는 방법은 "오성 제2가감차분과 원근도의 표"에서 행성의 자행정궁도에 맞는 가감차를 찾아내고, 자행정궁도의 도 미만의 값에 대해서는 도간 보간을 해준다. 자행 정도가 초궁에서 5궁까지는 가차, 6궁에

---

82) 「세종 장헌대왕실록 제28권 칠정산내외편」, 권 162.: 유경로, 이은성, 현정준, 1990,
「세종장헌대왕실록 제27권 칠정산외편」 (세종대왕기념사업회: 서울), pp.376-407.

서 11궁까지는 감차라 한다.

자행정도가 $n°$ 일 때의 표의 제2가감차값이 $f(n)$이라하면, 자행정도가 $n°m'$인 때의 제2가감차는 다음과 같은 방법으로 비례보간하여 구할 수 있다. 표가 1도 간격으로 되어있으므로 m'을 도단위로 고쳐 이용하는 것이 편리하다.

$$f(n°m') = f(n) + [f(n+1) - f(n)] \times \frac{m}{60} \qquad (3\text{-}7\text{-}7)$$

6) 행성의 경도

가) 범차

지구 E의 위치에서 소륜 중심 B와 그 소륜 위를 돌고 있는 자행정도 $n°$인 행성 P를 바라볼 때의 이각을 θ 라고 하자. 이 θ 에서 같은 자행정도 $n°$ 를 갖고, 소륜 중심이 원지점 A에 있을 때, 지구 E에서 바라본 행성과 소륜 중심과의 각도인 θ_A을 뺀 것이 범차이다. 그림 3-15에서 ∠PEB-∠P_AEA이다. 이 범차의 단위는 도(度) 단위로 앞에서 구한 비부분과 원근도를 곱한 후, 도 단위로 고쳐 구한다.

$$\text{범차} = \text{비부분} \times \text{원근도} = \frac{\theta - \theta_A}{\theta_G - \theta_A} \times (\theta_G - \theta_A) = \theta - \theta_A$$
$$(3\text{-}7\text{-}8)$$

나) 가감정차

제2가감차에 범차를 더하면 가감정차가 된다. 지구 E에서 본 행성 P와 그 평균위치인 소륜심 B와의 이각이다.

$$\text{가감정차} = \text{범차} + \text{제2가감차} = (\theta - \theta_A) + \theta_A = \theta \qquad (3\text{-}7\text{-}9)$$

다) 행성의 경도

행성의 경도는 행성의 황경이다. 소륜심정도(평균원지점이각)에 가감정차를 가감하면 행성의 진원지점이각이 되고, 이 값에 각 행성의 최고행도를 더하면, 각 행성의 경도가 된다(그림 3-15 참조). 최고행도는 원지점의 황경이다.

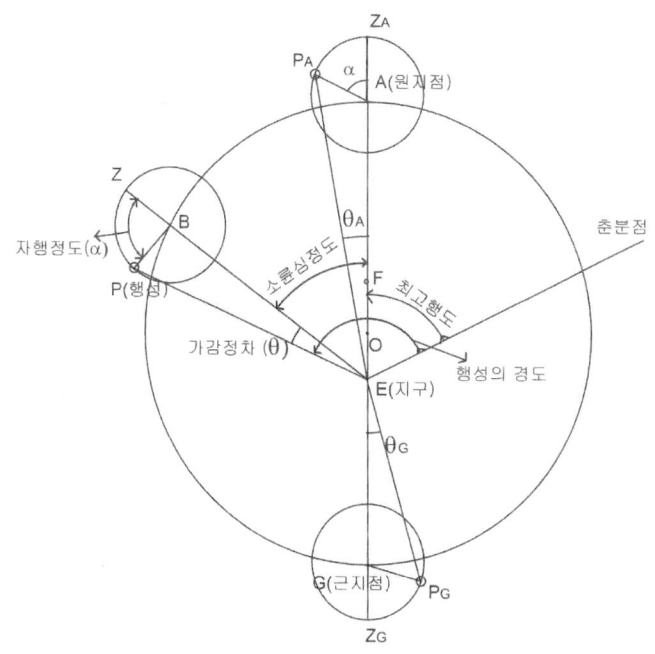

그림 3-15. 행성의 원근도와 가감정차, 경도의 설명

각 행성의 경도 = 소륜심정도 ± 가감정차 + 최고행도   (3-7-10)

(3) 오행성의 순행과 역행

1) 오행성의 순행과 역행 (五星의 순류(順留)와 퇴류(退留))

오성의 순류는 오행성이 동쪽으로 순행하다가 잠깐 동안 움직임이 없는

것처럼 보이는 유(留)가 되는 현상을 말한다. 같은 의미로 행성이 원 진행
방향에 대해 역행하다가 유가 되는 것을 퇴류라고 한다. 오성순류와 퇴류의
표는 소류심정도를 인수로 하여 6도 간격에 대해 각 행성이 순류가 되는 각
행성의 자행정궁도, 그리고 퇴류가 되는 각 행성의 자행정궁도를 수록하였
다. 이 표는 180도를 중심으로 좌우 대칭이 되기 때문에 대칭되는 각도끼리
묶어서 표시하였다.[83] 이 표의 값은 알마게스트에 수록되어있는 값과는 약
간 다른 값을 가진다.[84] 두 책에 수록되어 있는 표의 값의 일부분만을 비교
해 표 3-14로 제시하였다. 이 표에서 보여지는 두 표값의 차이는 계산으로
구한 표의 값들에 적용한 이심률의 차이 때문으로 생각되어진다.

표 3-14. 토성의 순행과 역행에 대한 칠정산외편과 알마게스트의 표 비교(예)

소륜심정도		칠정산외편		알마게스트	
		순류	퇴류	순류	퇴류
°	°	° ′	° ′	° ′	° ′
0	360	113 08	246 52	112 45	247 15
6	354	113 08	246 52	112 45	247 15
12	348	113 09	246 51	112 46	247 14
18	342	113 11	246 49	112 48	247 12
24	336	113 14	246 46	112 51	247 09
30	330	113 17	246 43	112 54	247 06
36	324	113 21	246 39	112 58	247 02
42	318	113 26	246 34	113 03	246 57
48	312	113 31	246 29	113 08	246 52
54	306	113 38	246 22	113 15	246 45
60	300	113 45	246 15	113 22	246 38

---

83) 유경로, 이은성, 현정준, 1990, 「세종장헌대왕실록 제27권 칠정산외편」 (세종대
    왕기념사업회: 서울) pp.417-421.
84) Toomer, G. J. 1998, 「Ptolemy's Almagest」 (Princeton Univ. press: New
    jersey), p.588.

2) 오성 류단(五星留段)

유단(留段)은 유(留)가 되는 기간을 말하는 것으로 실제적으로 유는 순간적이지만, 유가 되기 전 후의 행성의 위치 변화가 매우 느리기 때문에, 그 기간을 다 유단으로 한다. 그리고 그중 실제적으로 유가 되는 날을 유일(留日)로 한다. 토성은 유단을 7일로 두었는데, 이것은 유일을 전후해 3일씩을 포함해 유단으로 잡았기 때문이다. 지구와 좀 더 가까웠던 목성은 5일을 유단으로 두었다. 그러나 화성, 금성, 수성은 유상태가 오랫동안 지속되지 않고, 역행과 순행이 바로바로 바뀌므로 유단이 없다.

유일(留日)은 오성 순류와 퇴류의 표에서 해당되는 소륜심정도에 대해 보간법으로 구하면 된다. 이때 구한 값은 각 행성의 유일의 자행정도가 된다. 이 값을 같은 날의 자행정도와 비교해, 그날의 자행정도와 같으면 유가 그날에 있고, 그날의 자행정도보다 크면 유일이 안된 것이고, 그날의 자행정도보다 작으면 유일이 지나간 것으로 보았다. 또한 이 값과 자행정도의 차를 표 3-11의 각 행성의 1일의 자행도 변화량으로 나누면, 유일이 그날 앞뒤로 드는 날짜를 구할 수 있다. 이것을 요약하여 다시 한번 정리하였다.

가) 유(留)가 들은 날(유일)의 자행정도

소륜심정도에 해당하는 유일의 행성의 자행 정도를 $f(n°)$ 이라 하면, $(n° + m°)(m° < 6°)$인 때의 자행정도값은 $n°$ 와 $(n° + 6°)$의 값을 구해서 비례 보간해 주면된다.

$$f(n° + m°) = f(n°) + \{f(n° + 6°) - f(n°)\} \times \frac{(m°)}{6}$$

$$(3\text{-}7\text{-}11)$$

나) 유일이 들은 날 찾기

그날의 행성의 소륜심 정도를 $S°$, 또 자행 정도를 $F(S°)$라 하면 다음과 같이 3 경우가 발생한다.

ⅰ) 그날이 유일인 경우: $f(n^{\circ} + m^{\circ}) = F(S^{\circ})$

ⅱ) 그날이 유일 이전인 경우: $f(n^{\circ} + m^{\circ}) > F(S^{\circ})$

ⅲ) 그날이 유일 이후인 경우: $f(n^{\circ} + m^{\circ}) < F(S^{\circ})$

ⅳ) 그날이 유일이 아닌 경우는, 유일과 그날 사이의 일수를 행성의 1
일 자행도로 나누면 유일이 든 날을 구할 수 있다.

$$\text{유일과 그 날 사이의 수} = \frac{|f(n^{\circ} + m^{\circ}) - F(S^{\circ})|}{\text{행성의 1일 자행도}} \qquad (3\text{-}7\text{-}12)$$

3) 유일 자행도

행성이 유(留)가 되는 날의 자행도이다. 유일 자행도는 그날의 행성의 자
행도에서 유가 되는 날까지의 각 행성의 자행도를 가감하면 구할 수 있다.
유일이 그날 전후에 있을 때에는 그 사이의 일수에 따라 계산하되 유일이
그날 이전이면 빼주고 그날 이후이면 더해준다.

각 행성의 자행도는 "오성 최고행도 및 자행도의 표"의 각 행성의 1일
자행도를 구하고, 이 값에 그날부터 유일까지의 일수를 곱해주어 구한다.

4) 유일 소륜심도

유일 소륜심도는 금성, 수성의 경우는 그날의 소륜 심도에 표 A-1의 "태양
최고행도와 일중행도의 표"의 일분아래에 있는 일중 행도에서 유일과 그날 사
이의 일수만큼 구하여 가감한다. 금성, 수성은 소륜심을 구할 때 평균태양과
같이 운동한다고 보았기 때문에 평균 태양의 일중 행도를 가감한다(1일행도=
59′08″). 유일이 그날 전에 있으면 빼주고 그날 이후에 있으면 더해준다.

반면 외행성인 3 행성은 "오성의 최고행도 및 자행도의 표"의 일분에서
그날에 해당하는 행성의 자행도를 구하고, 이 값을 표 A-1의 일중 행도에
서 감한 후, 그 나머지를 그날의 소륜 심도에 가감하여 구한다. 내행성과
같이 유일이 그날 전에 있으면 빼주고 그날 후에 있으면 더해준다.

5) 매일의 황경 (매일 경도)

가) 용어 정의

ⅰ) 상거일(相距日)

기준이 되는 유단에서 먼저 유가 일어난 시기와 기준인 현재의 유의 시기, 또는 현재의 유단에서 다음 유가 일어날 때까지의 일수를 말한다.

ⅱ) 일행분(日行分)

토성, 목성, 화성, 금성의 4개 행성의 일행도는 그 단과 다음 단의 황경차이를 상거일로 나누는 것이다. 현재의 단이 순행일 때에는 일행분을 더해주고, 역행일 때는 빼준다.

$$일행분 = \frac{다음\ 단의\ 환경 - 현재\ 단의\ 환경}{상거일} \qquad (3\text{-}7\text{-}13)$$

ⅲ) 전 1일 행분(前一日行分)

이것은 수성의 운동을 나타낼 때 사용하는 용어로, 그 단의 1일 전(유일 하루전)과의 황경차이로, 수성이 유일의 1일전부터 유일까지 움직인 각도이다.

$$전\ 1일\ 행분 = 유일\ 1일전의\ 황경 - 현재\ 단의\ 황경 \qquad (3\text{-}7\text{-}14)$$

ⅳ) 평행분(平行分)

수성의 경우에, 그 단과 다음 단의 황경차를 상거일로 나눈 값이다. 즉 유일에서 다음 유일까지 수성이 하루 동안에 움직인 평균 일행분이다.

$$평행분 = \frac{|다음의\ 단의\ 환경 - 현재\ 단의\ 환경|}{상거일} \qquad (3\text{-}7\text{-}15)$$

ⅴ) 일차(日差)

평행분과 전 1일행분의 차를 2 배한 값을 (상거일+1)로 나눈 값이다.

$$일차 = \frac{|평행분 - 전\ 1일\ 행분| \times 2}{상거일 + 1} \qquad (3\text{-}7\text{-}16)$$

vi) 매일 행분(每日行分)

유일에서 그 후 어떤 날까지의 수성의 황경의 변화량을 나타내는 값으로, 전 1일행분에 일차를 계속 가감하여 구한다. 이때 평행분이 전 1일행분보다 많으면 더해주고, 적으면 빼준다.

$$매일행분 = 전\ 1일\ 행분\ +\ \sum 일차 \qquad (3\text{-}7\text{-}17)$$

나) 매일의 황경

각 행성별로 매일의 황경은 다음과 같이 구한다.

ⅰ) 토성, 목성, 화성, 금성의 4개의 행성

그 단이 순행일 때는 그 단의 황경에 일행도를 더하고, 역행일 때는 빼주어 매일의 황경을 정한다.

$$매일의\ 황경 = 그\ 단의\ 황경\ \pm\ \sum 일행분 \qquad (3\text{-}7\text{-}18)$$

ⅱ) 수성

위의 네행성의 경도를 구하는데 사용한 일행분 대신 매일 평행분을 가감해서 매일의 황경을 구한다. 그 단이 순행일 때는 그 단의 황경에 일행도를 더하고, 역행일 때는 빼주어 매일의 황경을 정한다.

$$매일의\ 황경 = 그\ 단의\ 황경\ \pm\ \sum 평행분 \qquad (3\text{-}7\text{-}19)$$

6) 오성 복현(伏見)

복(伏)은 행성이 태양의 방향에 가까워져서 보이지 않게 될 때를 말한다. 현(見)은 복을 지나 다시 보이기 시작할 때를 말한다. 신(晨)은 새벽을 의미하는 것으로 새벽별을 일컫고, 석(夕)은 저녁별을 말한다. 따라서 신은 행성이 태양의 서쪽에 있을 때이고, 석은 태양의 동쪽에 있을 때이다.

지구 외행성의 경우는 신현(晨見, heliacal rising)과 석복(夕伏, heliacal setting)이 있고, 지구 내행성인 경우에는 신현과 석복 외에, 신복(晨伏)과 석현(夕見)이 있다. 이것은 내행성에는 내합과 외합이 있기 때문이다. 오성 복현의 표에서 자행정도는 해당 현상을 나타낼 때의 각 행성의 자행정도이다. 각 행성의 자행정도가 복현표에 주어진 각도 이상이면 각각의 신현이나 복현, 신복, 석복 등의 해당현상이 일어난다.[85] 다음 표 3-15가 "오성 복현표"이다.

(4) 오행성의 위도

행성의 위도(황위)는 자행정도와 소륜심정도를 인수로 하는 "오성 황도남북위도 표"[86]를 이용하여 구한다.

---

85) 유경로, 이은성, 현정준. 1990, 「세종장헌대왕실록 제27권 칠정산외편」 (세종대왕기념사업회: 서울), pp.438-439.: 유경로, 이은성, 현정준, 1990, 「세종장헌대왕실록 제26권 칠정산내편」 (세종대왕기념사업회: 서울), pp.348-349.
86) 유경로, 이은성, 현정준. 1990, 「세종장헌대왕실록 제27권 칠정산외편」 (세종대왕기념사업회: 서울), pp.442-443.: 「세종장헌대왕실록 제28권 칠정산내외편」, 권 163.

표 3-15. 오성 복현표

행성	현상	자행정도	
토성	신현	20°	0△ 20°
	석복	340°	11△ 10°
목성	신현	14°	0△ 14°
	석복	346°	11△ 16°
화성	신현	28°	0△ 28°
	석복	332°	11△ 02
금성	신현	183°	6△ 03°
	신복	336°	11△ 06°
	석현	24°	0△ 24°
	석복	177°	5△ 27°
수성	신현	205°	6△ 25°
	신복	309°	10△ 09°
	석현	51°	1△ 21°
	석복	155°	5△ 05°

1) 자행정도

"오성 황도남북위도 표"에는 자행정도가 120도까지 나타나있다. 칠정산 외편의 본문에는 다음과 같이 수록되어있다.[87]

置自行度宮度分通分以二十乘之爲秒滿六十約之爲分又以六十約之爲度卽爲自行定度

자행도의 궁도분을 분으로 고치고, 20을 곱하여 초(秒)로 나타내고 다시 60으로 나누어 분, 또 60으로 나누어 도로 하면 자행정도가 된다.

여기서 60으로 나누는 것은 초단위나 분단위로 만들기 위한 것인데, 중간에 20을 곱하여 60으로 나눈다고 하였다. 즉 원래의 값에 1/3을 만든 것이다. 이것은 표의 자행정도의 인수가 0도부터 120도까지 나와 있는 것으

---

87) 「세종장헌대왕실록 제28권 칠정산내외편」, 권 163: 유경로, 이은성, 현정준, 1990,
「세종장헌대왕실록 제27권 칠정산외편」 (세종대왕기념사업회: 서울), p.440.

로 보아, 이것은 앞서 정의된 자행정도와는 달리 표의 자행정도는 1도가 앞의 자행정도의 3도에 해당하는 것으로 볼 수 있다. 그 이유로는 위도의 변화가 크지 않기 때문에 표를 간략하게 하기 위한 것으로 생각된다.

2) 소륜심정도

오성 황도남북위도 표의 소륜심 정도는 0도에서 60도까지 나타나있다. 또한 칠정산외편의 본문 내용은 다음과 같다.[88]

置小輪心度宮度分通分以一十乘之爲秒滿六十約之爲分又以六十約之爲度卽爲小輪心定度

소륜심도의 궁도분을 분으로 고쳐서 10을 곱해 초로 나타내고, 다시 60진법으로, 분, 도로 고치면 소륜심정도가 된다.

이 소륜심정도도 역시 표의 인수로 사용되는데, 앞의 자행정도와 마찬가지로 표를 간략하게 하기위해 0도~360도까지 나타내는 것을 축소해 0도에서 60도까지를 나타낸 것으로 생각된다. 따라서 표의 소륜심정도 1도는 소륜심정도 6도를 의미한다.

3) 오성 황도남북위도

가) 행성의 궤도 및 모형

행성은 달 궤도인 백도처럼 황도에 대해 일정한 각도로 기울어진 하나의 궤도가 규정되어 있지 않다. 따라서 행성의 황위는 이심원을 도는 소륜의 위치에 따라, 또 소륜위의 행성의 위치에 따라 달라진다. 행성의 황위 β는 소륜위의 행성의 위치를 나타내는 자행정도 y와 소륜중심의 이심원의 위치를 나타내는 소륜심정도 x의 두 변수의 함수로서 $\beta = f(x, y)$로 나타낼 수

---

88) 「세종장헌대왕실록 제28권 칠정산내외편」, 권 163; 유경로, 이은성, 현정준, 1990, 앞의 책, p.441.

172

있다. "오성 황도남북위도표"가 자행정도와 소륜심정도의 두 값을 인수로
하여 주어진 이유가 바로 이것이다. 당시의 행성 운동은 외행성의 경우는
관측이 쉬워 모델을 잡기도 쉬우나, 내행성의 경우는 합(合) 때의 관측이
쉽지 않아 모델을 설정하기도 어려워 현대 값과 비교해 볼 때 다소 오차가
크게 나타난다.

유경로 등에 의하면89) 행성의 궤도는 지금처럼 황도에 대해 일정한 각도
를 가지고 운동하는 것이 아니라, 이심원과 주전원(소륜)이 황도에 대해 각
각 다른 각도로 기울어져 운동하고 있는 것으로 가정하였다. 알마게스트에
나타난 행성의 기하학적 모형은 외행성에는 그런대로 잘 맞으나 내행성에
는 잘 맞지 않는데 이것은 내행성은 관측이 어렵기 때문에 모델을 세우는
데에도 다소 무리가 있었기 때문으로 보여진다.

나) 황도남북위도

행성의 위도를 구하는 "오성 황도남북위도표"는 소륜심정도(s)와 자행정
도(n)의 두 인수의 함수로 되어있다. 따라서 보간 과정도 소륜심정도와 자
행정도의 값에 대해 두 단계로 해주어야 한다. 표에 제시된 각 인수들의 간
격은 행성마다 다르다. 토성과 목성은 소륜심정도가 3도 간격, 자행정도가
10도 간격으로 되어있고, 화성은 소륜심정도가 2도, 자행정도가 4도 간격,
금성과 수성은 소륜심정도가 2도, 자행정도가 3도 간격으로 되어있다. 보정
단계를 풀어 설명하면 다음과 같다.

임의로 주어진 소륜심정도(s)와 자행도(n)에서 황위를 구하려면 먼저 표
의 인수에서 임의의 소륜심정도(s)와 가까운 소륜심정도를 찾고, 그 줄에서
표에 제시된 자행정도 중 임의의 자행정도(n)와 가까운 값의 자행정도난의
황위를 읽는다(A). 그리고 이 황위값과 다음 줄의 소륜심정도에 따른 황위
값을 읽어, 임의의 소륜심정도(s)에 대한 보정을 해준다(B). 임의의 자행정

---

89) 유경로, 이은성, 현정준, 1990, 「세종장헌대왕실록 제27권 칠정산외편」 (세종대
　　왕기념사업회: 서울), pp.467-483.; Toomer, G. J. 1998, 「Ptolemy's Almagest」
　　(Princeton Univ. press: New jersey), 597-631.

도(n)에 대해서도 비슷한 방법으로 보정을 해준다. 즉 A의 황위값과 표에서 A와 같은 줄의 그 다음 자행정도의 황위를 구해 비례보간법으로 보정값을 구한다(C). A+B+C의 값이 행성의 황위값이 된다. 소륜심정도 s, 자행정도 n일 때 황위는 f(s, n)이다. 황도남북위도표에서 각 인수의 간격은 Δs, Δn이다. 표에서 임의의 주어진 s, n과 가까운 소륜심정도와 자행정도를 s', n' 라고 두고 다음과 같은 관계식을 만들 수 있다.

ⅰ) $A = f(s', n')$ (3-7-20)

ⅱ) $B1 = \{f(s' + \Delta s), n')\} - f(s', n') \times (s - s')/\Delta s$ (3-7-21)

ⅲ) $B2 = \{f(s' + \Delta s, n' + \Delta n) - f(s', n' + \Delta n)\} \times (s - s')/\Delta s$

(3-7-22)

ⅲ) $C = (B2 - B1) \times (n - n')/\Delta n$ (3-7-23)

ⅳ) 행성의 황위 $= A + C$ (3-7-24)

4) 매일의 위도

행성에서 단(段)은 궁으로 표시할 때 사용하는데, 보통 10일간을 잡는다. 1궁이 30일정도이므로, 제1단, 2단은 10일씩이고, 제3단은 10일이 넘거나 안 되거나 모두 3단으로 한다. 수성의 경우는 0궁에서 3궁, 9궁에서 12궁은 5일을 1단으로 하고, 3궁에서 9궁까지는 10일을 1단으로 하였다. 행성이 위치해있는 임의의 단의 황위를 알고 있다면, 그 단과 다음 단의 황위의 차를 두 단 사이의 날수인 상거일로 나누어 1일간의 황위의 변화량인 일차(日差)를 구한다. 임의의 단의 황위 값에 이 일차를 날짜 수에 따라 더해주어 매일의 황위를 구한다.

8. 달의 오성 엄폐 (太陰五星凌犯)

(1) 월출·몰의 신혼(晨昏) 가감도(加減度)

"태음출입의 신혼(晨昏) 가감도(加減度)의 표"90)에는 회회력인 태음력의
날짜를 인수로 하여 4개의 값이 나타나있다. 1일부터 15일까지는 혼각가차
(昏刻加差)와 월입가차(月入加差)가 주어져 있고, 16일부터 30일까지는 월
출가차(月出加差)와 신각감차(晨刻減差)가 수록되어있다. 각 가차를 살펴보
면, 혼각가차는 정오의 황경에서 혼(昏, 일몰 후 2.5각＝해진 후 36분)까지
의 달의 황경 변화로서 혼각의 황경에서 정오의 황경을 빼주어 구할 수 있
다. 월입가차는 정오에서 달이 질 때까지의 달의 황경 변화로서 월입(＝월
몰) 때의 황경에서 정오의 황경을 빼주면 된다. 이때는 달이 아침이나 낮에
떠서 밤에 지는 때이다. 달이 밤중에 떠서 새벽이나 낮에 지는 때인 16일
이후 월말까지는 월출가차와 신각 감차가 있다. 월출 가차는 정오에서 달이
뜰 때까지의 달의 황경 변화로 월출 때의 황경에서 정오의 황경을 빼준다.
신각감차는 신(晨, 일출 전 2.5각＝해뜨기 전 36분)에서 정오까지의 달의
황경 변화로 정오의 황경에서 신각의 황경을 빼준다. 이 값들을 이용해 신
각이나 혼각 때의 달의 황경과 월출·몰 때 달의 황경을 구하는 방법을 요약
하여 다음에 제시하였다.

혼각도 = 혼각의 달의 황경 = 정오의 달의 황경 + 혼각가차　　(3-8-1)

월입도 = 월입 때의 달의 황경 = 정오의 달의 황경 + 월입가차　(3-8-2)

월출도 = 월출 때의 달의 황경 = 정오의 달의 황경 + 월출가차　(3-8-3)

---

90) 세종장헌대왕실록 제28권 칠정산내외편」, 권 163; 유경로, 이은성, 현정준, 1990,
앞의 책, p.490.

　　신각도 ＝ 신각의 달의 황경

　　　　　 ＝ 다음날 정오의 달의 황경 － 그 날의 신각감차　　　　(3-8-4)

(2) 황도남북각상내외(黃道南北各像內外)의 별의 황경·황위의 표

　황도남북 각상내외 (黃道南北各像內外)의 별은 달이 엄폐할만한 황도 근
방의 별자리와 그 근처의 별들을 총칭해서 부르는 말이다. 따라서 이 표는
달이 엄폐할 가능성이 있는 별들의 황경과 황위, 등급을 수록해 놓은 것이
다. 각 별자리(像)들은 세차운동으로 황경의 값이 커지는데, 5년마다 4′씩
더해주어야 한다. 이것은 1년에 48″씩 변화하는 것을 나타내는 것으로 현
대 값 50″와 크게 다르지 않다.

　칠정산외편에 나타난 예를 인용하면, 홍무 병자년(서기 1396년, 태조 5
년)은 칠정산외편의 역원인 599년부터 세어보면 적년(積年)이 798년인데,
이미 4′이 가해졌다. 이 의미는 그때까지 세차운동이 보정되어있다는 뜻이
다. 그리고 같은 이유로 5년 후인 태종 1년, 신사년(1401년)에 이르면 또
4′을 더해주어야 한다. 이후 5년마다 계속 4′을 더해주어야 한다.91)

　이 표의 첫 칸은 황도 근처의 각 별자리 이름과 그 별의 번호를 가리키고,
둘째와 셋째 칸은 각 별의 황경과 황위를 나타낸다. 4번째 칸은 각 별의 등
급으로서 각 별의 밝기를 나타내준다. 이 별의 밝기는 그리스의 히파르코스
(Hipparcos)가 제시한 등급의 기준을 따른 것으로 보이는데, 1등성부터 6등
성까지로 구분하고 각 등성은 다시 대, 중, 소의 3단계로 나누고 있다. 5번
째 칸의 각성수차(各星宿次)는 각 별이 속한 28수의 별자리 이름을 나타낸
것이다. 황도 12궁 이외에 인(人)궁은 오리온(Orion) 자리, 해수(海獸)는 고
래(Cetus)자리, 인사(人蛇)는 뱀주인(Ophiuchus) 자리를 의미한다.

---

91) 세종장헌대왕실록 제28권 칠정산내외편」, 권 163; 유경로, 이은성, 현정준, 1990,
　　앞의 책, p.494.

(3) 월범성좌 (月犯星座)

월범성좌는 달이 지나가면서 가리는 별자리로 현대어로는 엄폐(Occultation)되는 별자리로 보면 된다. 합삭 이후에는 해가 진후인 혼각에서 달이 질 때인 월몰까지, 그리고 망(望) 이후에는 월출에서 새벽 동이 틀 때까지의 달의 황경과 황위가 "황도남북각상내외(黃道南北各像內外)의 별의 황경·황위의 표"에 수록되어있는 별의 황경·황위와 가까운 것을 택하면 곧 엄폐되는 별을 알 수가 있다. 만약 월범 오성을 구하려면, 그날의 달의 황경, 황위와 오행성의 황경, 황위가 가까운 것을 택하면 된다.

(4) 엄폐시각 (凌犯時刻)

엄폐시각은 그날 정오의 달의 황경과 가려질 별의 황경의 차이를 달의 주야행도로 나누어 구한다. 달의 주야행도는 다음 날의 황경에서 그날의 황경을 뺀 값으로 임의의 어떤 한날의 1일 동안의 황경 변화량이다. 그리고 구해진 엄폐시각을 정오를 기점으로 하여 차례로 미초(未初)시, 미정(未正)시, 신초(申初)시, 신정(申正)시 등으로 고쳐나가고, 시 미만의 값은 초(秒)로 고쳐서 864로 나누어주면 엄폐시각을 각(刻)단위의 값까지 구할 수 있다.

(5) 상하상리분(上下相離分)

달에 가려지는 별의 황경에서 그날의 계도행도를 감한 것을 계도와 달의 상리도라고 한다.[92] 이 값을 인수로 하여 "태음황도남북위도와 가감분의 표"인 표 A-6으로부터 별을 가릴 때의 달의 황위와 엄폐될 별의 황위를 각각 구한다. 이때 달과 별의 황경이 같으면, 두 황위의 차이인 남북으로

---

92) 본 연구의 Ⅲ장, 달 항목 참조. p.57.

떨어진 각거리를 상하상리분(上下相離分)이라 한다. 그러나 달과 별의 위치가 황도의 남쪽과 북쪽에 있으면 서로 합한다. 그리고 달과 별의 위치에 따라 상리(上離)와 하리(下離)를 다음과 같이 구분한다. 만약에 달과 별이 같이 황도의 남쪽에 있고, 달의 황위가 더 클 때에는 하리(下離), 달의 황위가 별보다 작을 때에는 상리(上離)라고 한다. 반대로 달과 별이 같이 황도의 북쪽에 있고, 달의 황위가 더 클 때에는 상리, 달의 황위가 별보다 작을 때에는 하리라고 한다. 달과 별이 황도의 남북으로 갈려 있을 때에는, 달이 북쪽일 때가 상리, 달이 남쪽에 있을 때가 하리이다. 이것을 정리하면 다음과 같다.

가) 달이 별을 범할 때의 황위는 계도와 달의 상리도를 구한 후, 그 값을 인수로 하여 표 A-6으로부터 구한다.

나) 상하 상리분＝별을 가릴 때의 달의 황위 － 가려질 별의 황위 (3-8-5)
　　(이때, 달과 별의 위치가 황도의 남쪽과 북쪽에 있으면 두 값을 더한다)

다) 황위의 북을 "＋", 황위의 남쪽을 "－"로 하면 상리와 하리를 다음과 같이 나타낼 수 있다.

달이 별의 북쪽에 있고, 상하상리분 ＞ 0이면 상리(上離)

달이 별의 남쪽에 있고, 상하상리분 ＜ 0이면 하리(下離).

(6) 오성이 가리는 별들: 오성능범잡좌(五星凌犯雜座)

그날 정오의 오행성의 황경, 황위와 앞의 표인 "황도남북 각상내외 (黃道南北各像內外)의 별의 황경·황위의 표"에서 각 별의 황경, 황위의 차가 1°이내의 값을 가진 별자리들을 오행성의 소범잡좌(所犯雜座)라 한다. 표의 별들 중에서 황경, 황위의 차가 오행성과 1도 이내에 드는 별자리의 좁은 구역이라는 뜻으로 추론된다. 만약 황위가 황도의 남북으로 나뉘어져 있을 때에는 두 값의 합이 1도 이내이어야 한다. 이 소범잡좌의 상하상리분은 달의 경우와 같은 방법으로 구한다. 한편 오행성이 서로 엄폐되는 현상(가려지는 것)을 구하려면 그날의 오행성의 황경, 황위가 1도 이하로 가까워져야 한다. 이것을 요약하면 다음과 같이 나타내었다.

소범잡좌 = |정오의 행성의 황경, 황위 − "표"의 별의 황경과 황위| < 1°

$$(3-8-6)$$

상하상리분 = 행성의 황위 − 별의 황위 $\qquad\qquad$ (3-8-7)

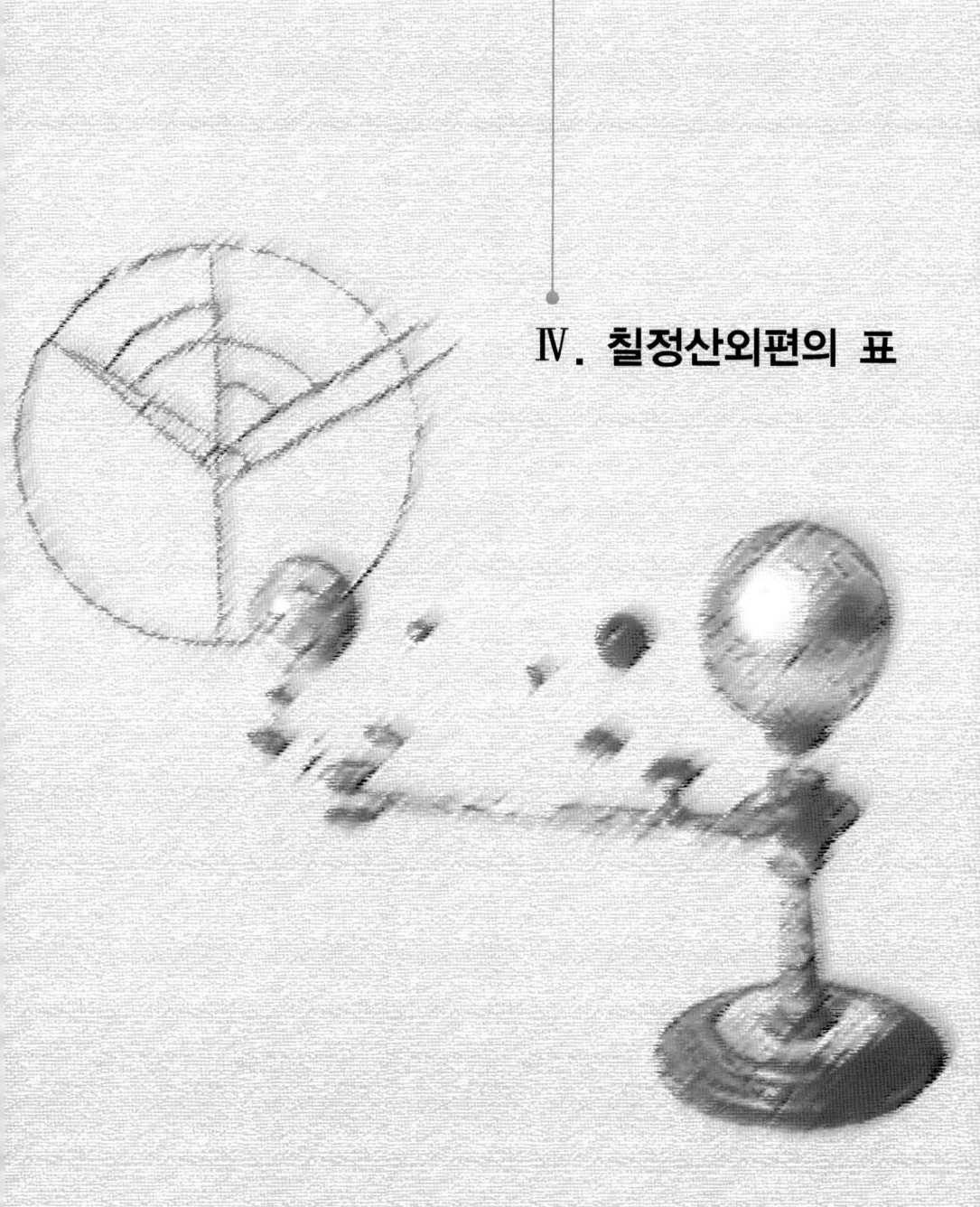

Ⅳ. 칠정산외편의 표

180

✤✤✤

칠정산외편은 역(曆)계산에 따른 여러 복잡한 계산 과정을 통해 나온 값들을 미리 표로 만들어놓고 필요할 때마다 그 표를 활용해 계산할 수 있도록 하였다. 이 표들은 아라비아력의 헤지라 기원 원년 1월 1일(A.D. 622년 7월 16일)을 기준으로 한 표들이다. 알마게스트를 기초로 하여 재 편찬된 아라비아 역법이 중국 원나라 때 중국에 수용되면서, 칠정산외편의 모델인 회회력으로 바뀌었고, 역원이 바꾸어졌으며, 표와 기본 원리들은 대부분 그대로 이용되었다. 바뀌어진 회회력의 역원은 599년 춘분이고, 계산 시점은 그 전해의 회회력 연시(年始) 근처인 598년 4월 11일이다. 따라서 아라비아력에 따른 표를 그대로 이용하기 위해서는 필요한 부분마다 두 시점의 차이에 따른 보정을 해주어야 한다. 이 장에서는 각 표들에 대해 논의해 보려고 한다. 칠정산외편에 수록된 20개의 표93)를 각 항목별로 나누어보면 다음과 같다.

가) 태양 (2종)

태양최고행도와 일중행도표: 태양의 평균 황경을 계산.

태양가감차의 표: 태양의 평균 황경을 보정해서 진태양의 황경을 계산.

나) 달 (5종)

태음중심행도와 가배상리, 본륜행도의 표: 달의 평균 황경 계산.

태음 제1가감차와 비부분의 표: 이심점에 의한 본륜행도의 보정.

태음 제2가감차와 원근도의 표: 본륜행도에 따른 원지점에서의 달 위치 보정과 경도 보정

나계중심행도표: 계도행도를 계산.

태음황도남북위도와 가감분표: 달의 황위 계산과 보정.

---

93) 세종장헌대왕실록 제28권 칠정산내외편」, 권 161-163; 유경로, 이은성, 현정준, 1990, 세종장헌대왕실록 제27권 칠정산외편」, (세종대왕기념사업회: 서울).

다) 교식 (4종)

주야가감차의 표: 현대의 균시차에 해당하는 보정.

경위시가감차의 표: 달의 시차(視差)에 따른 황경, 황위, 식심 시각의 보정값.

태양태음영경분과 비부분의 표:

이 표는 자행도와 본륜행도에 따른 태양과 달의 각직경, 지구 그림자의 각 직경 등을 구할 수 있음.

주야시궁도분의 표: 일출·몰 시각 계산 시 이용.

라) 오성 (9종)

오성 최고행도 및 자행도의 표: 오행성의 평균 경도 계산

오성 제1가감차분과 비부분의 표: 오행성의 진경도를 구하기 위한 보정표

오성 제2가감차분과 원근도표: 오행성의 진경도를 구하기 위한 보정표

오성 복현표: 행성이 태양과 가까이 있게되어 보이지 않게 되는 경우와 다시 보이는 경우를 계산할 수 있도록 함.

오성 순류표: 오행성의 순행관련 표.

오성 퇴류표: 오행성의 역행관련 표.

오성 남북위도표: 오행성의 위도 계산.

태음출입신혼가감도표: 박명시각 때 달의 황경 계산.

태음황도남북각상내외성경위도표: 달에 의해 가려질 수 있는 황도 근처의 별 자리들의 이름과 위치.

1. 태양의 경도 계산에 필요한 표

(1) 태양의 최고행도와 일중행도의 표

이 표는 부록 Ⅰ에 표 A-1로 나타내었다. 이 표는 최고행도와 일중행도

의 년, 월, 일에 따른 변화량을 수록한 표로, 태양의 최고행도와 일중행도를 구할 수 있는 표이다. 표는 태음력에 따라 만들어진 것으로 총년(總年), 영년(零年), 월분(月分), 일분(日分), 궁분(宮分)의 5부분으로 이루어져있다. 총년은 1년부터 1440년까지의 태양의 최고 행도와 일중행도의 변화량이 30년 단위로 수록되어 있는 것이고, 영년은 총년의 간격인 30년 이하의 년도로서 1년부터 30년까지의 매년 변화량을 수록하고 있다. 마찬가지로 월분은 1년간의 12태음월과 윤일이 들어간 경우에 따른 변화량을 1달 간격으로, 일분은 1달 30일간의 일별 변화량을 수록하였고, 궁분은 황도 주위에 위치한 12궁과 각 궁을 지나는 날수의 간격으로 최고행도 변화량과 일중행도 변화량을 수록하였다. 표의 총년에서의 1년은 실제 1년이 아니라 회회력이 시작한 때임을 나타내는 것으로 보인다.

1) 최고행도(最高行度)

태양의 최고 행도는 춘분점으로부터 황도을 따라 원지점까지 잰 원지점의 황경이다. 원지점은 동쪽으로 이동하고 춘분점은 세차운동으로 서쪽으로 이동하기 때문에 그 값은 매년 변화한다. 표 A-1에서는 최고행도는 30년에 29′07″, 1 태음년에 58″14‴씩 이동한다. 표 A-1이 언제 만들어졌는지에 대해서는 명확히 밝혀지지 않았다. 칠정산외편에는 「당시 측정한 태양의 최고행도는 2궁 29도 21분이다」라고 기록되어있다.[94]

當時測定太陽最高行度二宮二十九度二十一分

1궁이 30도이므로 위의 값은 89도 21분이다. 최고행도는 표에서 구한 값에 이 값을 보정해주어야 한다고 하였다. 총년 이외의 표의 값들은 각 기간동안의 황경의 변화량이다. 표 A-1의 총년 660년의 최고행도는 0도로 기록되어있는데, 실제 그때의 값이 0이 아니라 기준으로 잡기위해 사용한

---

94) 「세종장헌대왕실록 제28권 칠정산내외편」, 권 161.

것으로 보인다. 따라서 위의 칠정산외편의 당시라는 말로 언급한 시기가 이 때임을 알 수 있다.

실제로 현대적인 계산방법으로 이 측정년도에 대해 조사해보았다. 최고 행도는 원지점의 황경이므로 측정당시라고 추론할 수 있는 다음 4개 년도 의 원지점 황경에 대해서만 조사해보았다. 원지점이 들은 날은 태양과의 거 리를 계산하는 프로그램을 작성하여 조사하였다.[95]

가) 측정년도가 표의 년도 그대로 A.D. 660년인 경우.

서기 660년의 원지점은 6/10일이고, 이때의 황경은 81도 21분 05초 이다.

그때가 회회력 연시인지를 조사하여보았다.

622년 7월 16일 = JD 1948439일

660년 6월 10일 = JD 1962283일

(JD 1962283일 - JD 1948439) ÷ 354.36667 = 39.066 = 39년 23일

$$(4-1-1)$$

==>이 해의 회회력 연시는 A.D. 660년 5월 18일이다.

==>원지점의 황경이 주어진 표의 값과 8도정도의 차이가 있고, 그 해 의 원지점이 들은 날은 회회력 연시보다 23일 정도 뒤에 있다.

나) 측정년도가 헤지라 기원인 622년 7월 16일인 경우.

서기 622년의 원지점은 6/10일이고, 이때의 황경은 80도 34분 18초 이다.

그리고 이 해의 연시는 7월 16일이다.

==>원지점 황경이 표의 값과 약 9도정도 차이가 있고, 그 해의 원지 점이 들은 날은 회회력 연시보다 36일 앞서 있다.

95) Meeus, J. 1991, 「Astronomical Algorithms」 (Willmann-Bell, Inc.: Virginia).

다) 측정년도가 헤지라 기원에서 660년 후인 경우.

622년 7월 16일 + 660년(태음력)
=JD 1948439일 + (660×354.36667) = JD 1948439일+233882일
=JD 2182321일 = 1262년 11월 15일　　　　　　　　　(4-1-2)

1262년의 원지점은 6월 16일이고, 그때의 황경은 91도 21분 13초로, 칠정산외편에 주어진 값과 2도 정도 차이가 있다. 1262년의 회회력 연시인 11월 15일의 황경은 240도 14분 18초이다.

==>표에 주어진 측정최고행도와의 차이는 적으나 회회력 연시와 원지점이 들은 날이 5개월여의 차이가 있다.

라) 측정년도가 칠정산외편의 계산기점에서 660년 후인 경우.

598년 4월 11일 + 660년(태음력)
=JD 1939577일 + (660×354.36667) ≒ JD 2173459일
=JD 2173459일 = 1238년 8월 11일　　　　　　　　　(4-1-3)

1238년 8월 11일은 그해의 회회력 연시이다.[96] 1238년의 원지점은 6월 14일이고, 그때의 황경은 89도 15분 23초로 측정최고행도와 약 6분의 차이가 있다. 그리고 1238년의 회회력 연시 때의 황경은 144도 47분 38초이다

(JD 2173459-JD 1948439) ÷ 354.36667 ≒ 635

---

96) 유경로, 이은성, 현정준, 1990, 「세종장헌대왕실록 제27권 칠정산외편」(세종대왕기념사업회: 서울), pp.17-18.: 측정 당시를 1238년 9월 17일로 정했다.

＝＝＞표에 주어진 측정최고행도와 약 6분의 차이가 있다. 그리고 회회력 연시와는 약 2개월의 차이가 있다.

마) 위에서 살펴본 바와 같이 이 연구에서는 총년의 표의 660년으로 표시된 측정 당시를 칠정산외편의 계산 기점에서 회회력으로 660년 뒤인 1238년으로 보는 것이 타당하다. 이 해는 원지점이 들은 날과 연시와의 차이가 2개월여가 되지만 당시의 측정기술을 고려해볼 때 측정이 비교적 정확했으므로, 표의 값이 맞는다고 볼 때, 이 해의 측정고도 값이 가장 근접하므로 그 시기로 결정했다.

2) 일중행도(日中行度)

일중행도는 황도를 균일한 속도로 움직이는 평균 태양의 황경이다. 일중은 남중의 뜻과 같으며, 따라서 그날 정오의 태양 황경이다. 이 값도 역시 표 A-1로부터 구할 수 있다. 총년의 연도 표시는 태음년 기준으로 되어있다. 일중행도는 표 A-1에서 최고총도를 구하는 것과 같이 총년, 영년, 월, 일에 대한 일중행도를 모두 합하고, 아라비아력과 칠정산외편의 계산 기점에 따른 보정치인 $8^{\triangle}26°09'39''(=266°09'39'')$를 더해준다.

가) 총년의 일중행도

30년 단위로 돌아오는 년도의 시작일(연시일) 정오의 태양 황경으로 그 변화량은 표로부터 30년간에 $1^{\triangle}08°25'01''(=38°.4169)$로 변화하는 것을 알 수 있다. 또한 이것은 연평균으로 구해보면 $1°16'50''$가 된다. 일중행도의 총년 1년의 값은 측정 당시의 값으로 $3^{\triangle}26°05'08''(=116°05'08'')$이고, 그 외의 자료는 변화량으로 추론된다.

$$1^{\triangle}08°25'01'' \div 30 = 1°.28056 = 1°16'50'' \tag{4-1-4}$$

총년 1년에서의 태양의 일중행도값인 116°05′08″는 헤지라 기원인 622년 7월 16일의 값으로 추론되는데, 본 연구에서 개발한 프로그램을 이용해 현대 계산법으로 그때의 값을 계산해보면 114°56′06″로 계산되었다. 그래서 표 A-1의 일중행도의 총년의 값이 어느 시기를 기준으로 했는가를 조사하기 위해 서기 1년과 헤지라 기원인 때에 대해 현대 계산법으로 역으로 계산해 보았다.

i) 총년 1년이 622년 7월 16일인 경우.
    622년 7월 16일의 일중행도: 114도 56분 06초

    -->측정당시의 값과 약 69′의 차이가 난다.

ii) 총년 1년이 서기 1년인 경우.
    표의 값이 가장 가까운 때는 7월 22일이다.

    1년의 회회력 연시: 8월 11일 (JD=1721645)
    1년 8월 11일의 일중행도: 135도 28분 35초
    1년 7월 22일의 일중행도: 116도 07분 30초

    -->측정당시의 값과 약 2′정도의 차이가 난다. 그러나 그 해의 회회력 연시와는 약 20여일의 차이가 생긴다.

iii) 따라서 표 A-1의 일중행도의 총년 1년은 A.D. 1년보다는 측정당시의 값이 다소 차이가 있긴 하지만, 칠정산외편에 주어진 보정 값을 고려해보건대 622년이 더 타당하다고 생각된다.

나) 영년(零年)의 일중행도
30태음년간의 태양의 황경변화량을 1태음년 간격으로 나타낸 것이다. 이

값 역시 계산을 하기 위해서는 매년 일정한 날이 정해져야하는데, 총년과 같이 매년 돌아오는 연시(年始)일 것으로 생각한다. 표 A-1의 영년에서의 일중행도 값은 일정하게 변하는데, 이 변화량을 구해보면 평년과 윤일이 있는 윤년 때의 변화량이 약간 다르다.

평년: $-10°05'43''$ / 태음년 $= 10°.09528$
윤년: $-11°04'51''$ / 태음년 $= 11°.08083$

평년과 윤년의 비율이 2:1이 되므로, 이에 맞춰 평균을 구하면 영년의 일중행도 변화량은 다음과 같다.

평균: $-10°25'26''$ / 태음년 $= 10°.42397$

이 변화량을 현대적인 방법으로 계산한 결과와 비교해 보았다. 표 A-1은 태음년을 기준으로 작성되었고, 회회력의 1태음년은 354.36667일이다. 그리고 현대의 1삭망월은 354.36706일이다. 이 두 값의 차이는 0.00043일로, 현대 값을 적용해 계산하였을 때에도 같은 값이 나온다.

ⅰ) 태양력의 1회귀년(tropical year)과 태음력의 1회귀년 (1삭망월 × 12)의 차이.

$$365.24219 - 354.36706 = 10.87513 \ \text{일} \qquad (4\text{-}1\text{-}5)$$

ⅱ) 회회력 1태음년동안 움직인 황경의 변화

$$360 : 365.24219 = x : 354.36706 \ \rightarrow \ x = 349°.28096 \qquad (4\text{-}1\text{-}6)$$

ⅲ) 태양력의 1회귀년과 태음력의 1삭망월의 주기 차이에 따른 황경 변화량.

$$360 - 349.28096 = 10°.71904 ≒ 10°43' \qquad (4-1-7)$$

iv) 1 태음년 동안의 황경변화량은 다음과 같으며, 실제 표 A-1로 계산
한 값과 약 1'.45의 차이가 있다.

$$10°.71904 \times \frac{354.36706}{365.24219} = 10°.39988 = 10°25'25''.6$$

$$(4-1-8)$$

다)일분의 일중행도

회회력에서는 일중심행도라 부르며 1일간의 평균 태양의 움직임을 말한
다. 명사 회회력법에 나타난 1일간의 일중행도는 59'08''이다. 이것을 한달
단위로 계산해보면 작은 달(29일)인 때는 28°35'02''이고, 큰 달인 때는
29°34'10''가 된다.

3) 알마게스트에 나타난 태양의 평균 운동 표

표 A-1의 일중행도의 일분표는 알마게스트의 Sun's mean motion의 day
변화량과 같다.97) 알마게스트에서는 각 값들이 도 이하 단위로 5단계까지 수
록되어있는데 반해 칠정산외편은 분, 초까지만 수록되어있다. 또한 알마게스
트의 표에는 그 당시 이집트의 역법에 따라 1달을 30일로 하였고, 1 태양년
(1 Egyptian year)을 365일로 하여 표를 작성했다. 또한 총년단위도 외편처
럼 30년이 아니라 18년을 주기로 하여 만들었다. 이 18년의 주기에 대해서는
어떤 과학적인 사실로 정한 것이 아니고, 표의 형태를 고려해 만들었다는 학
설이 있다. Toomre(1998)에 의하면 먼저 day 자료 30일 + month 자료 12
월 = 42개를 구하고, 이것과 맞추어 single year 자료 18년 + 시각(time)자
료 24시 = 42개를 구했다. 그리고 이 42개의 자료를 3개씩 묶어 입력하면

---

97) Toomer, G. J. 1998, 『Ptolemy's Almagest』 (Princeton Univ. press: New jersey),
pp.142-143.

42 / 3＝14칸이 되고, 여기에 제목 한 칸을 넣어 15칸이 된다. 총년의 경우에는 앞에 언급한 single year의 18년과 맞추기 위해 18년의 간격으로 표시하였다고 한다.[98] 그리고 줄수도 마찬가지로 3×15칸＝45로 맞추었다. 그래서 알마게스트의 표에는 18×45＝810으로 해서 810년간의 자료를 계산할 수 있도록 되어있다. 또한 알마게스트의 표에는 칠정산외편에 없는 시분(時分)이 있다. 따라서 하루 24시간동안의 황경의 변화량을 시간별로 표시하였다. 이 자료를 만든 기본 자료들은 바빌로니아 시대인 Nabonassar 황제1년, Thoth 1(-746년 2월 26일)부터 관측되어진 기록들을 정리해서 만들었다고 전해진다.

다음 표 4-1은 칠정산외편의 표인 표 A-1의 일분 자료와 알마게스트의 표의 day 부분을 비교한 것이다. 영년자료는 알마게스트에서는 이집트의 1 태양년인 365일을 기준으로 하였고, 칠정산외편에서는 회회력의 태음력 1 년인 354일을 기준으로 하였으므로 1월달을 제외하고는 약간씩 차이가 나므로 비교하지 않았다.

(2) 태양가감차분의 표

Ptolemy(톨레미)가 지구중심설을 주장할 때에는 타원의 개념이 없었다. 그래서 원궤도를 가정하여 계산하였고, 오랫동안 축적된 관측자료를 분석하면서 원 궤도 운동만으로는 관측현상을 설명할 수가 없어 이심(異心, eccentric)을 생각해냈고, 이것으로도 관측 자료를 설명할 수 없게 되자 주전원(周轉圓, epicycle)의 개념을 고안하게 되었다. 그러나 그 당시에는 지금같이 컴퓨터나 계산기가 없었으므로 복잡한 계산에는 표를 만들어 미리 계산한 값을 사용한 것으로 보인다. 가감차표인 표 A-2는 앞의 Ⅲ장의 태양 항목에서 구한 자행도를 인수로 하여 원 궤도와 이심원에 따른 차이를 보정할 수 있도록 하였다. 이 표 역시 알마게스트에도 나타나나 알마게스트에서 사용한 원 궤도의 이심율은

---

98) Toomer, G. J. 1998, 앞의 책, p.140.

$e_c = 0.0417$이고, 칠정산외편에서 사용한 이심률은 $e_c = 0.0351$로,[99) 그에 따라 가감차의 값이 약간 다르다.

표 4-1. 태양의 황경변화량에 대한 Almagest와 칠정산외편의 값 비교

일	Almagest							칠정산외편		
	°	′	″	‴	⁗	‴‴	‴‴‴	°	′	″
1	0	59	8	17	13	12	31	0	59	8
2	1	58	16	34	26	25	2	1	58	17
3	2	57	24	51	39	37	33	2	57	25
4	3	56	33	8	52	50	4	3	56	33
5	4	55	41	26	6	2	35	4	55	42
6	5	54	49	43	19	15	6	5	54	50
7	6	53	58	0	32	27	37	6	53	58
8	7	53	6	17	45	40	8	7	53	7
9	8	52	14	34	58	52	39	8	52	15
10	9	51	22	52	12	5	10	9	51	23
11	10	50	31	9	25	17	41	10	50	32
12	11	49	39	26	38	30	12	11	49	40
13	12	48	47	43	51	42	43	12	48	48
14	13	47	56	1	4	55	14	13	47	57
15	14	47	4	18	18	7	45	14	47	5
16	15	46	12	35	31	20	16	15	46	13
17	16	45	20	52	44	32	47	16	45	22
18	17	44	29	9	57	45	18	17	44	30
19	18	43	37	27	10	57	49	18	43	38
20	19	42	45	44	24	10	20	19	42	47
21	20	41	54	1	37	22	51	20	41	55
22	21	41	2	18	50	35	22	21	41	3
23	22	40	10	36	3	47	53	22	40	12
24	23	39	18	53	17	0	24	23	39	20
25	24	38	27	10	30	12	55	24	38	28
26	25	37	35	27	43	25	26	25	37	37
27	26	36	43	44	56	37	57	26	36	45
28	27	35	52	2	9	50	28	27	35	53
29	28	35	0	19	23	2	59	28	35	2
30	29	34	8	36	36	15	30	29	34	10

---

99) 본 연구 Ⅲ장 2. 7) "태양의 경도" 항목 참조. p.34.

표 A-2에는 자행도의 도(度) 단위를 인수로 하여 가감차와 가감분이 나와 있고, 도 이하의 단위는 가감분의 값을 이용해 내삽법으로 풀어준다. 가감정차는 임의의 자행도에 대해 가감차와 가감분을 내삽해 구한 값을 더해준 값이다.

가감정차를 구하는 방법은 자행도 n도에 대한 가감차를 $f(n)$이라 하고, 가감정차를 $f(n+\Delta n)$이라고 할 때 다음 식으로 표현할 수 있다.

$$f(n+\Delta n) = f(n) + [\{f(n+1)-f(n)\} \times \Delta n] \qquad (4\text{-}1\text{-}9)$$

가감정차는 원지점에서 근지점 사이인 때인, 자행도가 초궁에서 5궁까지인 경우에는 감차(減差)로 하고, 반대로 근지점에서 원지점 사이의 값인 자행도가 6궁에서 11궁까지 사이에 있을 때에는 가차(加差)로 한다.

칠정산외편의 표를 요약해 표현한 표 A-2에서 보면 자행도는 초궁(0도)과 6궁(180도)에서 가감차가 0이고, 6궁을 기준점으로 할 때, 서로 대칭 상태이다. 이것은 평균 태양이 황도위의 원지점, 또는 근지점에서 진태양과 같이 출발하여 같은 주기로 돌면서 등속운동을 하고 있는 것을 의미한다.

2. 달의 위치계산에 필요한 표

(1) 달의 중심행도와 가배상리, 본륜행도 관련표

1) 표의 주기성

부록의 표 A-3으로 수록한 이 표의 각 항목에 대한 설명은 Ⅲ장 달(태음) 항목의 용어 설명에 있다. 그리고 총년, 영년, 월분, 일분, 궁분의 의미는 태양 때와 같다. 이 표에서 대부분의 값들은 황경의 변화량을 나타낸 것

이고, 다만 총년 1년의 값은 1년의 황도 증가량이 아니라, 헤지라 기원 회
회력 1월 1일의 값으로 추산된다. 총년 1년에서의 값은 다음과 같다.

중 심 행 도: $4^{\triangle}28°49' = 148°49'$

가배상리도: $1^{\triangle}25°28' = 55°28'$

본 류 행 도: $4^{\triangle}12°11' = 132°11'$

표 A-3으로부터 각 항목의 1일 변화량을 조사해보면 다음과 같다. 이 표
를 분석해 각 항목의 1일 변화량을 계산하고, 1 회전각 360도을 각 항목의
1일 변화량으로 나누어보면 중심행도, 가배상리도, 본류행도는 각각 항성월
주기, (1/2)삭망월 주기, 근점월 주기로 변화함을 알 수 있다.

중심행도 : $13°10'35''$ / 일, 항성월 주기

$360 / 13°10'35'' = 27.321661$일

가배상리도: $24°22'53''22'''$ / 일, (1/2)삭망월 주기

$360 / 24°22'53''22''' = 14.765294$일

본류행도 : $13°03'54''$ / 일, 근점월 주기

$360 / 13°03'54'' = 27.554550$일

이 값은 알마게스트의 달 운동의 모델과 매우 유사하다.

2) 알마게스트에 수록된 표와 비교

다음 표 4-2는 달의 평균 운동 자료에 관해 칠정산외편의 표인 표 A-3
의 일분 자료와 알마게스트의 달의 mean motion 관련 표의 Increment in
Longitude의 day부분을 비교한 것이다. 표 4-3은 달의 평균운동중 주전원
에서의 운동을 나타낸 자료들의 비교로서 표 A-3의 본류 행도의 일분 자
료와 알마게스트의 Increment in Anomaly의 day부분을 비교한 것이다. 알

마게스트는 도 이하의 단위로 도, 분, 초, 미, 섬 등으로 7단계까지 계산을 하여 표를 만들었고, 칠정산외편은 도 이하 분, 초의 3단계까지 계산하였다. 알마게스트의 표도 칠정산외편의 표와 같이 총년, 영년, 일분이 있으나 궁분은 없다. 이 표 역시 태양 항목에서의 비교와 마찬가지로 영년과 총년 부분은 기준으로 삼은 1년의 길이가 다르므로 비교하지 않았고 하루의 변화량을 제시해주는 일분 자료만 비교하였다. 간단한 비교를 위해 15일분 자료만 비교하였는데, 같음을 알 수 있다.

표 4-2. 달의 황경변화량에 대한 Almagest와 칠정산외편의 값 비교

일	Almagest							칠정산외편	
	°	′	″	‴	⁗	″″″	″″″″	°	′
1	13	10	34	58	33	30	30	13	11
2	26	21	9	57	7	1	0	26	21
3	39	31	44	55	40	31	30	39	32
4	52	42	19	54	14	2	0	52	42
5	65	52	54	52	47	32	30	65	53
6	79	3	29	51	21	3	0	79	3
7	92	14	4	49	54	33	30	92	14
8	105	24	39	48	28	4	0	105	25
9	118	35	14	47	1	34	30	118	35
10	131	45	49	45	35	5	0	131	45
11	144	56	24	44	8	35	30	144	56
12	158	6	59	42	42	6	0	158	7
13	171	17	34	41	15	36	30	171	18
14	184	28	9	39	49	7	0	184	28
15	197	38	44	38	22	37	30	197	39

표 4-3. 달의 주전원에서의 위치 변화량에 대한
Almagest와 칠정산외편의 값 비교

일	Almagest							칠정산외편	
	°	′	″	‴	⁗	⁗′	⁗″	°	′
1	13	3	53	56	17	51	59	13	4
2	26	7	47	52	35	43	58	26	8
3	39	11	41	48	53	35	57	39	12
4	52	15	35	45	11	27	56	52	16
5	65	19	29	41	29	19	55	65	19
6	78	23	23	37	47	11	54	78	23
7	91	27	17	34	5	3	53	91	27
8	104	31	11	30	22	55	52	104	31
9	117	35	5	26	40	47	51	117	35
10	130	38	59	22	58	39	50	130	39
11	143	42	53	19	16	31	49	143	43
12	156	46	47	15	34	23	48	156	47
13	169	50	41	11	52	15	47	169	51
14	182	54	35	8	10	7	46	182	55
15	195	58	29	4	27	59	45	195	58

(2) 달의 황경의 가감차와 비부분, 원근도의 표

1) 달의 황경의 제1가감차

달의 제1가감차는 평균 원지점과 진원지점과의 차이이다. 평균원지점은 이심원의 중심에서 이심까지의 거리만큼 이심에서 중심과 반대로 떨어진 지점 N과 본륜 중심을 연결한 선이 원지점과 만드는 각이다. 진원지점은 이심원에서 이심과 본륜 중심을 연결한 선이 원지점과 만드는 각이다. 그림 3-4에서 ∠XBZ = ∠EBN이다. 부록 Ⅰ의 표 A-4에서 제1가감차는 가배상리도를 인수로 하여 값을 구한다. 그림 3-4의 △B′OE에서 ∠OEB′가 90도라고 가정하면, 가배상리도가 90도일 때 제1가감차값이 11°30′ 이므로, 다음과 같은 sine 법칙이 성립한다.

$$\angle X'B'Z = \angle EB'N = \angle OB'E = 11°30′$$
$$OE = EN = e \cdot R \tag{4-2-1}$$

$$\frac{\sin 11°30′}{OE} = \frac{\sin \angle OEB'(=1)}{OB'(=R)} \rightarrow \sin 11°30′ = \frac{OE}{OB'} ≒ 0.19937 \tag{4-2-2}$$

따라서 표 A-4의 제1가감차 표를 만들 때 원 궤도의 이심률은 $e_c =$ 0.19937을 이용했음을 알 수 있다. 가배상리도를 n이라고 하면 제1가감차는 다음 식에 의해 성립되었다.[100]

$$\tan \theta = \frac{e_c \cdot \sin n}{1 + 2e_c \cos n} \tag{4-2-3}$$

이 식으로 구한 값과 칠정산외편의 표의 값을 비교한 것이 다음 표 4-4이다.

2) 달 황경의 제2가감차

제2가감차는 본륜의 중심이 원지점 A에 있을 때 지구 E에서 본 달 M_A와 A의 이각(離角) $\angle AEM_A$로 표시는 θ_A로 한다(그림 3-4참조). 표 A-4에서 제2가감차는 본륜행정도를 인수로 하여 값을 구한다. 제2가감차 θ_A와 본륜행정도 α의 관계는 다음과 같이 정리해서 나타낼 수 있다.[101]

---

100) 유경로, 이은성, 현정준, 1990, 『세종장헌대왕실록 제27권 칠정산외편』 (세종대왕기념사업회: 서울) p.107.
101) 유경로, 이은성, 현정준, 1990, 『세종장헌대왕실록 제27권 칠정산외편』 (세종대왕기념사업회: 서울), pp.131-132.

표 4-4. 달의 제1가감차의 계산값과 칠정산외편의 값 비교

n	$\tan\theta$ (계산값)	θ (계산값)	θ (표 A-4)
6°	0.01492	51′.28	51′
30°	0.07410	4° 14′	4° 15′
121°	0.21506	12° 08′	12° 22′ (최대값)

가) 제2가감차와 본륜행정도의 관계식

그림 3-4의 $\triangle AEM_A$ 에서 sine 법칙을 적용해 다음과 같은 관계식을 구하고,

$$\frac{\sin\theta_A}{r} = \frac{\sin(\alpha - \theta_A)}{AE} = \frac{\sin\alpha\cos\theta_A - \sin\theta_A\cos\alpha}{AE}$$

(4-2-4)

식의 양쪽에 $1/cos\,\theta_A$로 곱하고, $r/AE = k$ 로 두면 다음과 같다.

$$\tan\theta_A = \frac{r}{AE}(\sin\alpha - \tan\theta_A\cos\alpha) = k\sin\alpha - k\tan\theta_A\cos\alpha$$

(4-2-5)

$$\tan\theta_A\,(1 + k\cos\alpha) = k\sin\alpha$$

(4-2-6)

$$\tan\theta_A = \frac{k\sin\alpha}{1 + k\cos\alpha}$$

(4-2-7)

식 (4-2-7)은 본륜행정도 α와 제2가감차 θ_A의 관계식이다. 상수 k값은 본륜의 반경을 r이라 하고, 지구와 원지점의 달까지의 거리는 AE, 궤도의 중심에서 본륜의 중심까지의 거리는 R이라 할 때 다음의 방법으로 구한다.

나) r값 구하기.

달의 황경의 제2가감차, 제2가감분 및 원근도의 표를 나타낸 표 A-4를

보면, 가감차의 최대값이 3궁초와 8궁 후반부에 있는데, 그 값이 4°50′이
다. 이 값은 앞의 정의에 따라 $\angle AEM_A$이 가장 클 때의 값이므로,
$EM_A \perp AM_A$인 때이고, 이때의 값은 다음과 같이 나타낼 수 있다.

$$\sin 4\,°50' = AM_A/AE = 0.0843 \qquad (4\text{-}2\text{-}8)$$

$$AM_A = r = 0.0843 \times AE = 0.0843 \times (1 + e_c)\,R = 0.101\,R$$
$$(4\text{-}2\text{-}9)$$

다) k 값 구하기

$$k = \frac{r}{AE} = \frac{r}{R + e_c\,R} = \frac{0.101\,R}{R + 0.19937\,R} = 0.0842 \quad (4\text{-}2\text{-}10)$$

라) 앞에서 구한 k 값을 가)의 마지막 식인 식 (4-2-7)에 대입시켜 구한
값과 표 A-4에 수록된 값을 비교해보면 다음 표 4-5와 같이 잘 맞는다.

표 4-5. 달의 제2가감차의 계산값과 칠정산외편의 값 비교

본륜행정도	θ_A (계산값)	제2가감차(표의 값)
30°	2°14′.8	2°15′
40°	2°54′.6	2°55′
60°	4°00′.1	4°01′
80°	4°40′.3	4°40′
100°	4°48′.6	4°48′

마) 제2가감차 구하기

본륜행정도의 도 미만의 값을 표 A-4를 이용해 도간 보간을 하는 것이
다. 0궁에서 5궁까지는 감차이고 6궁에서 11궁까지는 가차이다. 즉 본륜행
정도가 180도보다 작으면, 달 M은 그 평균위치 A보다 뒤지고 있으므로 제
2가감차는 감차로 하고, 180도보다 크면 반대로 달 M이 평균위치보다 앞
서므로 가차로 한다.

3) 비부분

그림 3-4에서 달 M과 본륜 중심 B의 이각이 거리 BE (지구의 이심과 달 궤도를 연결한 선분)에 따라 달라지는 것을 나타내는 비율이다.

비부분의 정의는 Ⅲ장 달의 용어 설명부분에 수록하였다. 표 A-4의 가배 상리도를 인수로 한 비부분의 값은 다음 수식으로 계산하면 표와 유사한 값을 구할 수 있다.[102] 가배상리도 n 도의 비부분을 $g(n)$ 이라 하고, 제1 가감차는 $e_c = 0.19937$ 을 적용한다.

$$g(n) = 24.0189 \times \frac{1 - \cos n + (e_c/2)\ sin^2 n}{1 + e_c \cos n} \qquad (4\text{-}2\text{-}11)$$

이 계산식과 표 A-4의 비부분의 표의 값을 비교하면 다음과 같이 근접 한 값을 가졌음을 알 수 있다.

표 4-6. 달의 비부분의 계산값과 칠정산외편의 값 비교

가배상리도 n	$g(n)$ (계산값)	$g(n)$ (표 A-4)
28°	2′.839	3′
60°	12′.554	13′
90°	26′.413	27′
125°	44′.490	45′

4) 원근도

원근도는 본륜행정도를 인수로 하므로 그 둘의 관계를 구해서 표의 값과 비교해 보았다. 원근도는 본륜의 중심이 근지점 P에 있을 때, 달 MP와 근지 점 P의 이각과 제2가감차와의 차이이다. 그림 3-4에서 원근도는 ∠PEMP-

---

102) 유경로, 이은성, 현정준, 1990, 「세종장헌대왕실록 제27권 칠정산외편」 (세종대 왕기념사업회: 서울) p.109. 0.099685 $sin^2 n$ 이 0.4 $sin^2 n$ 으로 잘못 나와 있다.

∠AEM$_A$이다. 달이 원지점에 있을 때의 $\tan \theta_A$의 값이 제2가감차를 구할 때 구해졌고, 같은 방법으로 근지점에 있을 때의 $\tan \theta_P$를 다음과 같이 구할 수 있다.

$$\tan \theta_P = \frac{r}{GE} \; (\sin \alpha - \tan \theta_P \cos \alpha) = k' \sin \alpha - k' \tan \theta_P \, \cos \alpha$$
$$(4\text{-}2\text{-}12)$$

$$\tan \theta_P \; (1 + k' \cos \alpha) = k' \sin \alpha \qquad\qquad (4\text{-}2\text{-}13)$$

$$\tan \theta_P = \frac{k' \sin \alpha}{1 + k' \cos \alpha} \qquad\qquad (4\text{-}2\text{-}14)$$

표 4-7. 달의 원근도의 계산값과 칠정산외편의 값 비교

본륜 행정도	원지점과 근지점에서의 달의 이각		원 근 도	
	θ_A (제2가감차) (계산값)	θ_P (계산값)	$\theta_P - \theta_A$ (계산값)	$\theta_P - \theta_A$ (표 A-4의 값)
30도	2°14′.8	3°15′.1	1°00′.3	1°03′
40도	2°54′.6	4°13′.5	1°18′.9	1°22′
60도	4°00′.2	5°51′.7	1°51′.5	1°56′
80도	4°40′.3	6°55′.4	2°15′.1	2°20′
100도	4°48′.6	7°13′.8	2°25′.2	2°30′

이때 k'는 제2가감차에서 k 값 구하는 것과 같이 구한다.

$$k' = \frac{r}{PE} = \frac{r}{R(1 - e_c)} = \frac{0.101\,R}{R - 0.19937\,R} = 0.126 \qquad (4\text{-}2\text{-}15)$$

이렇게 구한 원근도의 값을 칠정산외편의 표와 비교하면 다음 표 4-7과 같다.

(3) 나계중심행도(羅計中心行度)표

나계는 사여성(四餘星: 칠정산내편) 중 나후와 계도를 가리킨 것으로, 18.6년의 주기로 황도를 역행하는 가상 천체임을 앞에서 설명하였다. 따라서 이 두 가상천체를 황·백도의 승교점과 강교점으로 볼 수도 있다. 칠정산 외편에서는 나후(羅睺)를 강교점, 계도(計都)를 승교점으로 하고 있다. 표 A-5는 각 총년, 영년, 월, 일에 대해 나계의 중심행도 값이 나타나있다. 다른 표들과 마찬가지로 총년 1년에 적힌 값은 혜지라 원년의 교점의 위치로 추측된다. 이 표를 이용할 때는 표로부터 구한 값에 두 역원 사이의 계도의 중심행도 차이만큼인 250도 45분을 보정해준다. 이 표의 총년, 영년, 월분, 일분을 더해서 구한 값은 나후 또는 계도의 중심행도이고 계도는 천구를 역행하므로 계도행도는 12궁(=360도)에서 이 값을 빼주어 구한다. 임의의 어떤 한날인 A일의 계도행도는 다음과 같이 구할 수 있다.

$$\text{A일의 계도 중심행도} = \sum \text{총년, 영년, 월분, 일분 값} + 250\text{도 } 45\text{분}$$
$$(4\text{-}2\text{-}16)$$

$$\text{계도행도} = 360\text{도} - \text{A일의 계도중심행도} \qquad (4\text{-}2\text{-}17)$$

계도가 달의 승교점이므로, 계도와 달의 떨어진 각도는 승교점으로부터 달까지의 황경의 차이로 볼 수 있다. 따라서 이것은 달의 황경에서 승교점의 황경인 계도행도를 빼주면 된다. 이 결과로 구해진 계도와 달의 상리도는 월리계도궁도라고 하며, 달의 위도를 구하기 위한 표의 인수가 된다.

$$\text{계도와 달의 상리도} = \text{달의 황경} - \text{계도행도} \qquad (4\text{-}2\text{-}18)$$

(4) 달의 황도남북위도와 가감분의 표

달의 위도를 구하기 위해 부록 I의 표 A-6를 사용하는데, 이 표의 값을 구하는 식은 그림 4-1로부터 유도할 수 있다. 그림 4-1에서 황위 β_M 과 $\sin L$ 은 삼각형의 sine법칙을 적용하면 다음과 같은 관계이다.

$$\sin L = \sin \beta_M \ cot \ i \quad \rightarrow \quad \sin \beta_M = \tan i \ \sin L \qquad (4\text{-}2\text{-}19)$$

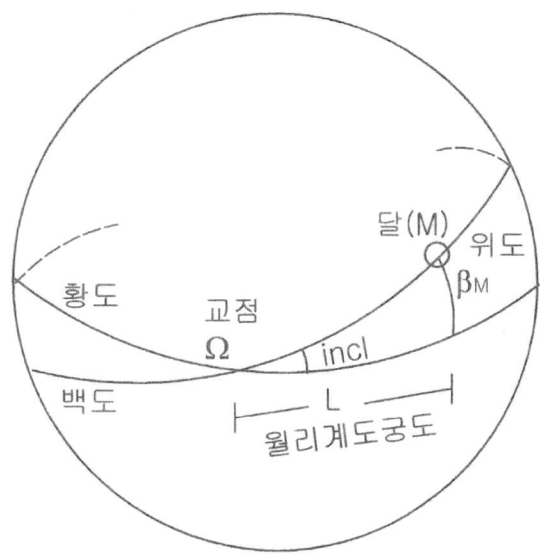

그림 4-1. 달의 위도와 월리계도궁도와의 관계

이 과정에서 유경로 등은[103] $\sin \beta_M$ 을 $\tan \beta_M$ 으로 사용함으로써 표 4-8의 계산값에서 차이를 보이고 있다.

황도와 백도의 교각(交角) i 의 값은 표 A-6으로부터 월리계도궁도 90도일 때의 값을 택해서 $i = 5° \ 2'.5$의 값을 사용하였다. 따라서 위의 수식 $\sin \beta_M$ 을 구하는 수식에서 $\tan i$ 은 상수로 할 수 있고, $\tan i = 0.08822$ 가 되어 수식을 간단하게 정리할 수 있다.

---

103) 유경로, 이은성, 현정준, 1990, 『세종장헌대왕실록 제27권 칠정산외편』 (세종대왕기념사업회: 서울), p.159.

$$\sin\beta_M = 0.08822 \sin L \qquad\qquad (4\text{-}2\text{-}20)$$

이 식으로 구한 계산값과 표의 값을 비교해보면 다음과 같이 잘 맞는 것을 볼 수 있다.

표 4-8. 달의 위도의 계산값과 칠정산외편의 값 비교

월리계도 궁도(L)	$\sin\beta_M$	β_M (계산값)	남북위도 (표 A-6)	차이
10도	0.01526	0°52′28″	0°52′28″	0′00″
20도	0.03001	1°43′11″	1°43′21″	0′10″
30도	0.04394	2°31′06″	2°31′06″	0′00″
40도	0.05649	3°14′18″	3°14′18″	0′00″
50도	0.06732	3°51′51″	3°51′36″	0′15″
60도	0.07611	4°21′54″	4°21′53″	0′01″

표 A-6에는 월리계도궁도의 값에 따라 달이 황도의 북쪽에 있는지, 남쪽에 위치한지를 알 수 있다. 표의 하단에 "북가(北加)", "북감(北減)"은 달이 황도 북쪽에 있는 것이고, "남가(南加)", "남감(南減)"은 달이 황도 남쪽에 있는 것이다. 위도의 도간 보정 시 다음 위도의 값이 크면 더해주는 "가(加)"가 되고, 작으면 빼주는 "감(減)"이 된다.

3. 일식과 월식에 관련된 표

(1) 주야가감차(晝夜加減差)의 표

"주야가감차의 표"는 부록 I에 표 A-7인데, 현대 천문학에서는 균시차(Equation of Time)의 개념으로 사용하는 값이다. 따라서 진태양시에서 평균태양시를 빼주어서 구한다. 그런데 표에는 음수가 보이지 않는다. 그 이유

로는 당시에는 음수인 "−"값을 사용하지 않았기 때문으로 생각되며, 따라서 모든 값들은 "+"로 되어있다. 이 표에서 가장 최소값은 10궁 21도, 22도에서 0이 되고 최고값은 7궁 8도, 9도, 10도에서 31m 47s의 값이다. 현대 천문학적으로 2004년의 균시차를 계산한 결과가 최고값이 16.4분이고, 최저값이 −14.2 분임을 감안할 때 이 표에서 주야가감차 E는 가장 작은 값인 E_{min}이 0이 되도록 잡은 것으로 추론된다. 균시차는 매년 아주 적은 양이긴 하지만 달라진다. 그런데 칠정산외편에서는 그 고려 없이 모든 년도에 대해 같은 주야가감차의 표를 사용하므로, 표 A-7에 나타난 모든 값들을 "+"로 표시하려면, 이 년도의 E_{min}을 E_0으로 보았을 것이다.

이 표의 작성 시기와 연관지어 622년과 660년, 1238년, 그리고 현재 (2004)의 균시차을 현대적인 방법으로 계산하여[104] 최고와 최저값을 구해보고, 두 값의 차이를 비교해본 것이 표 4-9이다. 이 표로 미루어보건대 최고값과 최저값의 차이가 계속 변하는데 비해 622년의 값은 표의 값과 약 20초의 차이를 가진다. 따라서 이 비교는 칠정산외편의 표들이 622년을 기준으로 만들어 졌다는 것을 뒷받침해주고 있다.

(2) 태양·태음 영경분과 비부분의 표

1) 표의 구성

표 A-8은 태양과 달의 자행궁도를 인수로 하였는데, 태양 자행도를 이용해야하는지, 태음 자행도를 사용해야하는지는 구하는 함수에 따라 선택한다. 태양의 자행궁도를 인수로 태양 경분과 태음영경감차를 구하고, 달에 대해 적용시킬 때에는 달의 자행도인 본륜행도 값을 인수로 하여 태음 영경분과 태음 비부분, 태음 경분의 값을 구할 수 있다.

---

104) Meeus, J., 1991, 「Astronomical Algorithms」(Willmann-Bell, Inc.: Virginia), pp.171-175.

표 4-9. 년도별 균시차의 비교

항 목	(표 A-7)의 값	622년	660년	1238년	2004년
최고값	31′47″	14′.804	14′.868	15′.642	16′.433
최저값	0	-16′.635	-16′.566	-15′.666	-14′.222
두 값의 차	31′47″	31′.439 =31′26″.3	31′.434 =31′26″.0	31′.308 =31′18″.5	30′.655 =30′39″.3

인수인 태양·태음 자행 궁도는 태양 또는 태음의 자행도를 궁과 도로 나타낸 것인데, 간격은 6도 간격으로 되어있으며, 자행도가 180도를 경계로 해서 대칭으로 같은 값을 취하기 때문에 표 값의 중복을 피하기 위해 같이 표시하였다. 자행궁도 난의 왼쪽행은 위에서 아래로 내려가면서 증가하고, 오른쪽 행은 아래에서 위로 올라가면서 증가하는 것으로 읽어야 한다. 표의 각 항의 내용은 다음과 같다.

가) 태양 경분

태양의 시직경으로, 자행도가 0°일 때 최소가 되고, 180°에서 최대가 된다. 표 A-8의 3번째 행에서 6궁일 때 태양 경분의 최대값 34′48″과 0궁일 때 최소값 32′26″을 구할 수 있고, 이 두 값은 태양이 각각 근지점과 원지점에 있을 때의 시직경이므로, 이 두 값의 비에서 태양의 이심원의 이심률을 다음과 같이 구할 수 있다.

$$\frac{34′48″}{32′26″} = 1.074 = \frac{1+e}{1-e} \quad > \quad e = 0.0352 \qquad (4\text{-}3\text{-}1)$$

이심률은 태양 부분에서는 $e_c = 0.0351$ 을 얻었는데, 이 값과 잘 맞는다.

한편 현대 값은 2004년 Astronomical Almanac에 태양 반경의 값이 나오므로 그 값을 이용해 계산을 해보았다.[105]

$$\frac{16'15''.981}{15'43''.89} = 1.034 = \frac{1+e_m}{1-e_m} \quad > \quad e = 0.0167 \qquad (4\text{-}3\text{-}2)$$

e_m은 현대의 수치값을 적용해 구한 이심률이다. 이 현대 값은 태양궤도를 타원 궤도로 보고 구한 값으로, 원궤도를 가정하고 구한 칠정산외편의 이심률의 약 0.5배가 된다. 원궤도의 이심율이 타원궤도의 이심률의 2배라고 증명되었음을[106] 감안하면 현대 값은 0.0334가 된다. 원지점과 근지점의 거리 비율은 $(1+e_m)/(1-e_m)$이므로, 표 A-8의 태양 경분이 정확한 실측에서 구해진 값이라면 그 비도 현대 값과 비슷하게 나와야하나 그렇지 않은 것은 이 표가 태양의 원운동의 이심률 $e_c = 0.0352$ 를 이용해 계산한 것이기 때문으로 생각한다. 표의 태양 경분은 다음 식에 의해 계산된 값이다.[107]

$$D_s = 33'.5333 \times (1 - e \cos n) \qquad (4\text{-}3\text{-}3)$$

이 계산식으로 구한 값과 표의 값을 비교하면 수십 초의 오차 범위 내에서 잘 맞는다.

나) 태음 영경분

태음영경분은 보름인 망(望) 때 달의 거리에 생기는 지구 그림자의 시직경이다. 태양 원지점에서 이 시직경 D는 달의 거리의 함수로써, 달의 거리가 지구에 가장 가까워졌을 때인 본륜행도가 180°일 때 최대가 되고, 0°일 때 최소가 된다. 이때의 인수는 태양의 자행궁도가 아니라 달의 본륜행도가 된다. 달

105) 『The Astronomical Almanac for the year 2004』, 2003, (U.S. Government Printing Office: Washington) pp.C 4-C 19.
106) 유경로, 이은성, 현정준, 1990, 『세종장헌대왕실록 제27권 칠정산외편』(세종대왕기념사업회: 서울), pp.29-31.
107) 유경로, 이은성, 현정준, 1990, 『세종장헌대왕실록 제27권 칠정산외편』(세종대왕기념사업회: 서울), p.215.

의 거리에서 생긴 지구 그림자의 각직경을 표에서 찾아보면 다음과 같다.

본륜행도 0°에서 최소값 79′49″
180°에서 최대값 98′47″

그림 4-2에서 각 기호가 다음과 같이 정의 된다고 할 때.
π_S: 태양의 지평시차, π_M: 달의 지평시차
$(1/2)D_S$: 태양의 각(角)반경＝$(1/2)$ 태양경분
$(1/2)D$: 지구 그림자의 각반경

△AEV와 △EVN에서 각각 다음과 같은 식을 유도해 낼 수 있다.

$$\pi_S + \angle EVN = (1/2)D_S \qquad\qquad (4\text{-}3\text{-}4)$$

$$\pi_M = (1/2)D + \angle EVN \qquad\qquad (4\text{-}3\text{-}5)$$

식 (4-3-4)와 (4-3-5)에서 다음의 관계식을 구한다.

$$\begin{aligned}
&\pi_S + \pi_M - (1/2)D = (1/2)D_S \\
&\Rightarrow\ \pi_S + \pi_M = (1/2)D + (1/2)D_S
\end{aligned} \qquad (4\text{-}3\text{-}6)$$

일반적으로 π_S는 대략 9″정도이고, π_M, D_s 는 이보다 수십배가 크기 때문에 π_S를 무시하면 다음과 같이 간단히 식을 정리할 수 있다.

$$(1/2)D \fallingdotseq \pi_M - (1/2)D_S \qquad\qquad (4\text{-}3\text{-}7)$$

이 식에서 보는 바와 같이 달의 영경분 D는 달의 지평시차 π_M이 최대이고, 태양의 각반경 D_S가 최소일 때 최대가 된다. 이때는 달이 그 근지점

에 있고, 태양이 그 원지점에 있을 때이다. 이와 반대로 달이 달 궤도의 원지점에 있고, 태양이 그 근지점에 있을 때에는 최소값을 갖는다.

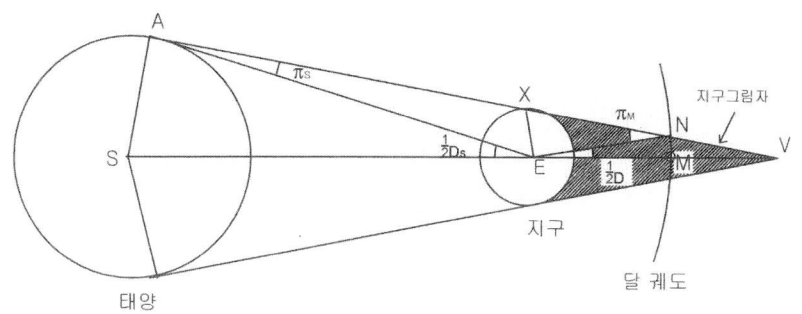

그림 4-2. 달의 영경분(지구 그림자의 시직경)과 지평시차와의 관계도.

다) 태음 영경감차

이 값은 태음영경분의 보정값으로 지구가 태양의 빛을 가려서 달의 거리에서 만드는 그림자의 시직경의 변화를 주는 값이다. 태양이 가장 멀 때, 즉 태양이 원지점 N에 있을 때, 이 그림자의 원추는 가장 길고, 달의 거리에서의 그 단면의 직경인 지구그림자의 직경 D도 가장 크다. 그리고 이 D는 태양의 거리가 근지점에 가까워질수록 작아지다가 자행도가 180도를 넘으면 다시 커진다. 지구그림자의 시직경이 변화하는 양이라 할 수 있다. 그런데 그 태양의 거리는 태양의 자행도의 함수이므로 이 값의 인수는 태양 자행도이다. 표 A-8의 태음영경감차는 자행도의 매 6°만큼의 변화에 대하여 지구 그림자의 각직경 D가 줄어드는 양을 나타내고 있다.

따라서 이 값은 태양의 거리에 따른 지구 그림자의 보정으로 생각된다. 태음영경분의 설명에서 지구 그림자 D는 $D = 2(\pi_S + \pi_M) - D_S$ 로 나타낼 수 있는데, 태양 경분 D_S 는 표에서 최대 34′48″, 최소 32′26″의 범위에서 변하고, 태양의 시차는 $\pi_S \fallingdotseq 3′$은 일정한 것으로 가정되었다. 이 값은 톨레미 시대에 잘못 측정한 태양시차이나 표에서는 이것을 이용하였다.

표 A-8의 값에서 자행궁도 n에 대한 영경감차를 g(n)이라 하면 표에서 g(0궁)=0′, g(6궁=180)=2′06″임을 알 수 있다.

라) 태음 비부분(=달의 비부분)

달의 본륜행도에 따라 달의 거리가 달라지는데, 이 달의 거리 변화에 대한 동서차, 남북차 등이 보정인자가 바로 태음 비부분이다. 합삭 때 달의 경도를 보정해주는 동서정차를 구할 때 이 비부분이 사용된다.

$$동서정차 = 동서차 \times (1+f(n)/60)$$ (4-3-8)

자행궁도가 n일 때 달의 비부분을 $f(n)$이라 하면 $(1+f(n)/60)$는 달의 원근에 따르는 시차의 보정에 쓰이는 인자가 된다. 표 A-8에서 비부분 $f(n)$은 $n=0$도일 때 0′00″로 최소이고, $n=180$도인 때 11′40″으로 최대값을 갖는다. 따라서 보정인자 $(1+f(n)/60)$은 1′~1′.194의 범위에서 변한다.

$$f(n) = 0인 때: 1 + \frac{f(n)}{60} \rightarrow 1$$ (4-3-9)

$$f(n) = 11′40″인 때: 1 + \frac{f(n)}{60} \rightarrow 1.194$$ (4-3-10)

마) 태음경분

달의 시직경으로 달의 본륜행도에 따라 변하는데, 180°에서 최대, 0°에서 최소가 된다. 표 A-8의 태음경분 값의 최소와 최대값을 구해보면 다음과 같다.

자행궁도 0°에서 30′50″ --최소값
180°에서 36′18″ --최대값

이 값은 2004년도 역서에서 구한 최소값 29′24″ (90도), 최대값 33′20″ (260도) 인 경우와 다소 차이가 있다. 또한 달의 크기는 매월 일정한 궤도 상을 똑같이 움직이는 것이 아니기 때문에 1달내의 최소값과 최대값도 작은 범위이긴 하지만 계속 변한다. 당시에는 자세한 관측이 뒤따르지 못했으므로 이 미세한 부분까지의 보정은 어려웠을 것으로 짐작된다. 그리고 대부분의 표들과 같이 이 값도 계산으로 구했을 경우 당시 태양의 거리나 달의 거리를 측정할 때의 관측 오차가 있었으리라 생각되기도 한다.

(3) 경위시가감차(經緯時加減差)의 표

표 A-9은 태양이 위치한 궁(태양의 황경)과 자정지합삭시(자정부터 합삭까지의 시간)을 두 인수로 해서 경도, 위도, 시간의 가감차를 나타낸 것으로, 경차(經差)는 황경의 보정이고, 위차(緯差)는 황위의 보정, 시각차(時刻差)는 시간의 보정이다. 이 표의 상단과 하단에 있는 4, 5, 6--20 등의 수는 제1의 인수인 자정부터 합삭이 일어난 때까지 시간인 자정지합삭시(子正至合朔時)를 나타낸 것으로 평균태양시이다. 그리고 합삭시각에 대한 보정은 시각차로서 적색 표시와 검은색 표시는, 표에서 구한 값을 더해주는 '+' 가차, 빼주는 '-' 감차를 구별하고 있다. 이 가차와 감차는 식심정시(자정에서 식심까지의 시간)를 구할 때 사용하는데, 표 A-9에서 합삭 때의 태양경도가 표의 왼쪽 7궁에 있으면 시간차의 검은색 글씨로 표시된 것은 빼주고, 붉은색 글씨로 표시된 것은 더해주며, 오른쪽 7궁에 있으면 반대로 붉은색 글씨의 값은 빼주고, 검은색 글씨의 값은 더한 후, 자정으로부터 합삭까지의 시간에 가감한다.

세로에는 제2의 인수인 태양의 황경을 궁(宮)별로 나타내는데, 표의 좌우 끝에 상하로 각 7궁씩 구별해놓았다. 좌우에 배치된 궁의 상단에는 동지점이 속해있는 마갈9궁이 있고, 하단에는 하지점이 속해있는 거해 3궁이 배치되어있다. 좌우에 배치된 12궁은 위에서부터 나열해보면 다음과 같다.

210

좌(왼　쪽): 마갈9궁, 보병10궁, 쌍어11궁, 백양초궁, 금우1궁, 음양2궁,
　　　　　거해3궁

우(오른쪽): 마갈9궁, 인마8궁, 천갈7궁, 천칭6궁, 쌍녀5궁, 사자4궁,
　　　　　거해3궁

황도 12궁의 위치는 백양초궁에서 황경 λ 가 30도 간격으로 11궁까지
배치되었고, 황위 β는 0도이므로, 12궁의 위치로서 합삭 때 태양, 따라서
달의 위치를 나타낸 셈이다. 서로 마주보는 두 궁은 황도위에서 지점(至點)
에 대해 동서로 마주보는 궁으로 하였다.(해시계의 절기 표시와 같음).

이 표는 알마게스트에는 없으므로, 이를 전승한 아라비아 학자들이 만들
어 낸 것으로 추론된다. 또한 표의 형식은 명사의 회회력과 약간 다른 형태
로 조선의 학자들이 이 형태로 만든 것으로 생각된다. 명사 회회력에는 이
표가 2개로 분리되어 "경위가감차표"와 "시차가감차표"로 나타나 있다. 이
표에서는 보간의 계산이 좌우와 상하의 두 단계로 되어있다. 태양이 n궁 m
도에 위치하고 있으면, 먼저 n궁에 대해 자정지합삭시를 보정해주고(t_1), 다
시 n＋1궁에서 다시 같은 자정시합삭시에 대해 보정을 해준 후(t_2), 마지막
으로 t_1과 t_2를 이용해 m도에 대해 보정을 해주어야 한다.

이 표에 나타난 값들을 구하는 방법은 유경로 등에[108] 설명이 되어있는
데, 요약하면 다음과 같다.

달의 지표상의 관측자 위치에 의해 생기는 시차는. 태양과 달의 위치
(α, δ)와 관측자의 위도 ϕ, 관측시의 시간각 H가 주어지면, 다음과 같은
식에 의해 그때의 달의 시차 $\Delta\alpha$, $\Delta\delta$ 및 ΔH를 구할 수 있다.[109]

108) 유경로, 이은성, 현정준, 1990, 「세종장헌대왕실록 제27권 칠정산외편」 (세종대
　　왕기념사업회: 서울), pp.183-186.
109) Smart, W. M. 1965, 「Spherical Astronomy」 (Cambridge Univ.: London),
　　pp.205-206.

$$\tan \Delta H = -\tan \Delta \alpha = \frac{\rho}{r} \frac{\sin H \cos \phi}{\cos \delta - (\rho/r) \cos H \cos \phi}$$

(4-3-11)

$$\frac{\tan \delta + \tan \Delta \delta}{1 - \tan \delta \tan \Delta \delta} = \frac{\cos (H + \Delta H)(\sin \delta - (\rho/r) \sin \phi)}{\cos \delta \cos H - (\rho/r) \cos \phi}$$

(4-3-12)

이 식에 사용된 각 기호의 의미는 다음과 같다.

α : 적경 δ : 적위

ϕ : 관측자의 위도 H : 관측시 달의 시간각

ρ : 관측자의 지구 중심으로부터의 거리 r : 지구와 달 사이의 거리

이 식으로 구해진 $\Delta \alpha$, $\Delta \delta$ 는 황경과 황위로 바꾸어주는 다음의 변환식을 이용해 $\Delta \lambda$, $\Delta \beta$ 로 바꾸어준다. 이 값이 표 A-9의 경차, 위차가 된다.

$$\Delta \lambda = \sin \lambda (\sin \delta \cos \alpha \, \Delta \delta + \cos \delta \sin \alpha \, \Delta \alpha$$
$$+ \cos \lambda \{ (\cos \delta \sin \epsilon - \sin \delta \cos \epsilon \sin \alpha) \Delta \delta + \cos \delta \cos \epsilon \cos \alpha \, \Delta \alpha \}$$

(4-3-13)

$$\Delta \beta = (\cos \delta \cos \epsilon + \sin \delta \sin \epsilon \sin \alpha) \Delta \delta - \cos \delta \sin \epsilon \cos \alpha \, \Delta \alpha)$$

(4-3-14)

그리고 앞에서 구한 ΔH 을 태양과 달의 상대속도(늑(13°-1°)/day)로 나눈 값이 표 A-9의 시각차가 된다.

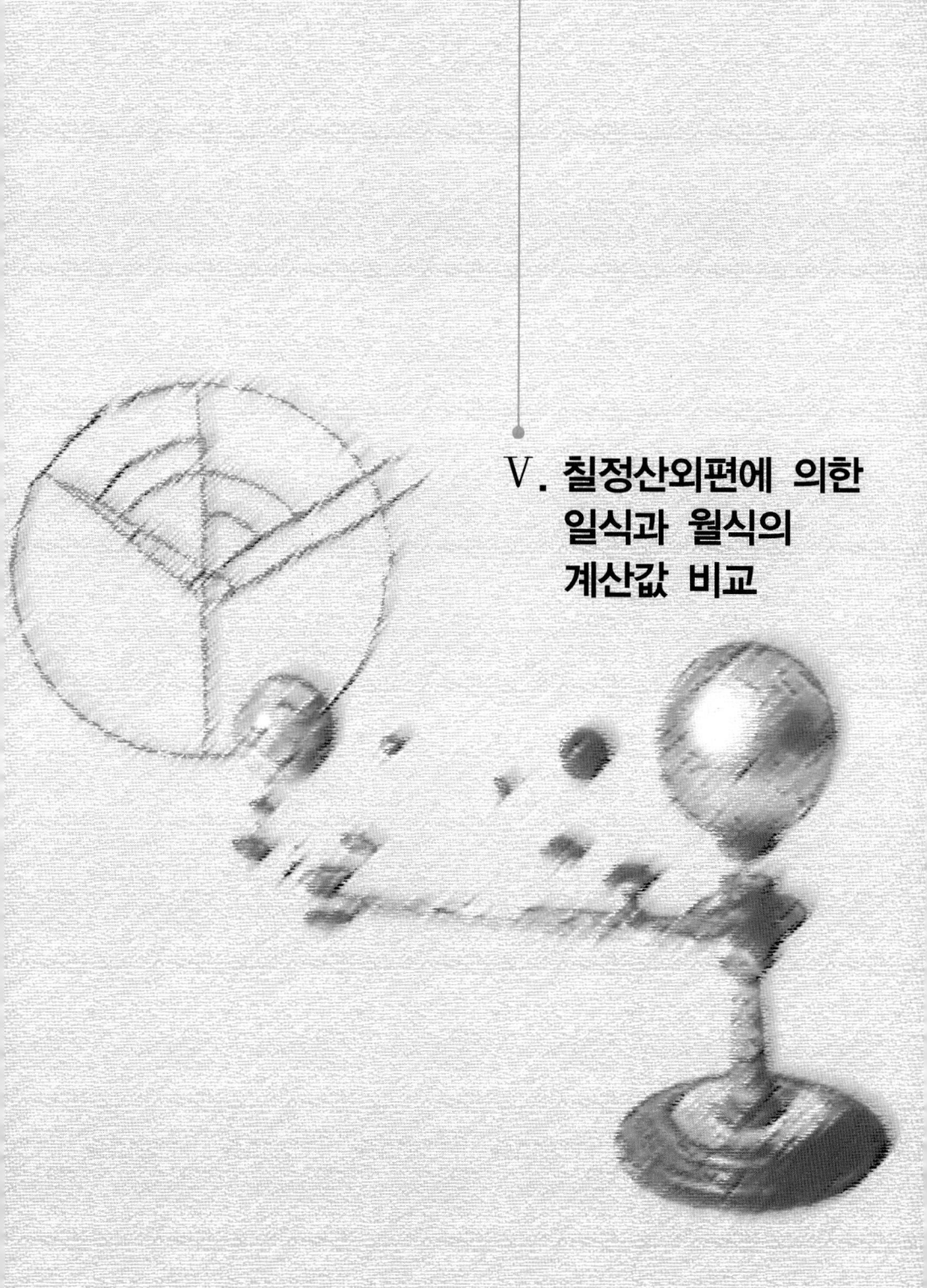

V. 칠정산외편에 의한
일식과 월식의
계산값 비교

❧❧❧

1. 조선 시대의 일식과 월식 기록

조선 시대의 일식과 월식 기록은 조선왕조실록과 증보문헌비고에 많이 수록되어 있다. 이 기록들 중 일식 기록들을 수집하여 조선왕조실록 등의 사서(史書)의 기록 여부를 확인하고, 기록에는 없지만 현대적 방법으로 계산하였을 때 조선에서 관측할 수 있었던 일식 수와 잘못된 기록 등에 대해 시대별로 각 왕조의 묘호(廟號)에 따라 구분해보면 다음 표 5-1과 같다. 표 5-1의 2번째와 3번째 행, 10과 11번째 행의 "사서의 기록"은 실록과 기타 문헌에 기록된 일식관련 기사 중 일식이 관측되었다든가 일식이 예보되었다는 기록만을 뽑아서 수록한 것으로, 조선왕조실록[110]에 231회, 조선왕조실록에는 없으나 증보문헌비고[111]나 승정원일기[112] 등의 문헌에 나타나있는 것이 30회로 모두 261회이다. 4번째와 12번째 행의 "계산자료"는 현대적인 계산법으로 그 당시에 일식이 일어난 횟수를 구한 후, 그 값에서 사서에 기록된 수를 뺀 값으로, 사서에 기록 안 된 것이 38개이다.[113] 표 1의 5번째와 13번째 행의 "일식 총수"는 사서에 기록된 것과 기록에 없지만 계산으로 구한 것들을 합친 총 개수로 "사서의 기록"과 "계산 자료"의 값을 더한 것이다. 표 1의 6, 7번째 행과 14, 15번째 행은 잘못된 기록들을 나타낸 것으로 "오기(誤記)"와 "관측 불가"로 구분하였다. "관측 불가"는 사

---

110) 『국역 조선왕조실록』, 1968-1992, (세종대왕기념사업회: 서울); 증보판 국역 조선왕조실록 CD, 1997, (서울 시스템: 서울); 고종순종실록 CD, 1998, (서울 시스템: 서울).
111) 『증보문헌비고』 상위고, 1979, (세종대왕기념사업회: 서울).
112) 『승정원일기』, 1994, (민족문화추진회: 서울)
113) 안영숙, 이용복, 김동빈, 심경진, 이우백 2001, 『조선시대 일식도』 (한국천문연구원: 대전).

서에 기록은 되어있으나 조선에서는 볼 수 없는 일식들이고, 괄호 안에 나타낸 것은 그들 중 지하식(地下食)으로 사서에 수록된 것이다. 8번째 행과 마지막 행의 관측 가능한 수는 실제 그 당시에 관측할 수 있었던 일식 수이다.

조선시대의 천문 활동이 활발하였던 세종 때의 기록된 일식 수는 21개인데, 그중 33%인 7개의 일식이 잘못 계산되어져, 해가 진후 밤에 일어나는 지하식까지 포함하면 무려 9개의 보이지 않는 일식이 기록되었다. 이와 같은 일식 계산의 오류는 조선의 정세가 복잡하였던 고종 때(1864-1907)를 제외하면 가장 많은 기록이다. 고려시대 말부터 역법에 대한 연구가 있었지만 실제 달력을 만들어 낼 정도로 발전하지는 못했기 때문에, 세종 때까지 우리나라의 역법은 별로 발달하지 않았었다. 당시는 역서를 중국에서 가져다 사용하여야만 했다. 일식은 지역마다 그 보이는 것이 다르고 진행 정도가 다른데, 중국의 자료를 그대로 가져다 사용하니 오차가 많이 날수밖에 없었을 것이다. 기록에 따르면 조선 초기에는 일식과 월식의 예보가 잘 맞지 않아 예측한 시각에 일식과 월식이 안 일어나거나 늦게 일어나는 일이 수차례 있었다. 다음의 조선왕조실록의 기록들이 그런 예이다.

표 5-1. 조선 시대의 왕의 묘호에 따른 시대별 일식 기록

왕의 묘호	사서의 기록		계산자료*	일식총수	잘못된 기록		관측가능한 수	왕의 묘호	사서의 기록		계산자료*	일식총수	잘못된 기록		관측가능한 수
	실록	기타			오기	관측불가#			실록	기타			오기	관측불가#	
태조	2		1	3		1	2	광해군	4	3	1	8	1	3	4
정종	1		0	1		0	1	인조	18	1	0	19	1	4	14
태종	6		2	8		2	6	효종	3	4	0	7		2	5
세종	21		1	22	1	9(2)	12	현종	3	2	0	5		1	4
문종	1		0	1		0	1	숙종	17	3	0	30	2	3(1)	25
단종	3		0	3		0	3	경종	1		1	2		0	2
세조	5	1	0	6	1	1	4	영조	22	3	1	26		5(2)	21
예종	1		0	1		0	1	정조	10	1	0	11	1	0	10
성종	8		2	10	1	0	9	순조	15		2	17		1	16
연산군	5		0	5		0	5	헌종	11		0	11		5(4)	6
중종	15		7	22	2	1	19	철종	12		1	13		5	8
인종	1		0	1		0	1	고종	28	1	3	32		13(4)	19
명종	10		0	10		2(1)	8	순종	0		2	2		0	2
선조	8	11	4	23	1	2(2)	20								
총 계									231	30	38	299	11	60(16)	228

*: 계산자료는 현대 계산법으로 당시에 일어날 수 있는 일식의 횟수를 구한 후, 이 값에서 사서의 기록이 있는 것을 뺀 것임.

#: 괄호( ) 안의 숫자는 지하식으로 기록된 일식 수임.

<태종 1년, 1401년 3월 1일(경신)>

서운관(書雲觀)에서 일찌기 일식(日食)이 있으리라고 알리었었는데, 이때에 이르러 보이지 않았다.

<태조 7년, 1398년 4월 15일(신묘)>

겸 서운주부(兼書雲注簿) 김서(金恕)가 월식(月食)을 아뢰었는데, 끝내 먹히지 아니하였다. <세종 4년, 1422년 1월 1일(기미)>

일식이 있으므로, 임금이 소복(素服)을 입고 인정전의 월대(月臺) 위에 나아가 일식을 구(救)하였다. 시신(侍臣)이 시위하기를 의식대로 하였다. 백관들도 또한

소복을 입고 조방(朝房)에 모여서 일식을 구하니 해가 다시 빛이 났다. 임금이 섬돌로 내려와서 해를 향하여 네 번 절하였다. 추보(推步)하면서 1각(刻)을 앞당긴 이유로 술자(術者) 이천봉(李天奉)에게 곤장을 쳤다.

<세종 28년, 1446년 4월 1일(무술)>
　서운관(書雲觀)에서 아뢰기를, "의당 일식(日食)을 할 터인데 하지 않았습니다." 하였다.

이에 세종은 조선이 중국과 지리적으로 경도와 위도가 다르므로 역법이 달라야 하고, 일식도 다른 시각에 관측되어질 수밖에 없다고 판단하고 조선도 자주적인 역법을 만들어야겠다는 필요를 갖게 되었다. 그래서 세종은 여러 학자들에게 조선의 지정학적 위치에 맞는 역법을 연구하게 하여 칠정산내·외편을 편찬하였고, 이 방법을 이용하여 일식과 월식을 계산하고 예보하기 시작했다. 따라서 칠정산내·외편의 편찬 이후에는 일식과 월식 계산의 오류가 많이 줄어들었다. 일식기록을 조사한 표 5-1을 보면 성종이나 중종 때에는 8회, 15회의 적지 않은 수의 일식 예보에도 불구하고 1번의 오류 밖에 없었다. 이것은 세종 때에 만든 역법이 정밀하였다는 간접적 증명이다.

그러나 광해군시대인 1600년대 초부터 다시 일식과 월식 계산의 오류가 생기기 시작했다. 이때는 칠정산내·외편을 편찬한 후 수백 년이 흘렀으므로 오차가 있었을 것으로 추측된다. 역법의 기본 상수들은 세월이 흐름에 따라 조금씩 바뀌므로 보정을 해주어야 하는데 그것이 뒤따르지 않았기 때문이다. 이런 사정은 중국도 비슷해서, 그동안 사용하던 역법인 대통력에 의한 일식 계산에 오류가 생기므로 역법을 개선해야만 하였다. 그래서 당시 중국에 들어온 서양 선교사들의 도움으로 서양 역법의 개념을 추가한 새로운 역법인 시헌력을 만들게 되었다. 조선은 소현 세자가 청나라에 볼모로 가있을 때 새로운 역법이 있음을 알고, 학자들로 하여금 새로운 역법을 배우게 하였고, 이것이 조선에 전래된 시헌력의 시작으로 1653년부터 이 역법을 사용하였다. 그러나 시헌력은 1653년부터 도입되기는 했으나 일식과 월식에 관한 것은 중국으로부터 제대로 배워오지를 못해 많은 오류가 생기게

되었다.114)

시헌력의 일식과 월식 계산법은 그 후 1706년(숙종 32년)에 시헌력의 칠
정법을 배워오면서 비로서 시헌력에 의한 일식과 월식 계산을 할 수 있었
다. 그러나 이때도 오행성(五行星) 등에 대해서는 완전하게 배워오지 못했
다. 영조 임금 때에는 역법계산에 오류가 자주 발생했고, 그때마다 역관(曆
官)이 중국에 가서 부족한 부분의 역법을 배워오곤 하다가, 1744년(영조
20)에 이르러 역상고성(曆象考成) 후편을 들여옴으로써 비로소 일월의 운행
과 교식 계산을 하게 되었다.115) 이때까지는 시헌력과 더불어 칠정산내편
과 칠정산외편에 의한 계산을 같이 수행해 서로의 값을 비교해 보곤 하였
다. 따라서 영조 때까지는 20%~30%정도의 예보율의 오차가 있었으나 정
조와 순조대에서는 비교적 예보율이 잘 맞게 되었다. 그 후에 일식 예보율
은 고종 임금대에 와서 급격하게 틀려졌는데, 당시의 시대적 상황 때문인지
또는 시헌력법에 의한 일식 계산이 1-2백년간만 잘 맞고 그 후에는 틀린
것인지, 아니면 계속적으로 칠정산내·외편과 대명력을 사용하면서 생긴 오
차인지는 문헌에 자세한 언급이 없으므로 알 수가 없다.

2. 조선 시대의 일식과 월식 예보

조선시대의 일식과 월식 예보는 초기에는 대통력으로 계산하였지만, 이
방법이 조선 초기에 여러 번 오류가 생기게 됨에 따라 세종이 역법을 정비
한 후에는 대통력에 의한 방법과 칠정산내편에 의한 방법, 칠정산외편에 의
한 방법으로 계산하게 되었다. 그리고 시헌력이 도입된 후에는 이 세 방법
과 시헌력의 방법까지 포함해 4종류의 역법으로 천문현상을 계산하였다는

---

114) 「국역 조선왕조실록」, 1968-1992, (세종대왕기념사업회: 서울); 이은성, 1985,
　　「역법의 원리분석」 (정음사: 서울), pp.338-339.; 「한국천문학사 연구」, 1999,
　　한국천문학사 편찬위원회 (녹두출판사: 서울). pp 186.
115) 이은성, 1985, 「역법의 원리분석」 (정음사: 서울), p.339.

기록이 사서에 종종 나온다. 그러나 각 방법으로 계산한 일식과 월식의 예보가 또한 서로 달라서 실제로 관측을 하여 정확한 시각을 알아내려고 노력하기도 했다. 이것은 그만큼 일식과 월식의 예보가 어렵다는 뜻이기도 하다. 다음의 자료들은 조선시대의 일식과 월식 계산방법에 대해 언급한 여러 기록 중 대표적인 자료만 예제로 제시하였다.116)

<현종 5년, 1664년 윤6월 8일>
관상감이 아뢰기를, "오는 윤6월 16일에 월식이 있는데 4편의 산법(算法)으로 추산해 보건대 시헌 역법(時憲曆法) 및 외편법(外篇法)은 월식이 땅 아래에서 일어나게 되어 있고, 대명 역법(大明曆法) 및 내편법(內篇法)에는 처음 이지러지는 시각이 해가 뜨는 시각과 가깝습니다. 달의 운행은 혹 영축(盈縮)에 있어서 변동이 없지 않으니, 달이 질 때에 만약 이지러지는 일이 있게 되면 보는 대로 구식(救蝕)을 하지 않을 수 없습니다.

<현종 11년, 1670년 윤2월 9일>
관상감이 아뢰기를, "올 윤2월 16일에 월식(月食)이 있습니다. 네 편의 산법(算法)으로 추론해 보니, 대명 역법(大明曆法)에는 월식이 없고 내편법(內篇法)에는 월식의 시작이 유초(酉初) 3각(三刻)에 있으며 외편법(外篇法)에는 월식의 시작이 유정(酉正) 초각(初刻)에 있으며 시헌법(時憲法)에는 월식의 시작이 유정(酉正) 1각(一刻)에 있는데, 세 역법에 월식의 시작이 모두 해가 질 무렵에 있습니다. 달이 뜨면서 월식이 시작되면 보는 대로 구식(救食)을 하지 않을 수 없습니다. 본감의 관원으로 하여금 남산(南山)에 올라가 자세히 살피고 있다가 월식을 보면 방화(放火)하게 하여, 즉시 궐정에서 구식하소서. 하니, 상이 윤허하였다.

<영조 14년, 1738년 12월 16일>
관상감에서 아뢰기를, "4편의 역법(曆法)을 고찰해 보건대, 대명력(大明曆)에는 월식하지 않는다 하였고, 시헌역서법(時憲曆書法)에는 당초 묘시(卯時) 초 3각(三刻)에 이지러진다 하였고, 내편법(內篇法)에는 당초 묘정(卯正) 2각에 이지러진다 하였고, 외편법(外篇法)에는 당초 묘정 초각(初刻)에 이지러진다고 하였습니다."

---

116) 『증보판 국역 조선왕조실록 CD』, 1997, (서울 시스템: 서울).

<영조 30년, 1754년 3월 11일>

관상감(觀象監)에서 아뢰기를, "일식(日蝕)·월식(月蝕)이 하늘가에 보이면 으레 높은 곳에 올라 바라보아야 할 것입니다. 이번 3월 15일 을축(乙丑)의 망월식(望月食)을 4편(篇)의 역법(曆法)으로 추산하건대, 《대명력(大明曆)》의 역법으로는 월식이 없어야 할 것이고 《칠정내외편(七政內外篇)》으로는 월식이 지하(地下)로 있어야 할 것인데, 《시헌력(時憲曆)》의 역법에는 다시 둥글게 되는 것이 유정(酉正) 1각(刻) 8분(分)에 있으니 그날의 해넘이 때와 서로 가깝습니다. 달돋이 때에 미처 다시 둥글게 되지 않는다면 보이는 대로 구식(救食)하지 않을 수 없을 것이니, 특별히 본감(本監)의 관원을 정하여 남산(南山)에 올라 바라보다가 달돋이 때에 다시 둥글게 되지 않거든 곧 화전(火箭)으로 서로 알리어 구식하도록 하소서"

세종은 학자들에게 명하여 중국에서 사용하였던 역법들인 수시력과 대통력, 대통력법통궤 등을 연구하고 참고하여 조선의 위치에 적합한 역법으로 개선토록 하여 1442년에 칠정산내편을 편찬케 하였다. 그러나 칠정산내편에 의한 일·월식예보는 잘 맞지 않았는데, 칠정산내편의 근본이 되는 대통력이 그 이전인 1281년에 만들어진 수시력을 거의 그대로 답습한 역법으로, 세월이 흐름에 따라 관련된 천문상수를 보정해 주어야하는데, 그렇지 않았기 때문으로 추론된다. 칠정산외편에 의한 일식과 월식 계산은 칠정산내편에 비해 잘 맞는다는 기록은 실록에 여러 번 기록되어있다(표 5-2 참조). 중국에서도 회회력에 의한 일식과 월식 계산이 대통력보다 잘 맞아서 명(明)의 후반기의 교식 계산에는 회회력을 따랐다고 한다.[117]

17세기 초에 서양 선교사들이 중국에 들어가면서 유입된 서양 역법은 시헌력으로 만들어졌고, 조선은 그 역법을 받아들여 1653년부터 사용하기 시작하였다. 그러나 일·월식에 관한 부분은 제대로 배워오지를 못하고 불완전하게 도입이 되어 사용되다가 1729년이 되어서야 비로소 시헌력을 이용해 일식과 월식을 계산하게 되었다. 시헌력 도입 이후 일식과 월식 계산이 완전히 정착하기까지 수십 년의 세월이 걸린 것이다. 따라서 이 시기 이전에

---

117) 이은성, 1985, 「역법의 원리분석」 (정음사: 서울), p.336.

는 일식과 월식 예보를 칠정산내편과 칠정산외편에 의한 방법을 같이 병행해 사용하였을 것으로 보인다. 한편 17~18세기에는 불완전한 시헌력법과 수백 년 전에 결정되어진 칠정산내·외편의 여러 상수들 때문에 일식과 월식 예보의 오류가 많은 것은 이해가 되지만 이 시기 이후인 고종 시대에 일식 기록의 오류가 많은 것은 쉽게 이해가 되지 않은 부분이다.

3. 칠정산외편의 일식과 월식 계산방법

조선시대의 일식 기록에는 칠정산내편의 계산이 실제 예측시각과 잘 맞지가 않아 칠정산외편으로 계산하였다는 기록이 종종 나와 있다. 그 한 예가 표 5-2의 첫 번째 행이다. 제2장에서 칠정산외편의 표들과 알마게스트에 있는 여러 표의 값들을[118] 비교해볼 때, 일부는 회회력을 거쳐 그대로 전해져 사용하였음을 알 수 있었다. 일식 계산에는 7종류의 표들을 이용해 관련된 값을 구해서 계산하여야 한다. 각각의 표의 이름은 "태양최고행도와 일중행도의 표", "태양가감차의 표", "주야가감차의 표", "태양·태음영경분과 비부분의 표", "태음중심행도와 가배상리·본륜행도의 표", "경위시가감차의 표", "태음황도남북위도와 가감분의 표"이다.

칠정산외편에 따른 일식과 월식 계산과정을 요약하고, 그에 따른 1447년 (정묘년) 8월 일식의 계산 값을 수록하고 용어를 설명한 것은 Ⅲ장 태양과 달 항목에 잘 기술되어있다. 그림 5-1은 1447년 8월 1일의 일식도를 나타낸 것이다.

---

118) Toomer, G. J. 1998, 「Ptolemy's Almagest」 (Princeton Univ. press: New jersey).

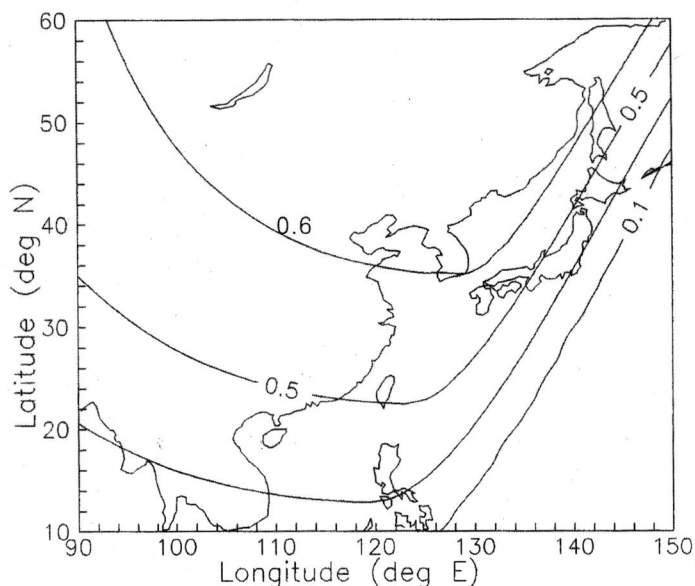

그림 5-1. 1447년 음력 8월 1일의 일식도 (안영숙 등, 2001)

표 5-2. 일식 예보에서 칠정산외편의 우수성을 표현한 기록

음력년도와 날 짜	기록 내용
중종 12년 1517. 6. 1.	해가 내편법(內篇法)의 시각을 지나도록 일식하지 않더니, 외편법(外篇法)의 시각인 미초 삼각(未初三刻)에 이르러서야 일식하였다.
선조 36년 1603. 4. 1.	시간 헤아리는 법을 《칠정산(七政算)》 외편(外篇)에 있는 대로 하여, 그 시각이 되자, 구식(救蝕)할 것을 아뢰었었다.
성종 20년 1489. 2. 13.	병조 판서(兵曹判書) 허종(許琮)이 일월식 추보산법(日月食推步算法)을 가지고 와서 아뢰기를, "신이 삼가 내외편(內外篇)의 법을 상고하건대, 오직 외편의 법이 우리 조정의 쓰는 바에 합합니다.
중종 34년 1539. 9. 3.	관상감 영사(觀象監領事) 윤은보, 제조(提調) 윤인경·김안국·김수성이 아뢰기를, "당초 해와 달의 추산관(推算官) 조헌조(趙憲祖)가 내편(內篇)을 가지고 추산(推算)할 때 처음에는 일식으로 그날을 추정했었으나, 법 중에 다 없어지지 않으면 일식이 아니라는 말이 있기 때문에 일식일이 아니라고 단정하고 다시 추산하지 않았던 것입니다. 외편 및 《대명력(大明曆)》 두 법을 이제 김효신(金孝信)으로 하여금 다시 법 중에서 추산하게 했더니, 또 감수(減數)에 미치지 못하면 교종도(交終度)를 더하여 감한다고 한 말이 있기 때문에 드디어 일식이라고 한 것입니다. 또 외편과 《대명력(大明曆)》에는 모두 일식이라고 나와 있고, 시각(時刻)만 맞지 않습니다.

4. 칠정산 내·외편과 현대방법에 의한 일식과 월식 계산 값의 비교

일식과 월식 계산 방법의 예를 기록한 세종 29년 정묘년(1447년) 교식가 령은 세종이 칠정산내·외편을 편찬하면서 그 방법대로 1447년 음력 8월 1 일의 일식 현상과 8월 15일의 월식현상을 계산해 편찬한 것이다. 칠정산내 편의 값은 같은 일식에 대해 정묘년 교식가령과 교식추보법의 두 곳에 수 록되어있다. 정묘년 교식가령을 편찬한 후, 다시 손질을 해서 교식추보법 을[119] 편찬하였다고 한다. 일식의 경우는 교식추보법이 현대값과 더 잘 맞 으나, 월식의 경우는 정묘년 교식가령으로 계산한 값이 더 잘 맞는다. 따라 서 이 연구에서도 칠정산내편의 자료 중 일식은 교식추보법을, 월식은 정묘 년 교식가령의 값을 이용하였다. 칠정산외편과 칠정산내편의 계산 방법과 현대적인 계산 방법은 각각 다른 방법으로 일식을 계산하기 때문에 각 과 정의 값들을 서로 비교할 수는 없고 최종적인 값만을 비교하였다.

표 5-3. 조선시대의 일식과 월식 계산에 사용한 년도별 균시차

년도(음력)	년도(양력)	균시차	년도(음력)	년도(양력)	균시차
1447. 8. 1	1447. 9. 10	6분 10초	1447. 8. 15	1447. 9. 24	10분 43초
1473. 4. 1	1473. 4. 27	4분 3초	1596. 윤 8. 15	1596. 10. 6	11분 51초
1517. 6. 1	1517. 6. 19	-2분 4초	1670. 윤 2. 16	1670. 4. 5	-2분 43초
1603. 4. 1	1603. 5. 11	4분 12초	1738. 12. 16	1739. 1. 25	-12분 46초

현대적인 일식 계산 프로그램은 미국 JPL (Jet Propulsion Laboratory)에 서 배포한 DE406/LE406의 자료를 이용해 개발하였고,[120] 월식 계산 프로

---

119) 이순지, 김석제, 「交食推步法」, 규장각본.
120) Fiala, A. D. and Bangert, J. A. 1992, 「Explanatory Supplement to Astronomical Almanac」, ed. by Sidelmann, P. K (University Science Books: California), Ch. 8.

그램은 Meeus의 논리를 참고해 개발하였다.[121] DE406/LE406 package는 높은 정확도로 장기간(-3000년 ~ +3000년)에 걸쳐 행성의 위치를 계산할 수 있도록 해주는 천체의 위치 추산력의 기초 자료이다.[122]

두 방법에 의한 계산값 비교에서 조선시대에 사용한 시각은 진태양시이고, 현대시각은 평균태양시이므로 균시차 보정과 경도 보정을 해주었다. 균시차는 진태양시에서 평균태양시를 뺀 것으로, 이 연구에서 계산한 균시차는 표 5-3으로 제시하였다. 보정방법은 현대 계산법에 의한 시각은 현재의 자오선인 135도를 표준시로 하여 계산한 값이므로, 먼저 균시차를 더해주고, 다시 당시의 측정 기준위치였던 한양의 경도인 127도에 맞추어 변환시켜주기 위해 32분을 빼주는 경도 보정을 해주었다.

이 방법들에 의해 계산한 결과는 표 5-4에서 보는 바와 같이 칠정산내편을 이용했을 경우, 현대의 계산값과 초휴(初虧, 식의 시작)와 복원(復元, 식의 종료)에서 각각 약 17분과 26분의 시간차이가 생기는 반면, 칠정산외편을 이용했을 경우에는 각각 약 1분과 2분의 시간차이가 있다. 표 5-5는 정묘년의 월식에 대해 계산한 값을 현대값과 비교해 놓은 것이다. 이 표에서 보는 바와 같이 월식의 경우는 초휴와 식심, 복원에서 칠정산내편을 이용하였을 경우는 각각 약 35분, 43분, 51분의 시간 차이가 발생하였고, 칠정산외편을 이용해 계산하였을 때는 약 25분, 35분, 44분으로 역시 작지 않은 시간 차이가 발생하였다.

---

121) Meeus, J. 1991, 「Astronomical Algorithms」 (Willmann-Bell, Inc.: Virginia), ch. 52.

122) Standish, E. M. 1996, 「JPL Planetary and Lunar Ephemerides on CD-ROM」 (Willmann-Bell Inc.: USA).

표 5-4. 1447년의 일식에 대한 칠정산내·외편의 값과 현대 계산값의 비교

상 태	칠정산내편의 예보값 (A)	A-C	칠정산외편의 예보값 (B)	현대적 방법에 의한 계산값(C)	B-C
초휴시각	신정 2각 427분 72 16시 33분 56초	-17분19초	신정 3각 50초 16시 50분 27초	16시 51분 15초	-48초
식심시각	유초 3각 1143분 92 17시 56분 56초	1분17초	유초 3각 69초 17시 53분 10초	17시 55분 39초	-2분29초
복원시각	술초 1각 460분 12 19시 19분 55초	25분44초	유정 3각 88초 18시 55분 53초	18시 54분 11초	1분42초

표 5-5. 1447년의 월식에 대한 칠정산내·외편의 값과 현대 계산값의 비교

상태	칠정산내편의 예보값 (A)	A-C	칠정산외편의 예보값 (B)	현대 계산값 (C)	B-C
초휴	미정 2각 424분 16 14시 33분 53초	-35분 29초	신초 2각 41초 15시 34분 45초	15시 09분 23초	25분 22초
식기	신초 3각 259분 08 15시 46분 19초	-27분 25초	신정 3각 31초 16시 47분 38초	16시 13분 44초	33분 54초
식심	신정 0각 980분 32 16시 11분 46초	-43분 18초	유초 2각 08초 17시 29분 54초	16시 55분 04초	34분 50초
생광	신정 2각 701분 56 16시 37분 13초	-59분 12초	유정 초각 84초 18시 12분 10초	17시 36분 25초	35분 45초
복원	유초 3각 536분 48 17시 49분 38초	-51분 08초	술초 1각 74초 19시 25분 03초	18시 40분 46초	44분 17초

표 5-6. 칠정산외편과 현대 계산법에 의한 일식 예보 시각 비교

년도와 날짜(음력)	상태	칠·외편에 의한 일식예보값(A)	(A)를 현대시각 으로 보정한 값(B)	현대 계산법의 일식 계산값(C)	두 방법간의 시간차이 (B-C)
세종 29년 1447. 8. 1	초휴 식심 복원	신정 3각 50초 유초 3각 69초 유정 3각 88초	16시 50분 27초 17시 53분 10초 18시 55분 53초	16시 51분 15초 17시 55분 39초 18시 54분 11초	-48초 -2분 29초 1분 42초
성종 04년 1473. 4. 1	초휴	미정 4각	14시 58분 48초	15시 16분 07초	-17분19초
중종 12년 1517. 6. 1	초휴 복원	미초 삼각 신초 삼각	13시 50분 24초 15시 50분 24초	13시 57분 33초 16시 08분 49초	-07분 09초 -18분 25초
선조 36년 1603. 4. 1	초휴 식심	진시초 3각 진시정 3각	07시 50분 24초 08시 50분 24초	08시 09분 53초 09시 26분 11초	-19분 29초 -35분 47초

칠정산내·외편의 편찬 이후에는 일식과 월식의 계산을 대통력과 칠정산내·
외편을 모두 사용하여 계산하였겠지만, 실제 일식 현상을 통해 검증된 결과
가 정묘년 교식 가령의 자료를 살펴본 바와 같이, 칠정산외편에 의한 계산
이 더 잘 맞다는 기록이 조선왕조실록의 여러 곳에 있는 것으로 보아 그
방법을 더 신뢰했을 것으로 생각한다. 물론 시헌력이 사용된 후에도 시헌력
에 의한 교식방법이 완전히 정착된 18세기 중엽까지는 칠정산외편을 활용
했을 것으로 보인다. 그러나 이 시기에 대해서는 확실한 기록이 없으므로
더 이상 다루지 않았다.

5. 조선시대의 일·월식 기록과 현대적인 계산 방법에 의한 값과의 비교

조선 시대의 사서에는 많은 일식과 월식의 기록이 있으나 일·월식의 진행
시각이 자세히 기록된 것은 그다지 많지 않다. 일식의 진행 시각이 나타난

것은 30여개 정도이고, 월식은 50여개정도가 수록되어있다. 그 중에서도 시각표시가 각(刻)까지 정확하게 기록되어 있지 않고 진시, 사시, 진시 초, 사시 초, 2경, 4경 등으로 확실한 값을 알 수 없는 경우도 여럿 있었다. 이 연구에서는 일식의 시각표시가 각(刻)단위까지 비교적 자세하게 나와 있는 기록들 중 칠정산외편을 이용해서 일식을 계산한 자료를 발췌해서 표 5-6에 수록하고, 현대적인 방법으로 계산한 값들과 비교하여 보았다. 월식에 대해서는 표 5-7로 비교하여 놓았다.

표 5-7. 칠정산외편과 현대 계산법에 의한 월식 예보 시각 비교

년도와 날짜 (음력)	상태	칠·외편에 의한 월식예보값(A)	(A)를 현대시각 으로 고친 값(B)	현대 계산법의 월식 계산값(C)	두 방법간의 시각차이 (B-C)
세종 29년 1447. 8.15	초휴 식심 복원	신초 2각 41초 유초 2각 08초 술초 1각 74초	15시 34분 45초 17시 29분 54초 19시 25분 03초	15시 09분 23초 16시 55분 04초 18시 40분 46초	25분 22초 34분 50초 44분 17초
선조 29년 1596. 윤 8.15	초휴 복원	지하에서 월식 신시 2각	16시 36분 00초	15시 18분 11초 17시 23분 40초	-47분 40초
현종 11년 1670. 윤 2.16	초휴	유정 초각	18시 07분 12초	18시 28분 46초	-21분 34초
영조 14년 1738. 12.16	초휴	묘정 초각	06시 07분 12초	06시 18분 40초	-11분 38초

표 5-6에는 칠정산외편과 현대적인 계산 방법간의 얻어진 일식의 시각 차이를 수록하였는데, 현대와 같이 정확하게 몇 분 몇 초의 차이까지 구하기는 어려웠다. 칠정산외편의 시제는 1일(日)은 100각(刻)이고, 1각은 864초이다. 당시의 예보 시각 기록이 각(刻)단위까지 되어있고, 1각은 조선 초기의 시각법으로는 14.4분이므로 오차 범위는 ±7.2분이며,[123] 현대와 같이 그 정확한 시각 지점을 잡을 수는 없었다. 식의 예보 시각이 각까지만

---

123) 이용삼, 2001, "조선시대 천체 관측의기 구조와 사용법", 충북대 자연과학연구 (충북대학교: 청주), 15권, pp.17-34.

표시된 경우에, 두 비교값의 차이로 구한 값은 표시된 시각 값중 각(刻)의 중간 값, 즉 초각은 7.2분, 1각은 21.6분, 2각은 36.0분, 3각은 50.4분, 4각은 58.8분 등으로 환산하였을 때 구한 값이다. 따라서 계산값과는 0.5각의 범위 내에서 오차가 있을 수 있다. 표 5-6을 살펴보면 세종시대의 일식은 3분여 이내의 범위 내에서 잘 들어맞으나 조선 중기로 갈수록 그 시간차는 더 커진다. 1각의 범위를 고려하여도 선조 때의 30여분 이상의 시간차는 작지 않은 차이다. 월식의 계산 자료를 비교한 표 5-7에서도 두 방법 간의 시간차이가 30여분씩 벌어진다. 이 두 표의 시간 차이를 보면서 조선 왕조실록의 기록처럼 당시의 학자들이 여러 역법으로 식현상을 계산해 비교해보고 시간 차이를 줄이려 했던 것을 짐작해 볼 수 있으며, 오차가 커짐에 따라 새로운 역법의 필요성이 있었을 것임을 알 수 있다. 조선 후기의 일식과 월식 자료에는 식분값도 잘 기록되어있고, 그 값은 계산된 값과도 잘 맞는다. 그러나 칠정산외편이 사용되었던 조선 초기의 기록에는 1447년의 자료 외에는 식분이 기록된 자료가 발견되지 않아 식분 비교를 할 수 없었다.

6. 현대적인 일식 계산방법

일식의 계산법은 여러 책에 설명되어 있는데, 이 연구에서는 Astronomical Alamanc의 계산 과정을 설명해 놓은 책인 Explanatory Supplement to the Astronomical Almanac(1977,[124] 1992[125]))에 수록한 방법을 토대로 하여 프로그램을 작성하였다.

---

124) 「Explanatory Supplement to Astronomical Ephmeris and the American Ephemeris and Nautical Almanac」, 1977, (Her Majesty's Stationery Office: London), Ch. 9.
125) Fiala, A. D. and Bangert, J. A. 1992, 「Explanatory Supplement to Astronomical Almanac」, ed. by Sidelmann, P. K. (University Science Books: California), Ch. 8.

(1) 일식이 일어날 조건

현대 천문학에서 일식이 일어날 조건은 태양이 황도와 백도의 교점에서 어느만큼 떨어져 있는가 하는 ξ값과 달의 황위 β_m에 의해 결정되어진다. 그리고 이 값들은 태양과 달의 각반경 s_s, s_m, 지평시차 π_s, π_m, 황도에 대한 달 궤도의 기울기 등의 여러 값에 영향을 받는다. 이 값들의 평균치를 구해 일식이 일어날 조건인 ξ와 β_m에 대해 조사해보면 표 5-8과 같다.

(2) Besselian Elements 계산

일식 예보의 기본적인 방법은 베셀에 의해 소개되어진 후, 여러 학자들에 의해 개선되어져왔다. Bessel은 식현상을 예보하기 위해 달 그림자에 대한 몇 가지 요소들을 계산해서 사용하도록 하였는데, 이것이 Besselian Elements이다. 이 요소들을 이용해임의의 순간에 지표면에 식현상 때문에 나타나는 달 그림자인 shadow cone의 크기와 방향을 구할 수 있다. 이 요소로는 기준 면 (Fundamental Plane)과 달그림자가 만나는 지점의 좌표을 나타내는 x, y, 그림자축의 방향을 나타내는 요소로서, 천구상의 z축의 임의의 점에서의 적위의 삼각함수 값(sin d, cos d), 그리니치 시간각(μ), 그리고 기준면의 반그림자 (penumbra)와 본그림자(umbra)의 반경 (l_1, l_2)이 있고, 상수 값으로 tan f_1, tan f_2 와 μ와 d의 시간 변화율의 값 등이 있다. 이 요소들 중 상수값을 제외한 7개의 Besselian elements는 몇 년 전까지 Astronomical Almanac에 매년 각각의 일식에 대해 표로 수록 되어있다. 그러나 최근에는 이 표가 수록되지 않고 있다.

표 5-8. 일식이 일어나기 위한 βm과 ζ 의 범위

현상	βm의 범위	ζ의 범위
no eclipse	$\beta m > 1° 34' 46''$	$\zeta > 18°.45$
eclipse possible	$1° 24' 36 < \beta m < 1° 34' 46''$	$12°.06 < \zeta < 18°.45$
eclipse certain	$\beta m < 1° 24' 36''$	$\zeta < 12°.06$

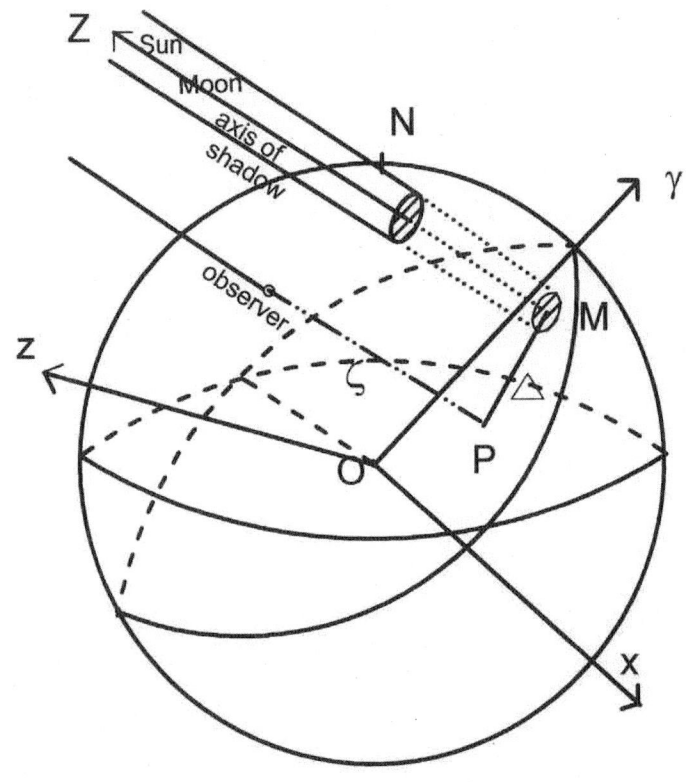

그림 5-2. 기준면에 투영된 관측자와 달 그림자의 위치 관계
P는 투영된 관측자 위치(ξ, η)이고, M은 그림자축이 투영된 것(x, y)이다. (Explanatory Supplement, 1977, p.217).

기준면에 투영된 달 그림자 M과 관측자의 관계를 표시한 그림 5-2를 살펴보자. 이 그림의 중심 O는 지구중심이고, 기준면은 태양과 달의 중심을 연결하고, 지구를 향한 달 그림자축에 수직인 평면이다. 그리고 기준축인 x축은 적도와 기준면과의 교차선으로 춘분점방향이며, 동쪽 방향이 "+"인 반향이다. y축은 기준면에서 x축에 수직이며 북쪽 방향이 "+"가 된다. z축은 달그림자축인 SM축과 평행이며 기준면에 수직인 축이다. P점은 관측자의 위치가 기준면에 투영된 위치 (ξ, η)이고, M점은 달 그림자가 투영된 위치(x, y)이다. 지구중심에서 태양과 달까지의 거리를 r, rm이라 하면, 태양과 달의 위치벡터 r과 rm은 태양의 적경과 적위(α_s, δ_s), 달의 적경과 적위 (α_m, δ_m)의 관계식으로 다음과 같이 나타낼 수 있다. π_s, π_m은 태양과 달의 지평시차이다.

$$r_s = \cos \alpha_s \cos \delta_s,\ \sin \alpha_s \cos \delta_s,\ \sin \delta_s \qquad (5\text{-}6\text{-}1)$$

$$r_m = (\sin \pi_s / R \sin \pi_m)\ (\cos \alpha_m \cos \delta_m,\ \sin \alpha_m \cos \delta_m,\ \sin \delta_m)$$
$$(5\text{-}6\text{-}2)$$

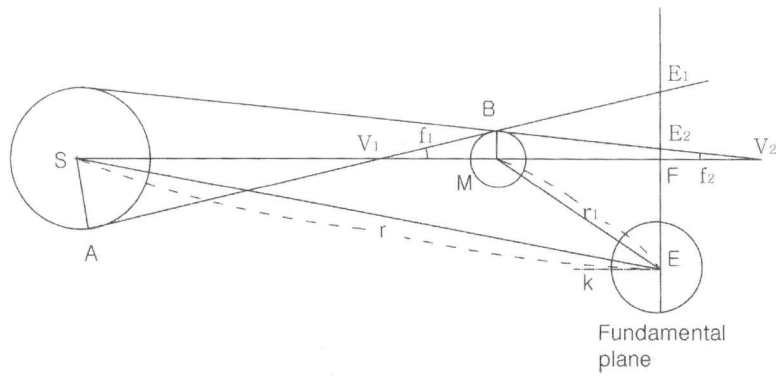

그림 5-3. Besselian Elements를 구하기 위한 일식의 각 요소들

그림 5-3에서 태양 S와 달 M의 원반의 외접선은 꼭지점이 V_2인 본그림자를 만들고 내접선은 꼭지점이 V_1인 반그림자를 만든다. 이 두 원뿔의 공

통 축인 선분 SV₂는 그림 자축이며 이 축에 수직인 기준면은 지구중심 직교좌표계의 x-y 평면이 된다. 이 좌표계의 단위벡터를 달그림자축이 향하는 천구상의 한 점 Z의 적경과 적위(a, d)로 표현하면, 그림자축의 벡터가 다음과 같이 구해지므로.

$$\mathbf{g} = (r_s - r_1) / |r - r_1| \qquad (5-6-3)$$

지구중심 적도좌표계의 (x, y, z)계의 각 단위 벡터 $\mathbf{k}$, $\mathbf{i}$, $\mathbf{j}$는 다음과 같다.

$$
\begin{aligned}
\mathbf{I} &= (-\sin a,\ \cos a,\ 0) \\
\mathbf{j} &= (-\cos a \sin d,\ -\sin a \sin d,\ \cos d) \qquad (5-6-4) \\
\mathbf{k} &= (\cos d \cos a,\ \cos d \sin a,\ \sin d)
\end{aligned}
$$

이것을 이용해 달의 위치 $(x_m,\ y_m,\ z_m)$를 나타내면 다음과 같다.

$$
\begin{aligned}
x_m &= r_m \cdot i = r_m \{\cos \delta_m \sin (\alpha_m - a)\} \\
y_m &= r_m \cdot j = r_m \{\sin \delta_m \cos d - \cos \delta_m \sin d \cos (\alpha_m - a)\} \\
z_m &= r_m \cdot k = r_m \{\sin \delta_m \sin d + \cos \delta_m \cos d \cos (\alpha_m - a)\}
\end{aligned}
$$
$$(5-6-5)$$

Z의 적경 a는 겉보기 그리니치 항성시 T_s에서 빼주어 그리니치 시간각(μ)으로 변환하여 사용한다.

$$\mu = T_s - a \qquad (5-6-6)$$

R과 k가 지구 반경단위로 표시한 태양과 달의 반경이라면, 그림 5-3에서 태양과 달의 외접선과 중심선이 이루는 각 f_1(첨자 1은 반그림자를 의미한다)은 다음과 같이 나타낼 수 있다. 이때 s_s, π_s는 단위거리(=1 AU)에 있을 때의 태양의 각반경(15′59″.63)과 지평시차(8″.80)이다. g는 태양과 달

의 중심거리를 단위 거리로 나눈 값이고, R은 단위 거리이며, 지구에 대한 달의 반지름의 비인 k 는 IAU에서 1982년에 채택되어진 0.2725076의 값을 사용했다.

$$\sin f_1 = k/MV_1 = R/SV_1 = (R+k)/MS = (R+k)/\,|\,r - r_1\,|$$
$$= (sin\,S_S + k\,\sin\,\pi_s)/\,g{\cdot}R \qquad (5\text{-}6\text{-}7)$$

태양과 달의 내삽선과 중심선이 이루는 각 f_2 (첨자 2는 본그림자를 의미한다)는 다음과 같다.

$$\sin f_2 = (R-k)/\,|\,r{-}r_1\,| = (sin\,S_S - k\,\sin\,\pi_s)\,/\,g{\cdot}R \qquad (5\text{-}6\text{-}8)$$

c_1와 c_2를 V_1와 V_2의 거리라고 하고 지구반경단위로 나타내면 다음과 같으며.

$$V_1M = c_1{-}z_1 \qquad (5\text{-}6\text{-}9)$$

$$c_1 = z_1 + V_1M = z_1 + k\ \cosec f_1$$
$$c_2 = z_2 - V_2M = z_2 - k\ \cosec f_2 \qquad (5\text{-}6\text{-}10)$$

반그림자와 본그림자의 원뿔의 원의 반경 l_1, l_2는 아래와 같이 표현할 수 있다.

$$l_1 = c_1 \tan f_1$$
$$l_2 = c_2 \tan f_2 \qquad (5\text{-}6\text{-}11)$$

l_1은 항상 양의 값을 가지며, l_2는 금환일식(c_2가 양)일 때는 양, 개기일식(c_2가 음)일 때는 음이다.

(3) 관측자의 좌표

일식을 관측하는 관측자 좌표 (ξ, η, ζ)는 관측자의 경도 λ와 지구중심위
도(geocentric latitude) ϕ'의 함수로 표현된다. ρ는 지구타원체 중심에서
관측자까지의 거리이다.

$$\xi = \rho \cos \phi' \sin \theta$$
$$\eta = \rho \sin \phi' \cos d - \rho \cos \phi' \sin d \cos \theta \qquad (5\text{-}6\text{-}12)$$
$$\zeta = \rho \sin \phi' \sin d + \rho \cos \phi' \cos d \cos \theta$$

θ는 지방시간각으로 다음과 같이 나타낸다.

$$\theta = \mu + \lambda \qquad (5\text{-}6\text{-}13)$$

좀 더 정확한 계산을 위해서는 지구의 편평도를 고려해 다음 관계식을
이용해 보정해 주어야 한다. e는 지구타원체의 이심율이다. 앞의 관측자 좌
표 (ξ, η, ζ)가 측지위도(geodetic latitude) ϕ의 함수로 바뀐다.

$$\rho \sin \phi' = (1-e^2) \sin \phi (1-e^2\sin^2\phi)^{-1/2} = S \sin \phi \qquad (5\text{-}6\text{-}14)$$

$$\rho \cos \phi' = \cos \phi (1-e^2\sin^2\phi)^{-1/2} = C \cos \phi \qquad (5\text{-}6\text{-}15)$$

관측자 좌표의 시간변화율은 다음과 같다.

$$\xi' = \mu' (\zeta \cos d - \eta \sin d)$$
$$\eta' = \mu' \xi \sin d - d' \zeta \qquad (5\text{-}6\text{-}16)$$
$$\zeta' = -\mu' \xi \cos d + d' \eta$$

(4) 조건방정식

그림 5-2의 기준면에 투영된 관측자(ζ, η, ζ)로부터 그림자축(x, y, ζ)까지의 거리를 Δ라 하고 y축에서 x축을 향하여 잰 위치각을 Q라 하자. 그러면 관측자의 좌표(ζ, η)를 다음과 같이 그림자의 좌표에 대한 방정식으로 얻을 수 있다.

$$\zeta = x - \Delta \sin Q$$
$$\eta = y - \Delta \cos Q \qquad\qquad (5\text{-}6\text{-}17)$$
$$\Delta^2 = (x-\zeta)^2 + (y-\eta)^2$$

일식이 시작할 때와 끝날 때, 관측자는 달의 그림자 원뿔의 표면에 위치한다. 즉

$$\Delta = L, \ \Delta^2 - L^2 = 0 \qquad\qquad (5\text{-}6\text{-}18)$$

이 되고, 지표면에서 그림자반경 L은 기준면에서 반그림자의 반경 l과 각 f 로부터

$$L = l - \zeta \tan f \qquad\qquad (5\text{-}6\text{-}19)$$

와 같이 얻을 수 있으며 본그림자의 경우와 반그림자의 경우 각각 다음과 같다.

본그림자 반경: $L_2 = l_2 - \zeta \tan f_2$
반그림자 반경: $L_1 = l_1 - \zeta \tan f_1 \qquad\qquad (5\text{-}6\text{-}20)$

그러므로 식 (5-6-17)을 다시 쓰면 다음 식이 된다.

$$(x-\xi)^2 + (y-\eta)^2 - (\, l-\zeta \tan f\,)^2 = 0 \qquad (5-6-21)$$

임의의 위치의 관측자에게 최대식의 근사적 기하학적 조건은 달 그림자의 반경과 Δ와의 차이가 최대가 되거나 Δ가 최소가 되는 것이다.

(5) 각 지역에서의 일식상황계산

일식 계산의 편의를 위해 다음과 같은 새로운 좌표계 (u, v)를 정의하였다. m과 n은 양(+)의 값이다.

$$
\begin{aligned}
u &= x - \xi \\
v &= y - \eta \\
m^2 &= u^2 + v^2
\end{aligned}
\qquad (5-6-22)
$$

이 좌표의 시간변화율은 다음과 같다.

$$
\begin{aligned}
u' &= x' - \xi' \\
v' &= y' - \eta' \\
n^2 &= u'^2 + v'^2
\end{aligned}
\qquad (5-6-23)
$$

관측자의 좌표는 측지위도인 φ와 관측자 경도 λ', 그리고 관측자의 지구 타원체로부터의 고도 H로부터 얻어진다. 먼저 측지위도로부터 지구중심위도를 다음과 같이 얻는다.

$$\rho \sin \phi' = (S+H) \sin \phi \qquad (5-6-24)$$

$$\rho \cos \phi' = (C+H) \cos \phi \qquad (5-6-25)$$

여기서 H는 지구반경 단위이다. 그리고 관측자 경도 λ'를 ephemeris 경도 λ로 다음과 같이 보정한다.

$$\lambda = \lambda' - 1.002738 \, \Delta T \tag{5-6-26}$$

ΔT는 TT(Terrestial time) 시간과 세계시와의 차이이다. 이 값은 매년 Astronomical Almanac에 수록된다. 그리고 관측자경도는 그리니치를 중심으로 서쪽으로 양이고, 동쪽으로 음이다. 경도는 식 (5-6-13)에서와 같이 다시 시간각(hour angle)로 대치된다.

$$\theta = \mu + \lambda$$

이 값으로부터 관측자좌표(ξ, η, ζ)와 시간변화율(ξ', η', ζ')을 얻는다.

(6) 일식의 각 접촉 시각 예측

일식의 최대식시각과 본그림자와 반그림자의 시작과 끝시각을 결정하기 위해서 보정시각 t가 10^{-8}이하가 될 때까지 반복 계산하는 recursive method을 사용하였다.

1) 최대식 시각 결정

년도의 첫날부터 태양과 달의 위치에 따른 본그림자와 반그림자의 반경을 구해 계속적으로 식이 일어날 조건에 맞추어 판별한다. 어느 정도 식이 일어날 조건에 가까워지면 그때의 시각을 T_0으로 잡는다. 그리고 시간 단위를 작은 시간 단위로 다시 세분화 시켜 증가시키면서 L_1, L_2, m의 관계식에 맞추어본다. 즉 T_0+t 로서 t의 값을 증가시켜 계산하는 것이다. 최대식은 $(L_1-m)/(L_1+L_2)$의 값이 최대일 때 일어난다. 그런데 시간에 대한 L의

238

변화는 극도로 작으므로 m 또는 m^2이 최소일 때 결정된다.

$$uu' + vv' = 0 \tag{5-6-27}$$

u_0와 v_0가 T_0일 때의 값이면, 최대식의 조건은 다음과 같고.

$$(u_0 + t\ u')u' + (v_0 + t\ v')\ v' = 0$$
$$= u_0\ u' + v_0\ v' + t\ (u'_2 + v'_2) = 0 \tag{5-6-28}$$

따라서 $(u_0\ u' + v_0\ v')$를 D로 두고, $(u'^2 + v'^2)$를 n^2으로 하면 다음과 같이 최대식일 때의 시각을 구할 수 있다.

$$t = -D/n^2 \tag{5-6-29}$$

2) 반영식 부분의 식의 시작과 끝나는 시각 예측

최대식 구할 때와 같은 방법으로 T_0을 얻든지, 아니면 최대식 시간에 일정한 시각만큼 빼주어 식의 시작을 위한 초기 시각 T_0을 구한다. 그러면 실제 식의 시작과 끝나는 시각은 $T = T_0 + t$로서 t를 증가시켜 가면서 반복 계산하여 식의 시작 조건과 끝나는 조건에 맞는지 판단한다. $m = L_1$이면 관측자의 위치가 반그림자의 경계와 일치하게 되므로 이 지점에서 식이 시작되거나 끝이 난다. 식의 시작과 끝 시각에서는 다음과 같은 식이 성립한다.

$$u^2 + v^2 = L_1^2 \tag{5-6-30}$$

또는 u_0와 v_0가 T_0일 때의 좌표이고, L_1의 작은 변화를 무시하면

$$(u_0 + t_u')^2 + (v_0 + tv')^2 = L_1^2 \tag{5-6-31}$$

이 성립하고, 아래 식이 성립한다.

$$n^2t^2 + 2Dt + (m_0^2 - L_1^2) = 0 \tag{5-6-32}$$

그리고, Δ과 $\sin \psi$을 다음과 같이 정의하면.

$$\Delta = (u_0 \, v' - u' \, v_0) / n \tag{5-6-33}$$

$$\sin \psi = \Delta / L_1 \tag{5-6-34}$$

식의 시작과 끝나는 시각의 보정치는 다음과 같다.

$$t(시작) = -\frac{L_1 \cos \psi}{n} - \frac{D}{n^2} \tag{5-6-35}$$

$$t(끝) = \frac{L_1 \cos \psi}{n} - \frac{D}{n^2} \tag{5-6-36}$$

3) 본 식(umbral phase) 부분의 식의 시작과 끝나는 시각 예측

본 그림자는 몇 분 동안만 지속되므로, 본 식의 시작과 끝나는 시각은 최대식에서와 같은 시각으로 T_0을 사용해도 된다. 그러면 실제 시작과 끝나는 시각은 $T = T_0 + t$가 되고, 본 식이 일어날 조건은 $m = L_2$로 관측자의 위치가 본그림자의 경계와 일치하는 때로 하고, 다른 계산과정은 반그림자 때와 같다. 따라서 다음 관계식이 성립되고.

$$u^2 + v^2 = L_2^2 \tag{5-6-37}$$

L_2가 양일 때 금환일식이 일어나며, 본 식의 시작과 끝 시각의 보정치는 다음과 같고

$$t(시작) = -\frac{L_2 \cos\phi}{n} - \frac{D}{n^2} \tag{5-6-38}$$

$$t(끝) = \frac{L_2 \cos\phi}{n} - \frac{D}{n^2} \tag{5-6-39}$$

L_2가 음일 때 개기일식이 일어나며, 식의 시작과 끝 시각의 보정치는 다음과 같다.

$$t(시작) = +\frac{L_2 \cos\phi}{n} - \frac{D}{n^2} \tag{5-6-40}$$

$$t(끝) = -\frac{L_2 \cos\phi}{n} - \frac{D}{n^2} \tag{5-6-41}$$

이때 식의 지속 시간의 반은 $L_2 \cos\psi/n$ 이다

(7) 계산 결과

이 방법으로 개발한 일식 예측 프로그램은 Astronomical Almanac에 수록되는 일식 예측시각과 1초 이내에서 잘 맞는다. 이 프로그램을 이용해 계산한 일식 예보값들이 표 5-4와 표 5-6의 현대 계산 값들이다.

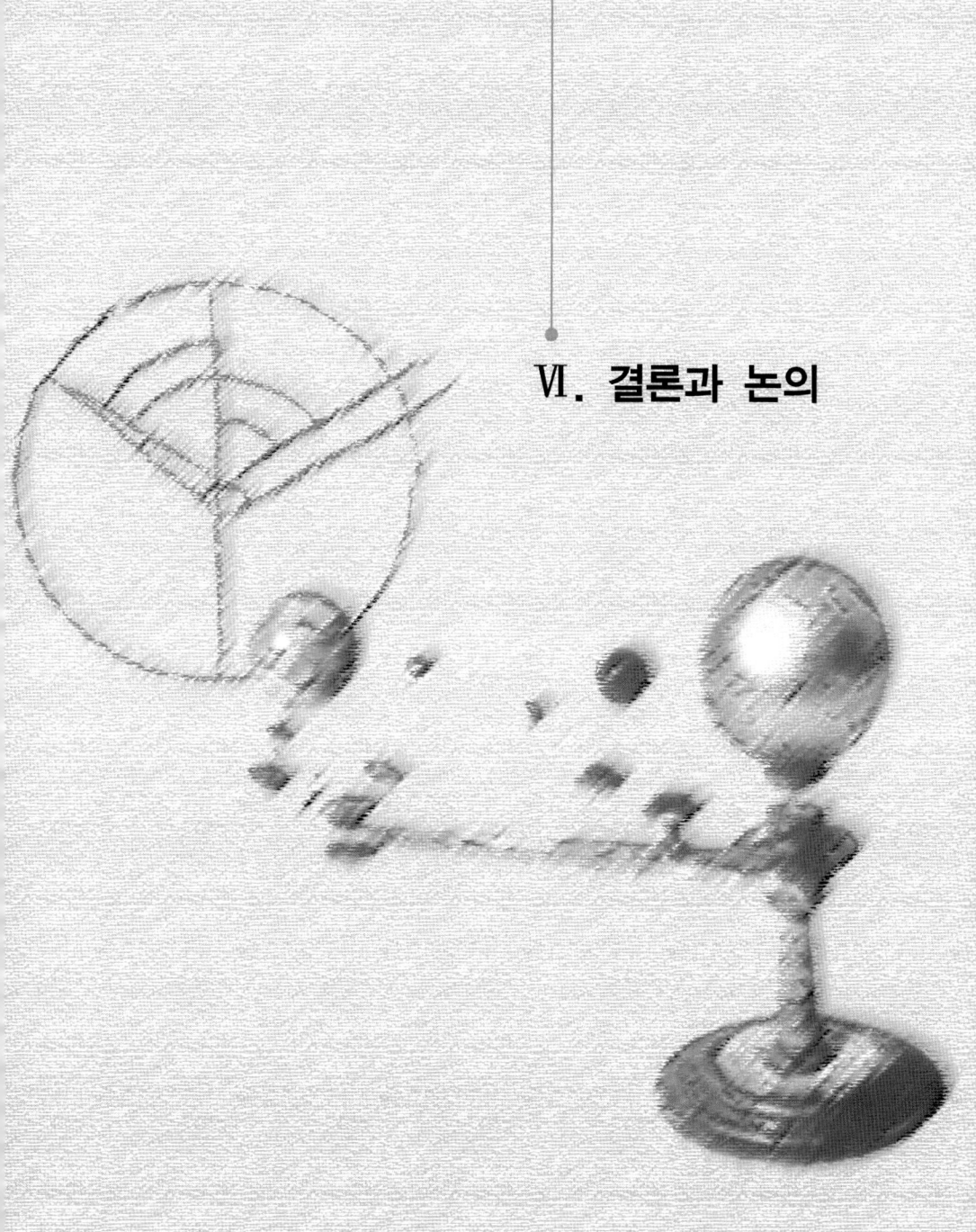

Ⅵ. 결론과 논의

❖❖❖

　칠정산외편은 칠정산내편과 함께 조선의 역법 체계를 세운 중요한 역법서이다. 칠정산내편 서문에 의하면 세종의 명에 의해 이순지와 김담이 중국의 회회력의 틀린 부분을 수정하고, 교정을 해서 칠정산외편을 편찬하였다. 사여전도통궤의 발문에는 회회력경과 통경, 가령을 연구하여 일부 수정하고 빠진 것을 보충하여 편찬하였다는 기록이 있다. 칠정산외편은 칠정산내편과 달리 원주를 360도로 하고 현재와 같이 60진법을 사용하고 있다. 그리고 1태음월과 1태음년을 기본 자료로 계산을 하지만, 윤일의 개념인 월윤준과 궁윤준을 두어 계절과 잘 맞는 태양년과 맞추도록 하였다.

　아라비아에서 전래된 중국의 회회력을 기본으로 하여 편찬된 칠정산외편은 그 기원이 서양의 그리스로부터 온 것이었다. 이 회회력은 고대 2세기경 천동설을 주장한 그리스의 천문학자 톨레미가 천체의 운동에 대해 집대성한 책인 알마게스트를 아라비아 학자들이 좀 더 발전시켜 역법(曆法)에 필요한 부분만을 발췌해 만든 역법이다. 톨레미의 이론은 지구의 관측자가 가운데 있고, 그 주위를 태양, 달, 행성들이 돌고 있다고 가정하는 모델이다. 이때 각 천체들은 원주위를 단순히 도는 것이 아니라 원주(圓周)위에서 주전원(周轉圓)이라는 또 다시 작은 원을 그리면서 그 작은 원주 위를 돌고 있는 형태이다. 이것은 고대 그리스 시대의 히파르코스를 비롯한 여러 학자들의 오랜 기간 동안의 관측 자료를 바탕으로 만들어진 모델이다. 이 모델은 16세기 후반에 지동설, 즉 태양이 중심에 있고 지구가 그 주위를 돌고 있다는 현재의 천체 운동 모델인 태양중심설이 나오기까지 계속되어 온 학설이다. 따라서 칠정산외편의 모든 계산 방법들도 모두 이 모델을 바탕으로 계산할 수 있도록 한 것이다. 이 모델을 바탕으로 칠정산외편의 태양가감차의 표를 이용해 이심원의 이심률을 계산하였을 때, $e_c = 0.0351$이 나온다.[126] 반면 톨레미의 알마게스트에는 0.0417로 수록되었고, 현대 값은

0.0334로서 칠정산외편의 값이 현대 값과 더 가까움을 알 수 있다. 따라서 알마게스트는 아라비아 학자들에 의해 다시 연구 검토되고 개선되어져 회회력으로 전해진 것임을 알 수 있다.

칠정산외편에 수록된 표들은 톨레미의 알마게스트 영문 번역본[127]에 수록된 여러 표들과 같거나 유사함을 볼 수 있었다. 칠정산외편에는 태양경도 계산에 필요한 표가 2개, 달의 위치 계산에 필요한 표가 5개, 일·월식과 관련 계산에 사용되는 표가 4개, 그리고 행성의 위치와 운동의 계산을 위해 사용되는 표가 9개로 모두 20개의 표가 있다. 이 중 알마게스트에 있는 표는 12개이다. 이 두 책, 알마게스트와 칠정산외편의 표는 같은 것도 있지만 두 시대에 사용하던 원 궤도의 이심률이 다름에 따라 약간씩 다른 값을 가지는 경우도 종종 있다. 칠정산외편에 수록된 표들은 복잡한 계산을 쉽게 하기위해 미리 계산을 해놓은 값들인데, 회회력이 아라비아에서 건너왔으므로 표의 기준 시점이 헤지라 기원인 622년 7월 16일로 되어있고, 각 회회력의 연시(年始)일을 기준으로 표의 값이 수록되어있다. 따라서 회회력을 기본으로 한 칠정산외편의 역원이 622년이라고 주장하는 학설도 있다. 그러나 칠정산외편의 표들은 회회력의 표를 그대로 사용하긴 하였지만 그 역원은 현대 계산법과 칠정산외편에 주어진 여러 보정치를 분석하여 보았을 때, 599년 춘분임을 알 수 있었다. 그리고 이 시기에 주응 342일을 적용시키면 칠정산외편에서의 계산 기점은 598년 4월 11일임을 알 수 있다. 따라서 칠정산외편을 이용해 천체의 위치 관련 계산을 할 때에는 헤지라 기원과 칠정산외편의 계산 기점과의 차이값인 보정치를 더해주어 계산을 해주어야 한다. 회회력의 기원은 명사(明史)에 서역의 무치나(黙狄納)가 건국한 해라고 되어있으나 이에 대한 반론도 있다.[128] 이것은 중국이 제일 처음에

126) 유경로, 이은성, 현정준, 1990, 「세종장헌대왕실록 제27권 칠정산외편」 (세종대왕기념사업회: 서울), pp.61-63.

127) Toomer, G. J. 1998, 「Ptolemy's Almagest」 (Princeton Univ. press: New jersey).

128) 이은희, 1996, 「칠정산내편의 연구」 (연세대 박사학위논문: 서울), p 29; 陣遵嬀, 1988, 「중국천문학사」 5책, (明文書局: 臺北), pp.194-195.

244

사용한 아라비아력에 대한 연구가 있어야만 밝혀질 것이다.

태양의 황경을 계산할 때 사용하는 칠정산외편의 "태양최고행도와 일중행도의 표"의 총년 660년도에는 원지점 황경이 0으로 되어있고, 표의 설명에는 당시 측정고도는 89°21′이라고 기록되어 있다. 그런데 이 측정시기가 언제인지에 대해 622년, 660년, 1238년, 1262년 등의 여러 의견들이 있다.129) 이 연구에서는 현대 계산법으로 태양의 원지점 황경을 아래 네 가지 경우에 대해 계산해 보았다. 첫째, 이 표의 측정년도로 헤지라기원인 622년을 측정년도로 보면 그 해의 원지점의 황경이 80도로 약 9도의 차이가 나고 그 해의 연시와도 40여일의 차이가 있다. 둘째, A.D. 660년은 측정고도는 약 8도의 차이가 있지만 회회력 연시와 약 22일 정도의 차이로 근접해 있었다. 세 번째는 헤지라 기원인 622년에서 표의 태음년 660년을 더한 1262년의 원지점의 황경을 계산해 보았는데 회회력 연시와 원지점이 들은 날이 5개월의 차이가 나므로 배제하였다. 마지막으로 헤지라 기원이 아닌 칠정산외편의 계산 기점인 598년 4월 11일로부터 태음년으로 660년 후를 계산한 해인 1238년의 원지점 황경은 당시 측정고도와 6′차이로 잘 맞는다. 다만 그 해의 회회력 연시가 8월 11일인 데 반해 원지점이 들은 날은 6월 14일로 약 2개월의 차이가 있었다. 따라서 다소 날짜의 차이는 있지만 측정고도가 비교적 정확한 1238년을 이 표의 측정년도로 결정하는 것이 타당함을 증명하였다.

같은 방법으로 일중행도의 표의 기준 연도에 대해서도 총년 1년의 값을 A.D. 622년과 A.D. 1년을 두고 계산을 통해 검증하여보았다. 총년 1년의 값은 116도 05분 08초로 기록되어 있다. 이 값은 서기 1년 7월 22일의 태양 황경인 116도 07분 30초와 아주 근접하지만, 7월 22일이 그 해의 회회력 연시일인 8월 11일과는 약 20일 정도 차이가 난다. 표의 총년 1년을 A.D. 622년으로 하여 가정하여 계산하였을 때에는, 그 해의 연시일인 7월 16일의 태양 황경이 114도 56분 06초로, 표의 값과는 약 69′의 오차가 나

---

129) 유경로, 이은성, 현정준, 1990, 「세종장헌대왕실록 제27권 칠정산외편」 (세종대왕기념사업회: 서울), pp.16-18.

지만 그날이 연시이므로 다른 년도들에 비해서 더 타당하다고 생각한다. 특히 이 표의 기준을 622년으로 하고, 그 외의 다른 표들의 기준도 모두 622년으로 가정하면, 달이나 행성의 위치를 계산할 때 칠정산외편의 표를 이용해 보정해주는 보정값과도 잘 들어맞는다. 현대의 균시차에 해당하는 "주야가감차의 표" 값들을 현대적인 계산 방법으로 622년, 660년, 1238년, 그리고 2004년도의 균시차를 계산해 비교해보아도 622년의 균시차값이 표의 값과 가장 근접하게 나타났다.

칠정산외편에 의한 일출과 일몰시각도 현대의 계산법으로 구한 값과 비교하여 보았는데, 1분~2분 정도의 작은 차이가 있었다. 이것은 당시의 시각 기록 단위인 각(刻)의 크기를 생각할 때 오차 범위 내에서 잘 맞는 값이다.

조선왕조실록에 따르면 조선 초기와 중기에는 칠정산외편으로 일식과 월식을 계산하였고, 그 값이 다른 것에 비해 잘 맞는다는 기록이 종종 나온다.130) 그래서 이 연구에서는 칠정산외편의 방법이 어떻게 실제의 역법 계산에 활용되었는지를 알아보기 위해 실제로 현대적인 계산법으로 그 당시의 태양과 달의 위치와 일식과 월식의 시각들을 계산하고 칠정산외편에 의해 계산되어진 값들과 비교해 보았다. 비교한 날은 칠정산외편의 계산 방법의 예제로서 제시된 1447년 음력 8월 1일의 일식이 일어난 날과 8월 15일의 월식이 일어난 날에 대해 계산하여 조사하였다. 두 방법에 의한 태양의 황경 값을 계산해 비교하였을 때 평균적으로 약 $1'.6$ 가량의 차이가 있는데 비교적 잘 맞음을 알 수 있었다. 반면 달의 황경을 두 방법으로 비교하였을 때에는 약 $5'$에서 $20'$분까지 차이가 있음을 알았다. 이것은 달의 운동이 태양보다 훨씬 더 복잡하므로 차이가 많이 발생하였음을 짐작할 수 있다.

조선시대의 일식과 월식은 역대 제왕들에게는 매우 중요하게 여겨지는 천문현상 중의 하나로서, 일식과 월식을 정확히 예보하는 것은 국가의 중요한 임무였다. 그러나 조선 초기에는 일식과 월식 예보가 잘 맞지를 않아 임

---

130) 「국역 조선왕조실록」, 1968-1992, (세종대왕기념사업회: 서울); 「증보판 국역 조선왕조실록 CD」, 1997, (서울 시스템: 서울); 중종 12년 6월 1일, 성종 20년 2월 13일, 선조 36년 4월 1일 기록 등이 있음.

금이 구식례(救食禮)를 치르려고 준비하고 있었는데, 식이 일어나지 않는 경우도 있었고, 예정 시각보다 늦게 일식과 월식이 일어나거나 끝나는 경우도 있었다. 조선 초기의 일식과 월식 계산방법으로 사용하던 대통력은 중국의 수도인 북경을 중심으로 계산한 것이므로 멀리 떨어져있어 위치가 다른 조선에는 잘 맞지 않았다. 이에 따라 칠정산내편은 대통력을 근거로 해서 편찬하되 기준 위치를 한양으로 하여 계산하도록 한 것이다. 그러나 대통력은 1281년에 만들어진 수시력을 그대로 답습한 것이므로, 그 당시에 결정되어진 상수 등은 그대로 사용하였다. 역법이 제정되고 수백 년이 흐르면 세차와 고유운동으로 인해 하늘이 바뀌게 되고, 역법 상수의 오차가 커짐에 따라 그 상수들을 보정해 주어야 하나 그렇지 못한 경우에는 계산 오차가 커지게 된다. 반면 기록에 따르면 칠정산외편은 회회력을 기초로 하여 만든 것으로 일식과 월식의 계산이 잘 맞아서 중국에서도 대통력을 사용하면서 일식과 월식은 회회력을 이용해 계산하곤 하였다는 기록이 있다.[131] 칠정산내·외편 이후, 일식과 월식의 계산은 대통력과 칠정산내·외편을 모두 사용하여 계산하였지만, 실제 일식 현상을 통해 검증된 결과가 칠정산외편의 계산이 더 잘 맞았다는 기록이 조선왕조실록 곳곳에 기록되어 있을 뿐만 아니라 이 연구에서 실제 현대적 방법으로 계산하여 본 결과도 그 방법을 더 신뢰할 수 있었다. 물론 시헌력이 사용된 후에도 시헌력에 의한 교식(交食) 방법이 완전히 정착된 18세기 중엽까지는 칠정산외편을 활용했을 것으로 본다. 그러나 이 시기에 대해서는 확실한 기록이 없으므로 이 연구에서는 다루지 않았다.

칠정산외편에 의한 일식 예보 값은 표 5-4와 표 5-6에서 보듯이, 조선 초기인 1447년의 일식 추보 시각은 현대적인 계산값과 1분~3분정도의 시간 차이가 있다. 이것은 당시의 시각 표시 단위인 각(刻)단위로 볼 때, 1각이 14.4분이므로, 오차 범위(±0.5각, ±7.2분)내에서는 잘 맞는다고 할 수 있다. 물론 더 많은 자료가 기록되어 있었다면 더 정확히 조사해볼 수 있으나 일식 시각이 각 단위까지 수록된 자료가 많지 않아 다소 아쉬움이 있다.

131) 이은성, 1985, 「역법의 원리분석」 (정음사: 서울), p.336.

조선 초기로부터 세월이 지나갈수록 시간차이는 조금씩 더 커지기 시작하여 표 5-6의 선조 36년의 일식 때에는 식심에서 30여분이상의 시간차가 보인다. 월식은 칠정산외편이 편찬되어진 후, 처음 계산이 된 음력 1447년 8월의 월식 계산 자료를 나타낸 표 5-5에서 보듯이 초휴 때는 약 25분, 복원 때는 44분의 작지 않은 차이가 있었고. 이 차이는 조선 중기, 후기로 가도 비슷한 양상을 보인다. 같은 월식이라도 복원 시각이 초휴 시각보다 시간차가 크게 나타났다. 조선 중기와 후기의 기록에는 일식과 월식을 계산할 때, 칠정산외편을 사용하였다는 기록이 여러 번 있지만 실제 우리의 계산을 통해 시간차이가 30분정도로 작지 않게 나타났음을 알았다. 따라서 조선 중기 이후에 새로운 역법이 필요해졌고 시헌력을 도입하게 되었으리라고 추론할 수 있다. 그러므로 칠정산외편에 의한 일식과 월식 예보는 조선 초기에 많이 사용되어졌고, 그 예보 값도 비교적 정확했으며, 조선 중기에는 정확도가 다소 떨어지지만 대체할만한 다른 계산법이 없었으므로 시헌력의 일식과 월식 계산법을 확실히 터득한 18세기 초까지 사용한 것으로 보인다.

칠정산외편의 여러 표들 가운데 태양과 달의 위치는 헤지라 기원(622년)으로부터 회회력으로 1440년까지만 자료를 구할 수 있다. 이것을 회회력의 1태음년인 354.36667일을 적용시켜 계산해보면, 태양력으로 1995년까지 계산할 수 있는 표이다. 그러나 1900년대의 최근의 일식에 대해 이 계산법을 적용해 계산해보면 잘 맞지 않고 있다. 조선 후반기의 일식을 적용시켜도 현대 값과 시간차가 다소 크게 나타난다. 이는 칠정산외편의 여러 표들이 A.D. 200여년 경에 출판된 알마게스트의 원리와 표들, 그리고 12세기 중엽에 이슬람 문화권에서 조금 수정이 가해진 표들을 이용해서 만들어졌는데, 그것이 1000여년 이상의 오랜 세월을 지나면서 오차가 누적되었기 때문이라 생각된다.

앞에서 살펴본 바와 같이 이 연구에서는 우리나라에서 편찬되어진 자주적 역법 중 하나이며, 조선 중기까지 사용하였던 칠정산외편에 관해 그 사용 방법을 현대적 방법으로 표현하여 해설하고 살펴보았다. 당시의 역법으

248

로는 중국의 대통력을 이어받은 칠정산내편이 편찬되어 활용되었으나, 일식과 월식 계산 부분에서는 오차가 커서, 이를 보정하기 위해 회회력에 기초한 칠정산외편이 자주 사용되어졌다. 칠정산내·외편의 역법은 근대 역법의 기초가 되는 시헌력과 함께 현대 역법에도 중요한 자료가 되고 있다. 이 연구를 통하여 칠정산외편의 방법으로 정묘년인 1447년 8월 초하루의 일식과 보름에 있었던 월식 계산을 수행하였다. 그리고 그 계산된 결과를 현대적 방법으로 계산할 수 있도록 프로그램을 개발하여 얻은 결과와 비교하여 보았다. 그 결과 일식의 시간차이는 당시 측정시각의 오차범위(±0.5각)내에 있다. 따라서 앞으로는 언제든 필요에 따라 임의의 시간에 태양과 달의 위치뿐 아니라 일출·일몰 시간, 태양과 달의 운동에 의한 일식·월식 등을 계산할 수 있게 되었다.

조선시대 역법 연구는 오늘날 사용하고 있는 음·양력(Lunisolar Calendar)의 기원과 방법을 연구할 수 있는 중요한 사료이며 아울러 과거 역법 계산의 정밀성과 한계성도 함께 검토해 볼 수 있으며, 고대의 여러 천문 현상을 조사하고 검증하는 데에도 유용하게 활용할 수 있다.

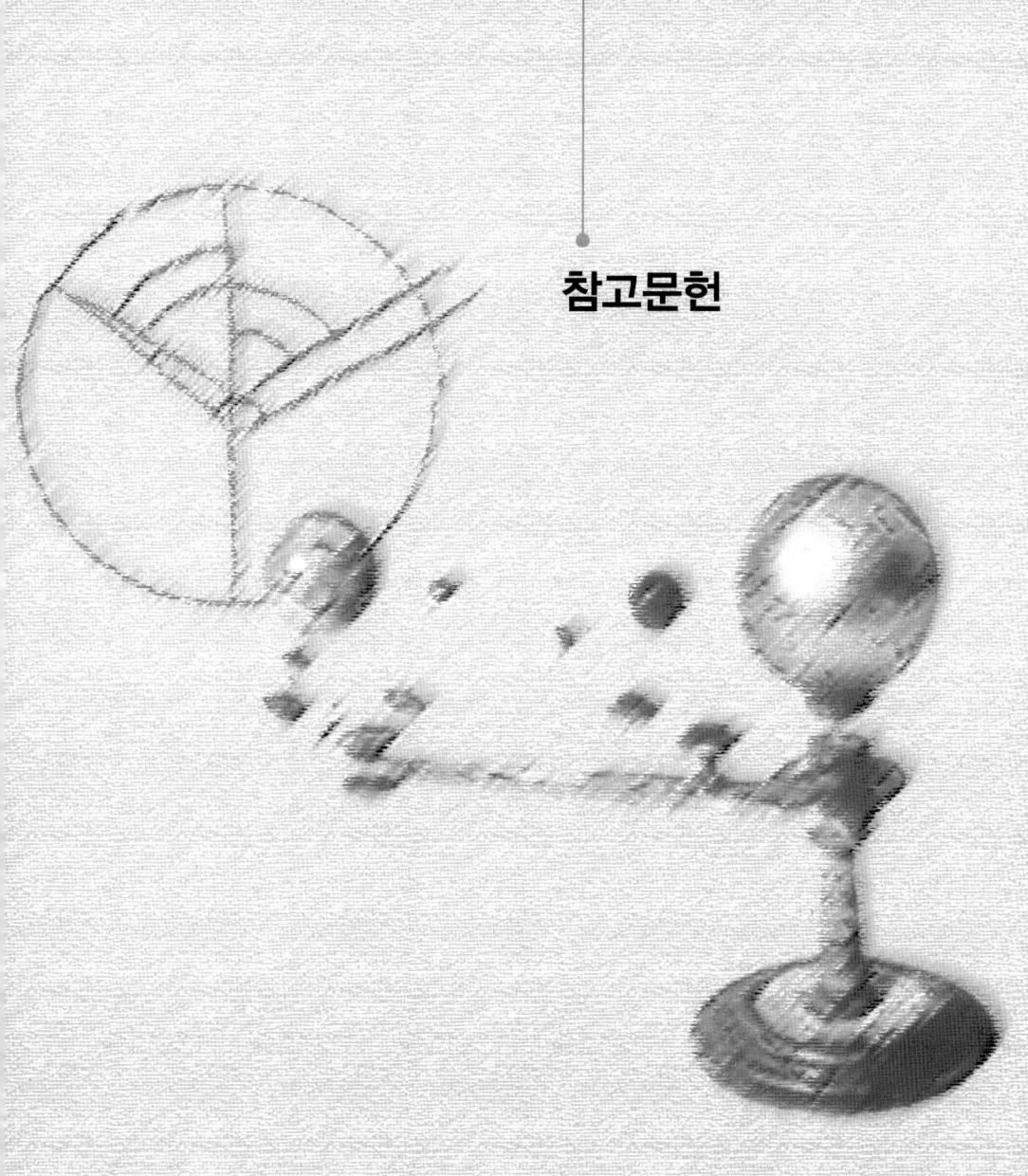

참고문헌

1. 고문헌 (古文獻)

「고려사」 권 42, 공민왕 19년.

「고려사」 권 50, 曆 1.

「고종순종실록 CD」, 1998, (서울 시스템: 서울).

「교식추보법」, 규장각본

「국역 조선왕조실록」, 1968-1992, (세종대왕기념사업회: 서울).

「국조역상고」 서문.

「明史」 권 37, 역 7 회회력법 1, 仁專本 二十六史 (成文出版社: 中國).

「明史」 권 38, 역 8 회회력법 2, 仁專本 二十六史 (成文出版社: 中國).

「明史」 권 39, 역 9 회회력법 3, 仁專本 二十六史 (成文出版社: 中國).

「사여전도통궤」 跋文.

「세종장헌대왕실록 제28권, 칠정산내외편」, 1990, (세종대왕기념사업회: 서울), 권 161-163.

「서운관지」 권 2.

「隋書」 列傳東夷條.

「승정원일기」, 1994, (민족문화추진회: 서울).

「일월식가령」, 규장각본.

「周書」 권 49, 列傳異域條.

「중종실록」, 1980, (민족문화추진위원회: 서울), 18집, 331면

「증보문헌비고」 상위고, 1979, (세종대왕기념사업회: 서울). 권 1.

「증보판 국역 조선왕조실록 CD」, 1997, (서울 시스템: 서울).

「칠정산외편 정묘년 교식가령」, 한국과학기술사자료대계 천문학편 (여강출판사: 서울), pp.367-484.

2. 현대 문헌 (現代 文獻)

김종권 譯, 김부식 著, 1978, 「삼국사기」 (대양서적: 서울), 권 20, 영류왕 7년.

董作賓(編), 1974, 「中國年曆簡譜」 (藝文印書館印行, 中國), p.279.

蘇內淸 著, 유경로 譯編, 1985, 「중국의 천문학」 (전파과학사: 서울), pp.154-156, 170.

유경로, 이은성, 현정준, 1990, 「세종장헌대왕실록 제26권 칠정산내편」 (세

종대왕 기념사업회: 서울). pp.92-136, 389, 348-349.

유경로, 이은성, 현정준, 1990, 「세종장헌대왕실록 제27권 칠정산외편」 (세종대왕 기념사업회: 서울).

안영숙, 이용복, 김동빈, 심경진, 이우백, 1999, 「고려시대 일식도」 (한국천문연구원: 대전).

안영숙, 이용복, 김동빈, 심경진, 이우백 2001, 「조선시대 일식도」 (한국천문연구원: 대전).

안영숙, 이은희, 2002, "성덕대왕신종의 주조시기에 대하여", 국립경주박물관 연보, pp.118-129.

한국천문연구원 편찬, 2003, 「역서 2004」 (남산당: 서울), pp.101-106, 114. 145-146.

이용삼, 2001, "조선시대 천체 관측의기 구조와 사용법", 충북대 자연과학연구 (충북대학교: 청주), 15권, pp.17-34.

이은성, 1985, 「역법의 원리분석」 (정음사: 서울), pp.336-339.

이은희, 1996, 「칠정산내편의 연구」 (연세대 박사학위논문: 서울), pp.28-30, 260.

張培瑜, 1990, 「三千五百年曆日」 (大象出版社: 중국), p.928, p.945.

陳遵嬀, 1988, 「중국천문학사」 5책, (明文書局; 臺北), pp.194-195.

한국천문학사편찬위원회, 1999, 「한국천문학사 연구」 (녹두출판사: 서울), pp.117-118, 172-173, 186. 305-307, 321-326.

3. 영문 문헌 (英文 文獻)

Arthur N. Cox, 1999, *Allen's Astrophysical Quantities* 4th ed. (Athlone Press, London), Ch 11.

Chen Jujin, 1997, eds. Nha I-S. and R. F. Stephenson, "Comparative Research between the Hui Hui Calendar, Chiljongsan Oepion and Qizheng Tuibu", *International Conference on Oriental Astronomy from Guo Shoujing to King Sejong* (Yonsei Univ.: Seoul), pp. 105-111.

Doggett, L. E. 1992, *Explanatory Supplement to Astronomical*

Almanac, ed. by Sidelmann, P. K (University Science Books: California), pp.589-591.

Explanatory Supplement to Astronomical Ephmeris and the American Ephemeris and Nautical Almanac, 1977, (Her Majesty's Stationery Office: London), Ch. 9.

Fiala, A. D. and Bangert, J. A. 1992, *Explanatory Supplement to Astronomical Almanac,* ed. by Sidelmann, P. K (University Science Books: California), Ch. 8.

Fomenko, A. T. Kalashnikov, V. V. and Nosovsky, G. V. 1992, "The Dating of Ptolemy's Almagest based on the Coverings of the Stars and on Lunar Eclip Eclipse", *Acta Applicandae Mathematicae* 29, pp.281-298.

Meeus, J. 1991, *Astronomical Algorithms* (Willmann-Bell, Inc.: Virginia), Ch. 14, 24, 27, 45, 52.

Smart, W. M. 1965, *Spherical Astronomy* (Cambridge Univ.: London), pp.35, 205-206.

Standish, E. M. 1996, *JPL Planetary and Lunar Ephemerides on CD-ROM* (Willmann - Bell Inc: USA).

Toomer, G. J. 1998, *Ptolemy's Almagest* (Princeton Univ. press: New jersey).

The Astronomical Almanac for the year 2004, 2003, (U.S. Government Printing Office: Washington) pp.A 12, C 4~C 19.

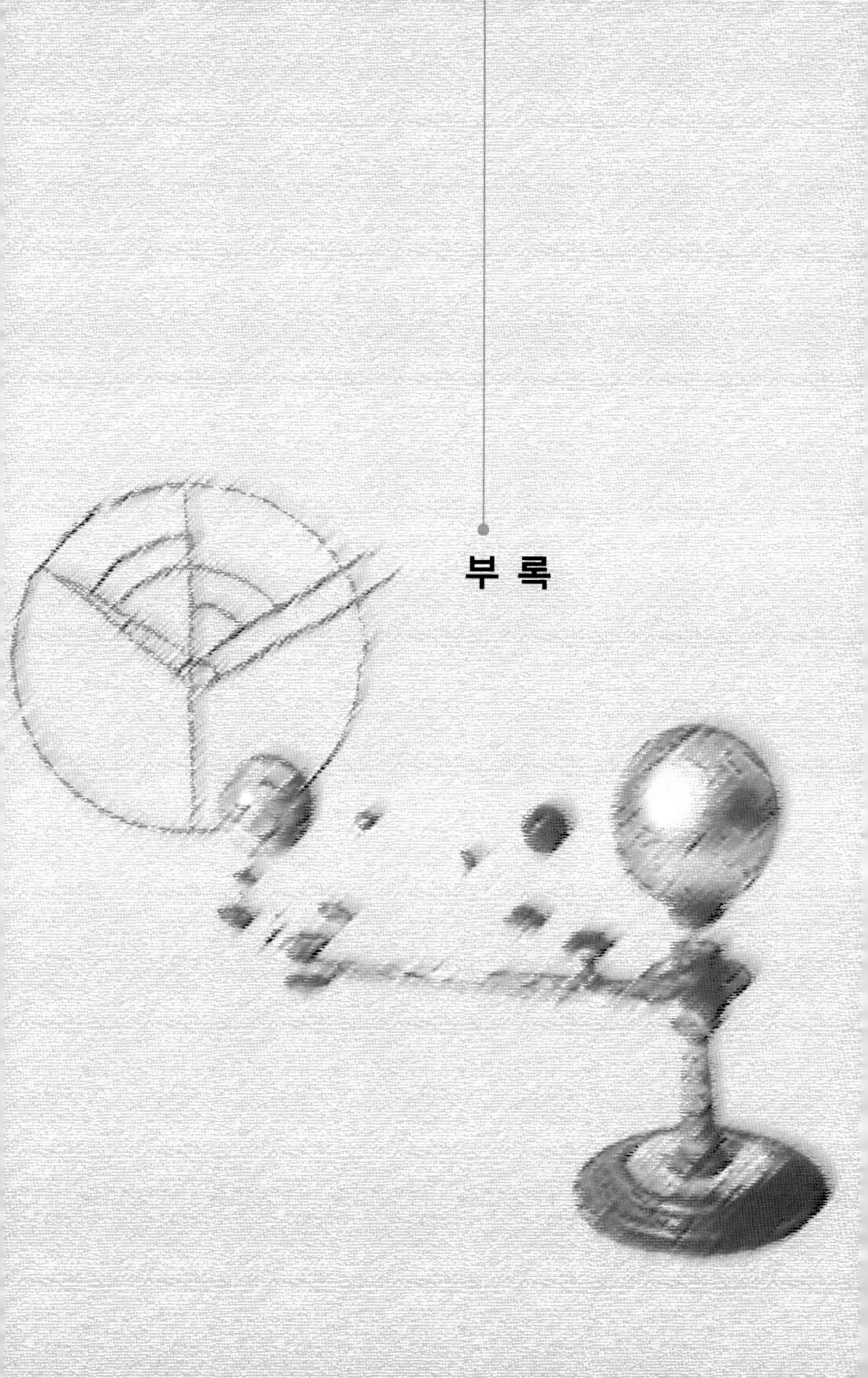

부 록

부록 I. 칠정산외편의 표

표 A-1. 태양최고행도와 일중행도의 표

(1) 총년(總年)

총년	최고행도				일중행도			
1년	$0^\triangle$	10°	40′	28″	$3^\triangle$	26°	05′	08″
600	0	00	58	13	5	14	25	19
630	0	00	29	07	6	22	50	19
660	0	00	00	00	8	01	15	20
690	0	00	29	07	9	09	40	20
720	0	00	58	13	10	18	05	21
750	0	01	27	20	11	26	30	21
780	0	01	56	27	1	04	55	22
810	0	02	25	34	2	13	20	22
840	0	02	54	40	3	21	45	23
870	0	03	23	47	5	00	10	23
900	0	03	52	54	6	08	35	24
930	0	04	20	01	7	17	00	24
960	0	04	51	07	8	25	25	25
990	0	05	20	14	10	03	50	26
1020	0	05	49	21	11	12	15	26
1050	0	06	18	28	0	20	40	27
1080	0	06	47	34	1	29	05	27
1110	0	07	16	41	3	07	30	28
1140	0	07	45	48	4	15	55	28
1170	0	08	14	55	5	24	20	29
1299	0	08	44	01	7	02	45	29
1230	0	09	13	08	8	11	10	30
1260	0	09	42	15	9	19	35	30
1290	0	10	11	22	10	28	00	31
1320	0	10	40	28	0	06	25	31
1350	0	11	09	35	1	14	50	32
1380	0	11	38	42	2	23	15	32
1410	0	12	07	49	4	01	40	33
1440	0	12	36	55	5	10	05	33

표 A-1. 태양최고행도와 일중행도의 표(계속)

(2) 영년(零年)과 일분(日分)

영년	최고행도	일중행도	일분	최고행도	일중행도
	° ′ ″	△ ° ′ ″		′ ″ ′ ″	△ ° ′ ″
1년	0 00 58	11 18 55 09	1일	0 00 10	0 00 59 08
2 (윤 1일)	0 01 56	11 08 49 26	2	0 00 20	0 01 58 17
3	0 02 55	10 27 44 35	3	0 00 30	0 02 57 25
4	0 03 53	10 16 39 44	4	0 00 39	0 03 56 33
5 (윤 2일)	0 04 51	10 06 34 01	5	0 00 49	0 04 55 42
6	0 05 49	9 25 29 10	6	0 00 59	0 05 54 50
7 (윤 3일)	0 06 48	9 15 23 28	7	0 01 09	0 06 53 58
8	0 07 46	9 04 18 37	8	0 01 19	0 07 53 07
9	0 08 44	8 23 13 46	9	0 01 29	0 08 52 15
10(윤 4일)	0 09 42	8 13 08 03	10	0 01 39	0 09 51 23
11	0 10 40	8 02 03 12	11	0 01 48	0 10 50 32
12	0 11 39	7 20 58 21	12	0 01 58	0 11 49 40
13(윤 5일)	0 12 37	7 10 52 38	13	0 02 08	0 12 48 48
14	0 13 35	6 29 47 47	14	0 02 18	0 13 47 57
15	0 14 33	6 18 42 56	15	0 02 28	0 14 47 05
16(윤 6일)	0 15 32	6 08 37 13	16	0 02 38	0 15 46 13
17	0 16 30	5 27 32 22	17	0 02 48	0 16 45 22
18(윤 7일)	0 17 28	5 17 26 40	18	0 02 57	0 17 44 30
19	0 18 26	5 06 21 49	19	0 03 07	0 18 43 38
20	0 19 24	4 25 16 58	20	0 03 17	0 19 42 47
21(윤 8일)	0 20 23	4 15 11 15	21	0 03 27	0 20 41 55
22	0 21 21	4 04 06 24	22	0 03 37	0 21 41 03
23	0 22 19	3 23 01 33	23	0 03 47	0 22 40 12
24(윤 9일)	0 23 17	3 12 55 50	24	0 03 57	0 23 39 20
25	0 24 16	3 01 50 59	25	0 04 06	0 24 38 28
26(윤10일)	0 25 14	2 21 45 16	26	0 04 16	0 25 37 37
27	0 26 12	2 10 40 25	27	0 04 26	0 26 36 45
28	0 27 10	1 29 35 34	28	0 04 36	0 27 35 53
29(윤11일)	0 28 09	1 19 29 52	29	0 04 46	0 28 35 02
30	0 29 07	1 08 25 01	30	0 04 56	0 29 34 10

표 A-1. 태양최고행도와 일중행도의 표(계속)

(3) 월분(月分)

월 분	최고행도	일중행도
1월 대	0 ′ 04 ″ 56 ‴	0 △ 29° 34 ′ 10 ″
2월 소	0 09 42	1 28 09 12
3월 대	0 14 37	2 27 43 21
4월 소	0 19 23	3 26 18 23
5월 대	0 24 19	4 25 52 33
6월 소	0 29 05	5 24 27 34
7월 대	0 34 01	6 24 01 44
8월 소	0 38 47	7 22 36 46
9월 대	0 43 42	8 22 10 56
10월 소	0 48 28	9 20 45 57
11월 대	0 53 24	10 20 20 07
12월 소	0 58 10	11 18 55 09
윤일(閏日)	0 58 20	11 19 54 17

표 A-1. 태양최고행도와 일중행도의 표(계속)

(4) 궁분

궁 이름과 머무는 기간	최고행도	일중행도
백양 술궁(白羊戌宮) 31일	0 ′ 00 ″ 00 ‴	0 △ 00° 00 ′ 00 ″
금우 유궁(金牛酉宮) 31일	0 05 06	1 05 33 18
음양 신궁(陰陽申宮) 31일	0 10 12	2 01 06 36
거해 미궁(巨蟹未宮) 32일	0 15 17	3 01 39 54
사자 오궁(獅子午宮) 31일	0 20 33	4 03 12 21
쌍녀 사궁(雙女巳宮) 31일	0 25 39	5 03 45 40
천칭 진궁(天秤辰宮) 30일	0 30 45	6 04 18 58
천갈 묘궁(天蝎卯宮) 30일	0 35 41	7 03 53 08
인마 인궁(人馬寅宮) 29일	0 40 37	8 03 27 18
마갈 축궁(磨羯丑宮) 29일	0 45 23	9 02 02 19
보병 자궁(寶瓶子宮) 30일	0 50 09	10 00 37 21
쌍어 해궁(雙魚亥宮) 30일	0 55 05	11 00 11 31

표 A-2. 태양가감차분 표를 10도 단위로 표시한 자료

자행도 (0도-180도)	자행도 (180도-360도)	가감차	가감분
도	도	도 분 초	분 초
0	360	0 00 00	2 02
10	350	0 20 17	2 00
20	340	0 39 59	1 55
30	330	0 58 35	1 47
40	320	1 15 35	1 35
50	310	1 30 27	1 21
60	300	1 42 45	1 04
70	290	1 52 04	0 46
80	280	1 58 09	0 25
90	270	2 00 43	0 03
100	260	1 59 36	0 19
110	250	1 54 49	0 41
120	240	1 46 25	1 02
130	230	1 34 38	1 22
140	220	1 19 45	1 38
150	210	1 02 16	1 52
160	200	0 42 43	2 03
170	190	0 21 44	2 09
180	180	0 00 00	2 11

표 A-3. 태음중심행도와 가배상리, 본륜행도의 표

(1) 총년(總年)

총년	중심행도	가배상리도	본륜행도
	△ ˚ ′	△ ˚ ′	△ ˚ ′
1년	4 28 49	1 25 28	4 12 11
600	6 08 42	1 18 33	8 08 08
630	7 16 57	1 18 13	6 01 55
660	8 25 12	1 17 54	3 25 41
690	10 03 27	1 17 34	1 19 28
720	11 11 42	1 17 14	11 13 15
750	0 19 58	1 16 54	9 07 02
780	1 28 13	1 16 35	7 00 49
810	3 06 28	1 16 15	4 24 36
840	4 14 43	1 15 55	2 18 22
870	5 22 58	1 15 36	0 12 09
900	7 01 13	1 15 16	10 05 56
930	8 09 28	1 14 56	7 29 43
960	9 17 44	1 14 36	5 23 30
990	10 25 59	1 14 17	3 17 16
1020	0 04 14	1 13 57	1 11 03
1050	1 12 29	1 13 37	11 04 50
1080	2 20 44	1 13 17	8 28 37
1110	3 28 59	1 12 58	6 22 24
1140	5 07 14	1 12 38	4 16 10
1170	6 15 30	1 12 18	2 09 57
1299	7 23 45	1 11 59	0 03 44
1230	9 02 00	1 11 39	9 27 31
1260	10 10 15	1 11 19	7 21 18
1290	11 18 30	1 10 59	5 15 05
1320	0 26 45	1 10 40	3 08 51
1350	2 05 00	1 10 20	1 02 38
1380	3 13 16	1 10 00	10 26 25
1410	4 21 31	1 09 40	8 20 12
1440	5 29 47	1 09 21	6 13 59

표 A-3. 태음중심행도와 가배상리, 본륜행도의 표(계속)

(2) 영년(零年)

영년	중심행도	가배상리도	본륜행도
	△ ′ ″	△ ° ′	△ ° ′
1년	11 14 27	11 21 03	10 05 00
2 (윤 1일)	11 12 04	0 06 29	8 23 04
3	10 26 30	11 27 32	6 28 04
4	10 10 57	11 18 35	5 03 04
5 (윤 2일)	10 08 34	0 04 01	3 21 08
6	9 23 01	11 25 03	1 26 09
7 (윤 3일)	9 20 38	0 10 29	0 14 13
8	9 05 05	0 01 32	10 19 13
9	8 19 31	11 22 35	8 24 13
10(윤 4일)	8 17 09	0 08 01	7 12 27
11	8 01 35	11 29 04	5 17 17
12	7 16 02	11 20 06	3 22 17
13(윤 5일)	7 13 39	0 05 33	2 10 21
14	6 28 06	11 26 36	0 15 21
15	6 12 32	11 17 39	10 20 21
16(윤 6일)	6 10 09	0 03 05	9 08 25
17	5 24 36	11 24 07	7 13 26
18(윤 7일)	5 22 13	0 09 33	6 01 30
19	5 06 40	0 00 36	4 06 30
20	4 21 07	11 21 39	2 11 30
21(윤 8일)	4 18 44	0 07 05	0 29 34
22	4 03 10	11 28 08	11 04 34
23	3 17 37	11 19 11	9 09 34
24(윤 9일)	3 15 14	0 04 37	7 27 38
25	2 29 41	11 25 40	6 02 38
26(윤10일)	2 27 18	0 11 06	4 20 42
27	2 11 45	0 02 09	2 25 43
28	1 26 11	11 23 11	1 00 43
29(윤11일)	2 23 49	0 08 37	11 18 47
30	1 08 15	11 29 40	9 23 47

표 A-3. 태음중심행도와 가배상리, 본륜행도의 표(계속)

(3) 월분(月分)

월 분	최고행도	일중행도	최고행도
	△ ｡ ′	△ ｡ ′	△ ｡ ′
1월 대	1 05 17	0 11 27	1 01 57
2월 소	1 27 24	11 28 30	1 20 50
3월 대	3 02 42	0 09 57	2 22 47
4월 소	3 24 49	11 27 01	3 11 40
5월 대	5 00 06	0 08 28	4 13 37
6월 소	5 22 13	11 25 31	5 02 30
7월 대	6 27 31	0 06 58	6 04 27
8월 소	7 19 38	11 24 02	6 23 20
9월 대	8 24 55	0 05 29	7 25 17
10월 소	9 17 02	11 22 32	8 14 10
11월 대	10 22 20	0 03 59	9 16 07
12월 소	11 14 27	11 21 03	10 05 00
윤일(閏日)	11 27 38	0 15 26	10 18 04

표 A-3. 태음중심행도와 가배상리, 본륜행도의 표(계속)

(4) 궁분(宮分)

궁 이름과 머무는 기간		최고행도	일중행도	최고행도
		△ ｡ ′	△ ｡ ′	△ ｡ ′
백양 술궁(白羊戌宮)	31일	0 18 00	0 00 00	0 00 00
금우 유궁(金牛酉宮)	31일	1 28 28	1 05 50	1 15 01
음양 신궁(陰陽申宮)	31일	3 06 56	2 11 39	3 00 02
거해 미궁(巨蟹未宮)	32일	4 25 24	3 17 29	4 15 03
사자 오궁(獅子午宮)	31일	6 27 03	5 17 41	6 13 07
쌍녀 사궁(雙女巳宮)	31일	8 15 31	6 23 31	7 28 08
천칭 진궁(天秤辰宮)	30일	10 03 59	7 29 20	9 13 09
천갈 묘궁(天蝎卯宮)	30일	11 09 17	8 10 47	10 15 06
인마 인궁(人馬寅宮)	29일	0 14 34	8 22 14	11 17 03
마갈 축궁(磨羯丑宮)	29일	1 06 41	8 09 18	0 05 56
보병 자궁(寶瓶子宮)	30일	1 28 48	7 26 21	0 24 49
쌍어 해궁(雙魚亥宮)	30일	3 04 06	8 07 48	1 26 46

표 A-3. 태음중심행도와 가배상리, 본륜행도의 표(계속)

(5) 일분(日分)

일(日)	중심행도	가배상리도	본륜행도
	△ ° ′	△ ° ′	△ ° ′
1	0 13 11	0 24 23	0 13 04
2	0 26 21	1 18 46	0 26 08
3	1 09 32	2 13 09	1 09 12
4	1 22 42	3 07 32	1 22 16
5	2 05 53	4 01 54	2 05 19
6	2 19 03	4 26 17	2 18 23
7	3 02 14	5 20 40	3 01 27
8	3 15 25	6 15 03	3 14 31
9	3 28 35	7 09 26	3 27 35
10	4 11 46	8 03 49	4 10 39
11	4 24 56	8 28 12	4 23 43
12	5 08 07	9 22 35	5 06 47
13	5 21 18	10 16 58	5 19 51
14	6 04 28	11 11 20	6 02 55
15	6 17 39	0 05 43	6 15 58
16	7 00 49	1 00 06	6 29 02
17	7 14 00	1 24 29	7 12 06
18	7 27 10	2 18 52	7 25 10
19	8 10 21	3 13 15	8 08 14
20	8 23 32	4 07 38	8 21 18
21	9 06 42	5 02 01	9 04 22
22	9 19 53	5 26 24	9 17 26
23	10 03 03	6 20 46	10 00 30
24	10 16 14	7 15 09	10 13 14
25	10 29 25	8 09 32	10 26 37
26	11 12 35	9 03 55	11 09 41
27	11 25 46	9 28 18	11 22 45
28	0 08 56	10 22 41	0 05 49
29	0 22 07	11 17 04	0 18 53
30	1 05 17	0 11 27	1 01 57

표 A-4. 달의 황경의 제1, 제2가감차와 비부분, 원근도의 표(10도 간격)

가배상리궁도 본륜행정궁도 (초궁-5궁)	가배상리궁도 본륜행정궁도 (6궁-11궁)	제1가감차	비부분	제2가감차	원근도
도	도	° ′	″	° ′	° ′
초궁 0	초궁 0	0 00	00	0 00	0 00
10	11궁 20	1 25	00	0 47	0 21
20	10	2 51	01	1 32	0 43
1궁 0	0	4 15	03	2 15	1 03
10	10궁 20	5 39	06	2 55	1 22
20	10	7 00	09	3 30	1 40
2궁 0	0	8 18	13	4 01	1 56
10	9궁 20	9 30	17	4 23	2 09
20	10	10 36	22	4 40	2 20
3궁 0	0	11 30	27	4 49	2 27
3궁 3	8궁 27	11 42	28	4 50	2 28
10	8궁 20	12 10	32	4 48	2 30
20	10	12 30	37	4 39	2 28
4궁 0	0	12 25	43	4 20	2 22
10	7궁 20	11 48	47	3 54	2 09
20	10	10 36	52	3 18	1 52
5궁 0	0	8 44	55	2 35	1 30
10	6궁 20	6 15	58	1 47	1 02
20	10	3 16	59	0 55	0 32
6궁 0	0	0 00	60	0 00	0 00

표 A-5. 나계중심행도표

총년	중심행도	영 년	중심행도	일(日)	중심행도
	△ 。 ′		△ ′ ″		△ 。 ′
1년	7 23 06	1년	0 18 45	1	0 00 03
600	11 02 34	2 (윤 1일)	1 07 33	2	0 00 06
630	5 25 33	3	1 26 18	3	0 00 10
660	0 18 31	4	2 15 02	4	0 00 13
690	7 11 30	5 (윤 2일)	3 03 50	5	0 00 16
720	2 04 28	6	3 22 35	6	0 00 19
750	8 27 26	7 (윤 3일)	4 11 23	7	0 00 22
780	3 20 25	8	5 00 08	8	0 00 25
810	10 13 23	9	5 18 53	9	0 00 29
840	5 06 22	10(윤 4일)	6 07 41	10	0 00 32
870	11 29 20	11	6 26 25	11	0 00 35
900	6 22 19	12	7 15 10	12	0 00 38
930	1 15 17	13(윤 5일)	8 03 58	13	0 00 41
960	8 08 15	14	8 22 43	14	0 00 44
990	3 01 04	15	9 11 28	15	0 00 48
1020	9 24 12	16(윤 6일)	10 00 16	16	0 00 51
1050	4 17 11	17	10 19 00	17	0 00 54
1080	11 10 09	18(윤 7일)	11 07 48	18	0 00 57
1110	6 03 08	19	11 26 33	19	0 01 00
1140	0 26 06	20	0 15 18	20	0 01 04
1170	7 19 04	21(윤 8일)	1 04 06	21	0 01 07
1299	2 12 03	22	1 22 51	22	0 01 10
1230	9 05 01	23	2 11 35	23	0 01 13
1260	3 28 00	24(윤 9일)	3 00 23	24	0 01 16
1290	10 20 58	25	3 19 09	25	0 01 19
1320	5 13 57	26(윤10일)	4 07 56	26	0 01 23
1350	0 06 55	27	4 26 41	27	0 01 26
1380	6 29 53	28	5 15 26	28	0 01 29
1410	1 22 52	29(윤11일)	6 04 14	29	0 01 32
1440	8 15 50	30	6 22 58	30	0 01 35

표 A-5. 나계중심행도표(계속)

월 분	최고행도	궁 분		최고행도
	△ ° ′			△ ° ′
1월 대	0 01 35	백양 술궁(白羊戌宮)	31일	0 0 0
2월 소	0 03 37	금우 유궁(金牛酉宮)	31일	0 01 38
3월 대	0 04 43	음양 신궁(陰陽申宮)	31일	0 03 17
4월 소	0 06 15	거해 미궁(巨蟹未宮)	32일	0 04 56
5월 대	0 07 50	사자 오궁(獅子午宮)	31일	0 06 37
6월 소	0 09 22	쌍녀 사궁(雙女巳宮)	31일	0 08 16
7월 대	0 10 58	천칭 진궁(天秤辰宮)	30일	0 09 54
8월 소	0 12 30	천갈 묘궁(天蝎卯宮)	30일	0 11 29
9월 대	0 14 05	인마 인궁(人馬寅宮)	29일	0 13 05
10월 소	0 15 37	마갈 축궁(磨羯丑宮)	29일	0 14 37
11월 대	0 17 13	보병 자궁(寶瓶子宮)	30일	0 16 09
12월 소	0 18 45	쌍어 해궁(雙魚亥宮)	30일	0 17 44
윤일(閏日)	0 18 48			

표 A-6. 달의 황도남북위도와 가감분의 표

월리 계도궁도	월리 계도궁도	월리 계도궁도	월리 계도궁도	남북위도	가감분
도	도	도	도	° ′ ″	′ ″
초궁 00	6궁 00	6 궁 00	초궁 00	0 00 00	05 16
01	5궁 29	01	11궁 29	0 05 16	05 16
02	28	02	28	0 10 12	05 16
03	27	03	27	0 15 48	05 15
04	26	04	26	0 21 03	05 15
05	25	05	25	0 26 18	05 15
06	24	06	24	0 31 33	05 14
07	23	07	23	0 36 47	05 14
08	22	08	22	0 42 01	05 14
09	21	09	21	0 47 15	05 13
초궁 10	5궁 20	6 궁 10	11궁 20	0 52 28	05 11
11	19	11	19	0 57 39	05 10
12	18	12	18	1 02 49	05 09
13	17	13	17	1 07 57	05 07
14	16	14	16	1 13 04	05 06
15	15	15	15	1 18 10	05 05
16	14	16	14	1 23 15	05 03
17	13	17	13	1 28 18	05 02
18	12	18	12	1 33 20	05 01
19	11	19	11	1 38 21	04 59
초궁 20	5궁 10	6궁 20	11궁 10	1 43 21	04 56
21	09	21	09	1 48 17	04 54
22	08	22	08	1 53 11	04 52
23	07	23	07	1 58 03	04 50
24	06	24	06	2 02 53	04 48
25	05	25	05	2 07 41	04 45
26	04	26	04	2 12 26	04 43
27	03	27	03	2 17 10	04 41
28	02	28	02	2 21 51	04 39
29	01	29	01	2 26 30	04 36

* 초궁: 북가(北加) 5궁: 북감(北減) 6궁: 남가(南加) 11궁: 남감(南減)

표 A-6. 달의 황도남북위도와 가감분의 표(계속)

월리 계도궁도	월리 계도궁도	월리 계도궁도	월리 계도궁도	남북위도	가감분
도	도	도	도	도 분 초	분 초
1궁 00	5궁 00	7궁 00	11궁 00	2 31 06	04 33
01	4궁 29	01	10궁 29	2 35 39	04 30
02	28	02	28	2 40 09	04 27
03	27	03	27	2 44 35	04 24
04	26	04	26	2 48 59	04 21
05	25	05	25	2 53 20	04 18
06	24	06	24	2 57 37	04 15
07	23	07	23	3 01 52	04 12
08	22	08	22	3 06 04	04 09
09	21	09	21	3 10 12	04 06
1궁 10	4궁 20	7궁 10	10궁 20	3 14 18	04 01
11	19	11	19	3 18 19	03 57
12	18	12	18	3 22 16	03 53
13	17	13	17	3 26 09	03 50
14	16	14	16	3 29 59	03 46
15	15	15	15	3 33 45	03 42
16	14	16	14	3 37 27	03 28
17	13	17	13	3 41 05	03 34
18	12	18	12	3 44 39	03 31
19	11	19	11	3 48 10	03 27
1궁 20	4궁 10	7궁 20	10궁 10	3 51 36	03 21
21	09	21	09	3 54 57	03 16
22	08	22	08	3 58 14	03 12
23	07	23	07	4 01 26	03 08
24	06	24	06	4 04 34	03 05
25	05	25	05	4 07 38	03 00
26	04	26	04	4 10 37	02 55
27	03	27	03	4 13 33	02 51
28	02	28	02	4 16 24	02 47
29	01	29	01	4 19 11	02 43

* 1궁: 북가(北加) 4궁: 북감(北減) 7궁: 남가(南加) 10궁: 남감(南減)

표 A-6. 달의 황도남북위도와 가감분의 표(계속)

월리 계도궁도		월리 계도궁도		월리 계도궁도		월리 계도궁도		남북위도	가감분
도		도		도		도		도 분 초	분 초
2궁	00	4궁	00	8궁	00	10궁	00	4 21 53	02 36
	01	3궁	29		01	9궁	29	4 24 30	02 31
	02		28		02		28	4 27 01	02 26
	03		27		03		27	4 29 27	02 22
	04		26		04		26	4 31 49	02 17
	05		25		05		25	4 34 06	02 12
	06		24		06		24	4 36 17	02 07
	07		23		07		23	4 38 24	02 01
	08		22		08		22	4 40 25	01 56
	09		21		09		21	4 42 22	01 51
2궁	10	3궁	20	8궁	10	9궁	20	4 44 13	01 46
	11		19		11		19	4 45 59	01 41
	12		18		12		18	4 47 40	01 35
	13		17		13		17	4 49 05	01 30
	14		16		14		16	4 50 45	01 25
	15		15		15		15	4 52 10	01 19
	16		14		16		14	4 53 29	01 14
	17		13		17		13	4 54 44	01 09
	18		12		18		12	4 55 52	01 03
	19		11		19		11	4 56 56	00 58
2궁	20	3궁	10	8궁	20	9궁	10	4 57 54	00 52
	21		09		21		09	4 58 46	00 47
	22		08		22		08	4 59 33	00 41
	23		07		23		07	5 00 14	00 36
	24		06		24		06	5 00 50	00 31
	25		05		25		05	5 01 21	00 25
	26		04		26		04	5 01 46	00 19
	27		03		27		03	5 02 05	00 14
	28		02		28		02	5 02 19	00 08
	29		01		29		01	5 02 27	00 03
		3궁	00			9궁	00	5 02 30	00 03

* 2궁: 북가(北加) 3궁: 북감(北減) 8궁: 남가(南加) 9궁: 남감(南減)

표 A-7. 주야가감차의 표

도	0궁	1궁	2궁	3궁	4궁	5궁
	′ ″	′ ″	′ ″	′ ″	′ ″	′ ″
0	07 51	17 21	20 41	15 54	11 07	14 26
1	08 11	17 31	20 38	15 40	11 04	14 40
2	08 31	17 50	20 34	15 27	11 03	14 57
3	08 51	18 05	20 30	15 14	11 02	15 13
4	09 11	18 18	20 25	15 01	11 01	15 29
5	09 32	18 31	20 20	14 47	11 01	15 46
6	09 52	18 43	20 14	14 34	11 02	16 04
7	10 13	18 54	20 08	14 22	11 04	16 22
8	10 33	19 06	20 01	14 09	11 06	16 39
9	10 54	19 17	19 53	13 57	11 08	16 57
10	11 14	19 27	19 46	13 45	11 12	17 16
11	11 34	19 37	19 37	13 33	11 16	17 35
12	11 55	19 45	19 28	13 21	11 21	17 54
13	12 15	19 54	19 19	13 10	11 27	18 13
14	12 35	20 02	19 09	12 59	11 33	18 33
15	12 55	20 09	18 59	12 48	11 41	18 52
16	13 14	20 16	18 48	12 38	11 49	19 12
17	13 34	20 21	18 37	12 28	11 54	19 33
18	13 53	20 27	18 26	12 19	12 05	19 52
19	14 12	20 32	18 15	12 10	12 13	20 12
20	14 31	20 36	18 03	12 02	12 22	20 33
21	14 50	20 39	17 55	11 54	12 31	20 53
22	15 08	20 41	17 38	11 46	12 41	21 14
23	15 26	20 44	17 26	11 40	12 52	21 34
24	15 43	20 45	17 13	11 33	13 04	21 55
25	16 01	20 46	17 00	11 27	13 16	22 15
26	16 17	20 46	16 47	11 22	13 25	22 36
27	16 34	20 46	16 34	11 18	13 43	22 56
28	16 50	20 45	16 20	11 13	13 57	23 16
29	17 06	20 43	16 07	11 10	14 11	23 36

표 A-7. 주야가감차의 표(계속)

도	6궁	7궁	8궁	9궁	10궁	11궁
	′ ″	′ ″	′ ″	′ ″	′ ″	′ ″
0	23 56	31 18	28 42	15 52	03 03	00 30
1	24 16	31 24	28 26	15 23	02 47	00 37
2	24 36	31 30	28 08	14 53	02 31	00 44
3	24 56	31 34	27 48	14 23	02 16	00 52
4	25 15	31 38	27 29	13 53	02 01	01 01
5	25 34	31 42	27 08	13 23	01 48	01 11
6	25 57	31 44	26 47	12 54	01 35	01 22
7	26 12	31 46	26 25	12 24	01 22	01 32
8	26 30	31 47	26 03	11 55	01 11	01 44
9	26 48	31 47	25 37	11 26	01 01	01 56
10	27 05	31 47	25 16	10 59	00 51	02 09
11	27 23	31 45	24 51	10 29	00 42	02 22
12	27 40	31 43	24 27	10 00	00 34	02 35
13	27 56	31 40	23 59	09 33	00 27	02 50
14	28 12	31 36	23 32	09 05	00 21	03 05
15	28 28	31 32	23 04	08 39	00 16	03 20
16	28 43	31 26	22 35	08 12	00 11	03 36
17	28 58	31 20	22 06	07 46	00 07	03 51
18	29 12	31 13	21 40	07 21	00 04	04 08
19	29 25	31 05	21 13	06 56	00 02	04 25
20	29 39	30 56	20 47	06 32	00 01	04 42
21	29 51	30 46	20 20	06 08	00 00	05 00
22	30 04	30 36	19 53	05 45	00 00	05 17
23	30 15	30 25	19 23	05 22	00 01	05 36
24	30 26	30 13	18 54	05 00	00 03	05 55
25	30 36	30 00	18 24	04 39	00 06	06 13
26	30 46	29 56	17 54	04 19	00 09	06 32
27	30 55	29 32	17 24	03 59	00 13	06 51
28	31 03	29 16	16 54	03 40	00 18	07 11
29	31 11	29 00	16 24	03 22	00 24	07 31

표 A-8. 태양·태음 영경분과 비부분의 표

태양·태음 자행도 (본륜행도)		태양경분	태음 영경감차	태음경분	태음비부분	태음영경분
0궁 00도	0궁 00도	32' 26"	0' 00"	30' 50"	0' 00"	79' 49"
06	24	32 26	0 00	30 51	0 01	79 53
12	18	32 27	0 01	30 53	0 04	80 02
18	12	32 28	0 02	30 57	0 16	80 16
24	06	32 30	0 04	31 01	0 32	80 35
1 00	11 00	32 34	0 07	31 07	0 55	80 59
06	24	32 37	0 11	31 14	1 05	81 26
12	18	32 41	0 14	31 22	1 30	81 58
18	12	32 46	0 18	31 32	2 00	82 36
24	06	32 51	0 23	31 42	2 30	83 17
2 00	10 00	32 55	0 29	31 55	3 00	84 01
06	24	33 02	0 34	32 08	3 30	84 48
12	18	33 10	0 39	32 21	4 00	85 39
18	12	33 16	0 47	32 34	4 35	86 33
24	06	33 24	0 52	32 47	5 10	87 31
3 00	9 00	33 32	0 59	33 05	5 50	88 31
06	24	33 41	1 06	33 21	6 30	89 44
12	18	33 48	1 11	33 39	7 05	90 39
18	12	33 56	1 18	33 57	7 40	91 36
24	06	34 03	1 25	34 14	8 10	92 32
4 00	8 00	34 10	1 33	34 31	8 40	93 27
06	24	34 16	1 39	34 48	9 10	94 21
12	18	34 21	1 43	35 05	9 40	95 13
18	12	34 27	1 48	35 21	10 10	96 04
24	06	34 32	1 52	35 37	10 35	96 53
5 00	7 00	34 37	1 56	35 52	10 55	97 58
06	24	34 41	2 00	36 03	11 08	98 14
12	18	34 44	2 02	36 11	11 24	98 37
18	12	34 46	2 04	36 14	11 36	98 40
24	06	34 47	2 05	36 17	11 39	98 45
6 00	6 00	34 48	2 06	36 18	11 40	98 47

표 A-9. 경위시가감차의 표

궁초	경위시	단위	20	19	18	17	16	15	14	13	12	궁초
마갈 9궁	시時	분			107	109	91	85	69	36	00	마갈 9궁
	위緯	′ ″			20 00	25 47	27 47	30 41	35 28	40 26	42 25	
	경經	′ ″			40 00	41 20	42 17	39 30	31 58	17 06	00 00	
보병 10궁	시時	분			75	75	75	64	42	08	28	인마 8궁
	위緯	′ ″			34 40	35 33	36 38	40 26	41 29	41 24	38 25	
	경經	′ ″			00 00	35 07	33 27	30 08	19 24	03 35	13 10	
쌍어 11궁	시時	분			64	64	62	50	29	03	46	천갈 7궁
	위緯	′ ″			38 26	39 37	40 39	41 29	39 34	36 30	29 29	
	경經	′ ″			30 13	30 14	29 16	23 22	12 29	01 27	21 25	
백양 초궁	시時	분			64	64	60	47	28	01	33	천칭 6궁
	위緯	′ ″		40 00	41 27	41 28	40 30	38 31	35 25	28 36	21 41	
	경經	′ ″		29 00	30 03	30 05	28 04	22 11	13 13	00 36	15 32	
금우 1궁	시時	분		59	61	66	67	58	41	15	22	쌍녀 5궁
	위緯	′ ″		39 47	41 26	40 28	38 21	32 30	27 36	21 40	13 55	
	경經	′ ″		27 33	28 26	30 15	31 09	27 07	19 11	07 13	10 23	
음양 2궁	시時	분	59	62	64	68	74	74	59	29	07	사자 4궁
	위緯	′ ″	35 17	35 07	36 33	34 31	30 30	25 39	18 54	10 18	09 50	
	경經	′ ″	27 40	28 53	29 52	31 54	34 36	34 12	27 22	13 29	03 20	
거해 3궁	시時	분	104	107	109	91	92	85	68	40	00	거해 3궁
	위緯	′ ″	26 40	27 15	27 55	26 42	21 48	17 45	13 45	08 52	06 56	
	경經	′ ″	29 13	48 20	41 27	42 29	43 25	39 29	31 37	18 31	00 00	
좌左			4	5	6	7	8	9	10	11	12	우右

표 A-9. 경위시가감차의 표(계속)

궁초	경위시	단위	12	11	10	9	8	7	6	5	4	궁초
마 갈 9 궁	시 時	분	00	36	69	85	91	109	107			마갈 9 궁
	위 緯	′ ″	42 25	40 27	35 28	30 41	27 47	25 47	20 00			
	경 經	′ ″	00 00	17 06	31 58	39 30	42 17	41 21	40 00			
보 병 10궁	시 時	분	28	65	105	100	101	100	118			인마 8 궁
	위 緯	′ ″	38 25	32 36	26 40	20 51	16 48	14 39	14 00			
	경 經	′ ″	13 10	30 43	40 37	46 30	46 42	46 37	46 00			
쌍 어 11궁	시 時	분	46	75	92	103	106	106	104			천갈 7 궁
	위 緯	′ ″	29 29	21 44	16 44	11 53	09 57	08 48	07 51			
	경 經	′ ″	21 25	35 02	13 01	47 50	49 44	49 45	48 47			
백 양 초 궁	시 時	분	33	69	90	103	107	107	105			천칭 6 궁
	위 緯	′ ″	21 41	13 56	09 53	07 55	06 54	05 57	05 53	05 00		
	경 經	′ ″	15 32	32 07	41 57	47 51	49 47	49 47	48 47	48 00		
금 우 1 궁	시 時	분	22	57	80	98	107	107	105	103		쌍녀 5 궁
	위 緯	′ ″	13 55	08 46	07 52	06 56	08 48	08 52	09 27	10 40		
	경 經	′ ″	10 23	26 11	37 05	45 49	49 46	49 57	48 53	48 13		
음 양 2 궁	시 時	분	07	39	74	93	100	102	100	98	96	사자 4 궁
	위 緯	′ ″	09 50	06 57	07 52	10 48	13 47	16 01	17 11	16 46	17 00	
	경 經	′ ″	03 20	18 20	34 38	43 22	46 27	47 27	46 34	45 34	45 00	
거 해 3 궁	시 時	분	00	40	68	85	92	91	109	107	104	거해 3 궁
	위 緯	′ ″	06 56	27 15	27 55	26 42	21 48	17 45	13 45	27 15	26 40	
	경 經	′ ″	00 00	48 20	41 27	42 29	43 25	39 29	31 37	40 20	39 13	
좌 左			12	13	14	15	16	17	18	19	20	우右

표 A-10. 주야시궁도분의 표

도	0궁	1궁	2궁	3궁	4궁	5궁
	도 분	도 분	도 분	도 분	도 분	도 분
1	00 40	21 18	45 23	75 18	110 05	145 59
2	01 20	22 02	46 17	76 25	111 17	147 10
3	02 00	22 46	47 11	77 31	112 29	148 21
4	02 40	23 30	48 05	78 37	113 41	149 32
5	03 20	24 14	49 00	79 44	114 53	150 43
6	04 00	25 00	49 56	80 52	116 05	151 54
7	04 41	25 45	50 52	81 59	117 17	153 04
8	05 21	26 30	51 48	83 07	118 59	154 15
9	06 01	27 15	52 45	84 15	119 41	155 26
10	06 42	28 00	53 42	85 23	120 53	156 36
11	07 22	28 47	54 40	86 32	122 05	157 47
12	08 03	29 34	55 38	87 41	123 18	158 57
13	08 43	30 20	56 36	88 51	124 30	160 08
14	09 24	31 07	57 35	90 00	125 41	161 18
15	10 05	31 55	58 34	91 09	126 53	162 29
16	10 46	32 43	59 34	92 19	128 05	163 39
17	11 27	33 31	60 34	93 30	129 17	164 49
18	12 08	34 19	61 35	94 40	130 29	165 59
19	12 49	35 08	62 36	95 50	131 41	167 10
20	13 31	35 57	63 37	97 00	132 52	168 20
21	14 12	36 47	64 39	98 11	134 04	169 30
22	14 54	37 37	65 41	99 22	135 16	170 40
23	15 36	38 27	66 44	100 33	136 28	171 50
24	16 18	39 17	67 47	101 44	137 39	173 00
25	17 00	40 08	68 49	102 55	138 51	174 10
26	17 43	41 00	69 54	104 07	140 02	175 20
27	18 26	41 52	70 58	105 19	141 14	176 30
28	19 08	42 44	72 03	106 30	142 25	177 40
29	19 51	43 36	73 08	107 42	143 36	178 50
30	20 34	44 29	74 12	108 53	144 47	180 00

표 A-10. 주야시궁도분의 표(계속)

도	6궁	7궁	8궁	9궁	10궁	11궁
	도 분	도 분	도 분	도 분	도 분	도 분
1	181 10	216 24	252 18	286 52	316 24	340 09
2	182 20	217 35	253 30	287 56	317 16	340 52
3	183 30	218 46	254 41	289 02	318 08	341 34
4	184 40	219 58	255 53	290 06	319 00	342 17
5	185 50	221 09	257 05	291 11	319 52	343 00
6	187 00	222 21	258 16	292 13	320 43	343 42
7	188 10	223 32	259 27	293 16	321 33	344 24
8	189 20	224 44	260 38	294 19	322 23	345 06
9	190 30	225 56	261 49	295 21	323 13	345 48
10	191 40	227 08	263 00	296 23	324 03	346 29
11	192 50	228 19	264 10	297 24	324 52	347 11
12	194 01	229 31	265 20	298 25	325 41	347 52
13	195 11	230 43	266 30	299 26	326 29	348 33
14	196 21	231 55	267 41	300 26	327 17	349 14
15	197 31	233 07	268 51	301 26	328 05	349 55
16	198 42	234 19	270 00	302 25	328 53	350 36
17	199 52	235 30	271 09	303 24	329 40	351 17
18	201 03	236 42	272 19	304 22	330 26	351 57
19	202 13	237 55	273 28	305 20	331 13	352 38
20	203 24	239 07	274 37	306 28	332 00	353 18
21	204 34	240 19	275 45	307 15	332 45	353 59
22	205 45	241 31	276 53	308 12	333 30	354 39
23	206 56	242 43	278 01	309 08	334 15	355 19
24	208 06	243 55	279 08	310 04	335 00	356 00
25	209 17	245 07	280 16	311 00	335 46	356 40
26	210 28	246 19	281 23	311 55	336 30	357 20
27	211 28	247 31	282 29	312 49	337 14	358 10
28	212 50	248 43	283 35	313 43	337 58	358 40
29	214 01	249 55	284 42	314 37	338 42	359 20
30	215 13	251 07	285 48	315 31	339 26	360 00

• 저자 •

안 영 숙 　• 약 력 •

연세대학교 천문기상학과 졸업
연세대학교 대학원 천문기상학과 이학석사
연세대학교 대학원 천문기상학과 이학박사과정 수료
충북대학교 대학원 천문우주학과 이학박사
현 한국천문연구원 책임연구원

• 주요논저 •

「한국의 표준연력 DB 시스템 구축」
「The Date Conversion Table Between Luni- Solar Calendar and Gregorian
Calendar During the Period of Koryo Dynasty in Korea」
『조선시대 연력표』
『고려시대 연력표』
『삼국시대 연력표』
『조선시대 일식도』
『고려시대 일식도』
『삼국시대 일식도』
외 다수

칠정산외편의
일식과 월식 계산방법 고찰

• 초판 인쇄	2007년 5월 20일
• 초판 발행	2007년 5월 20일
• 지 은 이	안영숙
• 펴 낸 이	채종준
• 펴 낸 곳	한국학술정보㈜
	경기도 파주시 교하읍 문발리 526-2
	파주출판문화정보산업단지
	전화 031) 908-3181(대표)·팩스 031) 908-3189
	홈페이지 http://www.kstudy.com
	e-mail(출판사업부) publish@kstudy.com
• 등 록	제일산-115호(2000. 6. 19)
• 가 격	28,000원

ISBN 978-89-534-6729-3 93440 (Paper Book)
　　　978-89-534-6730-9 98440 (e-Book)